国家社科基金
后期资助项目
GUOJIA SHEKE JIJIN HOUQI ZIZHU XIANGMU

都柳江流域少数民族传统技术变迁研究

The Changes of Ethnic Minorities' Conventional
Craftmanship at the Du Liu River Basin

石玉昌　著

中国社会科学出版社

图书在版编目（CIP）数据

都柳江流域少数民族传统技术变迁研究／石玉昌著.—北京：中国社会
科学出版社，2019.8

ISBN 978-7-5203-4775-4

Ⅰ.①都…　Ⅱ.①石…　Ⅲ.①少数民族–科学技术–技术史–研究–贵州
Ⅳ.①N092

中国版本图书馆 CIP 数据核字（2019）第 149776 号

出 版 人	赵剑英
选题策划	任　明
责任编辑	任　明
责任校对	张依婧
责任印制	王　超

出　　版	中国社会科学出版社
社　　址	北京鼓楼西大街甲 158 号
邮　　编	100720
网　　址	http：//www.csspw.cn
发 行 部	010-84083685
门 市 部	010-84029450
经　　销	新华书店及其他书店

印刷装订	北京君升印刷有限公司
版　　次	2019 年 8 月第 1 版
印　　次	2019 年 8 月第 1 次印刷

开　　本	710×1000　1/16
印　　张	17
插　　页	2
字　　数	283 千字
定　　价	88.00 元

国家社科基金后期资助项目

出版说明

后期资助项目是国家社科基金设立的一类重要项目，旨在鼓励广大社科研究者潜心治学，支持基础研究多出优秀成果。它是经过严格评审，从接近完成的科研成果中遴选立项的。为扩大后期资助项目的影响，更好地推动学术发展，促进成果转化，全国哲学社会科学工作办公室按照"统一设计、统一标识、统一版式、形成系列"的总体要求，组织出版国家社科基金后期资助项目成果。

全国哲学社会科学工作办公室

摘　　要

　　少数民族传统技术是对本民族历史、文化的存续，对族群内部个体社会化和传统社会的可持续发展具有重要的传承价值。技术是人类智慧和实践的创造物，每一个历史时期的技术创造，都体现了该历史时期的社会形态、经济水平和文化形态，透过技术创造的遗迹和遗存可以推断出有关人类活动的各种时间和空间信息。

　　少数民族生存的地域性决定了人在独特天地系统之间与自然、社会、人的自生、互生、创生发展，独特的天地系统，生成了独特的人类文明。都柳江流域立体的自然生态系统与不适应该系统的人文创造的技术形态交相辉映，相辅相成，生成了立体的高山游耕与水乡稻作为主的立体生态文明。生于斯、长于斯的都柳江流域以侗族为主的少数民族为适应其生栖的天地系统，以满足生活需要为前提创造了绚丽多彩的极具特色的技术文化。从工具性视角看，这些人为创造的技术文化可以满足特定时期的人们的生物需要；从文化视角看，都柳江流域少数民族崇尚自然，以万物崇拜为图腾，技术创造的器物在人与自然长期的协作中已上升为礼器，在祭祀、交往和各种礼俗中成为神性的化身。所以透过少数民族传统技术创造的器物，不单可以发现特定历史时期的社会结构，还能透视少数民族特定历史的心理结构，并能分析出人们的行动理性。

　　当下，世界一体化发展，信息化、数据化、电气化成为这个时代明显的标志，少数民族传统技术在如今的时代背景下显现出了滞后性、陈旧性的特征。然而，科学和技术是各个独立系统的历史产物，科技具有普适性，而技术，尤其是少数民族传统技术却有着明显的地域性和针对性。研究少数民族传统技术的变迁不单是对少数民族匠人创造的独立传统的历史尊重，更为重要的是在世界一体化、中国大脱贫背景下谈现代化、全球化、国际接轨，如若脱离了少数民族长期以来创造并依存的特色、传统，就如同痴人说梦。如此带来的后果往浅了说会事倍功半，往深了说会彻底毁灭少数民族的文化特征，使其在茫茫的历史发展长河中失去自己的特色而变成时代的边缘人。故研究少数民族传统技术的变迁是从都柳江流域活的实际出发，从当地少数民族存在的现实出发，去认识技术背后的生产、生活、语言、文字、宗教信仰、风俗等，以期通过研究跨越少数民族在现代发展中横亘在传统与现代之间因理解的差异而难以消除的障碍，助推少数民族科学发展，并实现全面发展。

都柳江流域少数民族传统技术变迁是多重主体的结合，分别指向不同的独立的"类"。为了能够立体地呈现都柳江流域少数民族在独特天地系统的技术、文化、社会、心理、社会行动的演变，本研究分别从宏观、中观、微观视角对都柳江少数民族传统技术及其变迁进行立体的呈现。

从宏观视角上，本研究立足全球性高度，以哲学、社会学、技术学理论和方法对技术与社会变迁的关系及技术对社会进步的功能进行梳理；从中观视角上，本研究从都柳江流域少数民族传统技术的一般性、普适性、应用性进行研究，并重点梳理出侗族文化生态圈内的传统技术及其变迁的机理；从微观层次，少数民族传统技术创造以器物为载体，透过器物可以发现少数民族发展过程中的时间与空间信息，故本研究从微观视角研究侗族一些具有代表性的器物和创造该器物所用的工具，通过器物的变迁和工具的变迁，以此发现该民族的社会、经济、文化、心理和历史发展中的脉络和痕迹。

本研究的创新探索在于：（1）从文化的多元存在及技术对社会进步的推动功能，论证了全球化、现代化进程中少数民族传统技术传承的必要性，以结构功能主义为基础分析了都柳江流域少数民族传统技术变迁折射出的社会、文化、心理、社会行动的变迁脉络。（2）从侗族历史进入侗族研究。跳出了传统技术研究中以科技为核心的工具应用、社会形态和生产关系为逻辑主线的研究方式，分别以侗族史上形成之初的侗族社会、明朝朱元璋王朝的屯兵时期、明中后期的"皇木征办"时期几个重大的社会结构变革时期研究侗族传统技术，用内生向外延的技术发展脉络分析侗族史、侗族技术史和技术变迁史。本研究将从民族主体出发，对都柳江流域民族地区传统技术变迁及其背后的深层机理进行了深入解析，并提出了技术变迁是推动社会进步的能动机制的观点。

在方法上，本研究主要通过历史研究、考古与田野调查相结合。透过器物，将器物放置于其产生、应用的历史之中，深度分析该历史时期的"网眼"，将器物、技术、工具、社会、文化、心理、社会行动进行立体的分析；因技术的应用具有地域性的时代性，时代在变更，一些器物、技术势必已消失在历史长河中，但是一些遗迹和遗存还能传递其背后的时间与空间信息，故利用都柳江流域少数民族地区的考古，以发现其背后的技术变迁痕迹。田野调查在抽样上主要选取都柳江流域主要侗族的聚居区，分别选取临河区域、平坝区域和山顶区域的村落，以此发现生计方式背后的捕捞技术、山地稻作技术和林间放牧技术的形态及其变迁。

目　　录

绪论 ·· （1）

   一　多样化优存：少数民族传统技术及其研究的经济价值和

       文化价值 ·· （1）

   二　从指涉到顺延：少数民族传统技术的文化意象 ··········· （4）

   三　少数民族传统技术的符号意识形态：天地、时令与他性 ······ （6）

   四　远古文明中走来：文献中的技术变迁史 ··················· （9）

   五　核心概念界定 ·· （13）

第一章　技术的社会进步功能与概念演进 ····················· （16）

  第一节　传统技术的概念与演进 ································· （16）

   一　传统技术的社会进步功能 ···································· （16）

   二　技术概念与演进 ··· （21）

  第二节　技术阶梯与社会、文化演进 ·························· （23）

   一　"技术阶梯"的内涵与外延 ································· （23）

   二　社会、文化结构中的技术基础 ····························· （25）

   三　器物："技术文化丛"的历史描述 ························· （27）

第二章　都柳江少数民族族群、社会与技术形态 ··········· （37）

  第一节　早期传统社会形态 ······································ （37）

   一　都柳江流域"自然生态圈"与"侗族文化生态圈" ······ （37）

   二　技术、个体和社会 ··· （42）

   三　侗族技术文化的明显特点 ···································· （44）

  第二节　少数民族早期基本技能 ································· （55）

   一　低级的工具制造和使用 ······································ （55）

   二　侗族早期的工具及技术 ······································ （58）

  第三节　重大发现、发明及传承 ································· （65）

　　一　发明和发现的认识分析 …………………………………（65）
　　二　都柳江流域发现与发明的技术变迁 ……………………（67）
　　三　口传心授的技术传承模式 ………………………………（73）
　第四节　语言与身体技能 …………………………………………（81）
　　一　语言与言语技术关联 ……………………………………（81）
　　二　身体技术 …………………………………………………（84）

第三章　都柳江流域少数民族传统技术形态 ……………………（88）
　第一节　侗族形成之初的生产技术及其变迁 …………………（88）
　　一　集体狩猎及其技术与变迁 ………………………………（88）
　　二　溪沟捞鱼的原则及其技术变迁 …………………………（91）
　　三　采集向田园种植的技术变迁 ……………………………（93）
　第二节　明王朝南下屯兵时期的生产、生活技术 ……………（93）
　　一　农业生产和生活中的水利灌溉技术 ……………………（94）
　　二　野外放养的驯化技术 ……………………………………（97）
　　三　早期的金属冶炼技术形成 ………………………………（98）
　第三节　"皇木征办"时期的林业生产技术 …………………（99）
　　一　"皇木征办"时期的都柳江社会格局 …………………（99）
　　二　木商经济带动下的社会与技术变迁 …………………（103）
　第四节　新中国成立前后的手工制作技艺 …………………（122）
　　一　新民主主义时期的手工艺发展 ………………………（122）
　　二　新中国成立初期手工业的社会主义改造 ……………（124）

第四章　都柳江流域传统建造技术及其变迁 …………………（127）
　第一节　传统建造技术及工具变迁 …………………………（127）
　　一　都柳江流域传统建筑技术溯源 ………………………（127）
　　二　都柳江流域传统建造材料 ……………………………（129）
　　三　建造工具 ………………………………………………（135）
　第二节　鼓楼的建造技术及变迁 ……………………………（143）
　　一　鼓楼的文化意义及功能 ………………………………（144）
　　二　鼓楼掌墨师与鼓楼的建构技术 ………………………（147）
　　三　鼓楼的建造过程 ………………………………………（151）
　　四　鼓楼的类型 ……………………………………………（157）
　第三节　风雨桥的建造技术 …………………………………（157）

一　风雨桥的功能及其在侗族文化中的结构叙事 ………… （158）

二　风雨桥的结构及技术构造 ……………………………… （160）

三　风雨桥的建造技术变迁及其影响因素 ………………… （161）

第五章　纺制技术及其变迁 ………………………………………… （165）

第一节　纺制技术社会背景及变迁 …………………………… （165）

一　纺制技术中的女性角色 ………………………………… （165）

二　历史着装特点 …………………………………………… （169）

第二节　纺织技术及其变迁 …………………………………… （172）

一　棉花的种植 ……………………………………………… （172）

二　纱的加工技术 …………………………………………… （175）

三　布的加工 ………………………………………………… （181）

第三节　制衣技术及其变迁 …………………………………… （186）

一　侗族服饰纹样及色彩 …………………………………… （187）

二　制衣工艺手法及其变迁 ………………………………… （191）

第六章　都柳江流域传统教育技术及其变迁 …………………… （194）

第一节　唐代以前的侗族教育 ………………………………… （194）

一　原始形态的教育内容 …………………………………… （195）

二　教育技术形式中的“位育” …………………………… （204）

三　原始形态的侗族教育技术特点 ………………………… （207）

第二节　唐、宋、元时期侗族教育技术及其变迁 ………… （209）

一　唐、宋、元时期侗族教育及其特点 ………………… （209）

二　科举制度对侗族教育及教育技术变迁产生的影响 … （212）

第三节　明清时期教育变迁 …………………………………… （215）

一　社会格局变化促使教育技术变迁 …………………… （215）

二　各级各类学校的兴起与变迁 ………………………… （217）

三　传统教育技术变迁的影响与表现 …………………… （221）

第四节　新中国成立之初都柳江流域教育及其变迁 ……… （224）

一　民国成立之初的文教政策对侗族地区教育的
　　影响和制约 ……………………………………………… （224）

二　新中国成立后侗族本土化教育的变迁 ……………… （225）

第七章　都柳江流域少数民族传统技术考古的当代价值 ………… （229）

　第一节　少数民族传统技术考古的价值本真追溯 ……………… （229）

　　一　少数民族传统技术考古开拓了新的考古探究领域 ……… （230）

　　二　少数民族传统技术考古可发现区域内的不同民族的
　　　　生命旨趣和历史定位 ………………………………… （231）

　　三　透过少数民族传统技术考古可把握和观察区域内生命、
　　　　生态、生产的多样性主题 …………………………… （232）

　第二节　少数民族技术考古发现对认识都柳江流域少数民族
　　　　　文明的价值 ………………………………………… （232）

　　一　可从遗迹和遗存背后的技术考古线索认识都柳江流域
　　　　少数民族的族源和族群 ……………………………… （232）

　　二　技术考古中的器物形态、器物的礼用奠定都柳江流域
　　　　少数民族社会、文化的"三元格局" ………………… （234）

　　三　器物变迁层面的社会进步脉络发现 ……………………… （236）

　第三节　生态扶贫视域下少数民族传统技术的价值实现机制 …… （237）

　　一　尊重与引导并举，变少数民族传统技术古为今用，
　　　　促都柳江流域生态脱贫 ……………………………… （238）

　　二　推少数民族传统技术的主体化合作机制，促产业多元
　　　　循环发展 ……………………………………………… （239）

　　三　以发展人的生产创新能力为先导，促少数民族传统技
　　　　术的经济价值实现 …………………………………… （240）

参考文献 ……………………………………………………… （242）

后记 …………………………………………………………… （257）

图片目录

图 1-1　技术背后不同层次的多元统一图 ················· （19）

图 1-2　苗族水上踩鼓仪式 ····················· （30）

图 1-3　乌米饭 ··························· （33）

图 1-4　农具在"开秧门"祭祀仪式中的礼用 ············· （35）

图 2-1　都柳江流域稻作生态环境 ················· （39）

图 2-2　侗族人居环境：择水而居 ················· （45）

图 2-3　湿润气候中的梯田 ····················· （46）

图 2-4　传统农耕中牛为动力的耕作方式 ·············· （46）

图 2-5　传统稻作中的水车灌溉 ·················· （46）

图 2-6　捕鱼工具 ························· （47）

图 2-7　稻田养鱼 ························· （47）

图 2-8　稻田养鱼的鱼窝 ····················· （48）

图 2-9　溪沟捞鱼 ························· （48）

图 2-10　食品加工之舂碓脱粒 ·················· （49）

图 2-11　水碾房 ·························· （49）

图 2-12　风车——去谷皮 ····················· （49）

图 2-13　祭萨 ··························· （50）

图 2-14　萨岁墓 ·························· （51）

图 2-15　芭沙——最后的持枪部落 ················ （52）

图 2-16　摘禾工具 ························· （53）

图 2-17　摘禾 ··························· （53）

图 2-18　山间的油茶林 ······················ （54）

图 2-19　大面积覆盖的杉木用材林 ················ （54）

图 2-20　整个石头锤炼而成的石井 ················ （59）

图 2-21　传统石磨 ························· （60）

图 2-22　石碓 ··························· （60）

图 2-23　都柳江流域普遍使用的扦杠 ……………………………………（61）

图 2-24　由一棵整木刮制而成的粑槽 ……………………………………（62）

图 2-25　侗族传统乐器——芦笙 …………………………………………（63）

图 2-26　水井旁供人喝水用的竹瓢 ………………………………………（63）

图 2-27　篾编过程中的煮篾 ………………………………………………（64）

图 2-28　篾编 ………………………………………………………………（64）

图 2-29　山顶上用来蓄水分流的"过水坵" ……………………………（68）

图 2-30　从高山上蓄满水的梯田 …………………………………………（68）

图 2-31　拦河设坝 …………………………………………………………（70）

图 2-32　都柳江流域传统水车 ……………………………………………（70）

图 2-33　用整节竹子掏空的水枧 …………………………………………（71）

图 2-34　老人教歌、小孩学歌、青年唱歌的教育技术模式 …………（75）

图 2-35　跟着老人学蜡染的苗族少女 ……………………………………（77）

图 2-36　正在学刺绣的芭沙少女 …………………………………………（77）

图 2-37　鼓楼坪上唱侗歌 …………………………………………………（78）

图 2-38　侗传教育中的核心人物——歌师 ……………………………（79）

图 2-39　正在教歌的老歌师和正在学歌的儿童 ………………………（80）

图 2-40　正在进行中的踩歌堂 ……………………………………………（81）

图 2-41　挑禾回家的侗族汉子 ……………………………………………（85）

图 2-42　背着背篓赶场回家的妇女 ………………………………………（85）

图 2-43　手脚并用舂碓中的妇女 …………………………………………（86）

图 2-44　用脚踏式传统织布机织布的老人 ……………………………（86）

图 2-45　侗族男式头帕 ……………………………………………………（87）

图 2-46　六洞地区女装 ……………………………………………………（87）

图 3-1　水井 ………………………………………………………………（95）

图 3-2　用工具分流的灌溉技术 …………………………………………（95）

图 3-3　水车 ………………………………………………………………（96）

图 3-4　设置在荒郊野岭的牛圈 …………………………………………（97）

图 3-5　清水江流域地图 …………………………………………………（105）

图 3-6　黎平两湖会馆 ……………………………………………………（106）

图 3-7　防盗文书 …………………………………………………………（111）

图 3-8　官方告示 …………………………………………………………（112）

图 3-9　典田文书 …………………………………………………………（114）

图 3-10　分股文书 ………………………………………………………（115）

图 3-11   合股文书 ……………………………………………（115）

图 3-12   恭城书院 ……………………………………………（117）

图 3-13   "水上丝绸之路"——人们利用江上运输向外输送

　　　　　木材 ………………………………………………（119）

图 3-14   水上扎排好的木坞 …………………………………（121）

图 3-15   木材贸易中的江上运输（单洪根供图）…………（126）

图 4-1   放置野外自然风干的用作覆盖材料的杉木皮 ……（131）

图 4-2   为新屋铺青瓦 ………………………………………（132）

图 4-3   用作基脚石的石墩 …………………………………（133）

图 4-4   鼓楼檐上用石灰制成的各种动物形象 …………（134）

图 4-5   侗族建筑中的标尺——丈杆 …………………………（134）

图 4-6   刨光工具——各种刨子 ……………………………（137）

图 4-7   凿孔工具——凿子 …………………………………（139）

图 4-8   测量工具——工尺 …………………………………（140）

图 4-9   对角尺的使用 ………………………………………（141）

图 4-10   墨斗 ……………………………………………………（141）

图 4-11   鼓楼 ……………………………………………………（144）

图 4-12   侗寨全影图 ………………………………………（145）

图 4-13   请"厢"过程中的"斗萨"：建造祭祀 …………（149）

图 4-14   述洞独柱鼓楼 ……………………………………（148）

图 4-15   抬梁结构图 ………………………………………（150）

图 4-16   掌墨师在"xigx"上所作的建造符号 …………（154）

图 4-17   常见侗族木工符号 ………………………………（154）

图 4-18   掌墨师在下料时进行弹线 ……………………（154）

图 4-19   完全由人力完成的房屋立架 ……………………（155）

图 4-20   广西罗城龙岸纳冷屯鼓楼落成庆典 …………（156）

图 4-21   桥面呈平面弧形的风雨桥——回龙桥 …………（158）

图 4-22   显示着侗族独特审美情趣的鼓楼一角 ………（160）

图 4-23   廊、亭结合的多孔长风雨桥 ………………（162）

图 4-24   清乾隆时期风雨桥造型剖面图 ………………（162）

图 4-25   晚清时期"桥庙合一"的风雨桥造型 ………（163）

图 5-1   传统刺绣图案 ……………………………………（169）

图 5-2   侗族男装图 ………………………………………（171）

图 5-3   侗族女盛装 ………………………………………（172）

图 5-4　制空心棉图 ……………………………………………（175）

图 5-5　手摇绾纱车 ………………………………………………（176）

图 5-6　绾纱 ………………………………………………………（177）

图 5-7　浆纱 ………………………………………………………（177）

图 5-8　浣纱 ………………………………………………………（179）

图 5-9　排纱图 ……………………………………………………（180）

图 5-10　梳纱 ……………………………………………………（180）

图 5-11　织布机 …………………………………………………（181）

图 5-12　制作蓝靛 ………………………………………………（183）

图 5-13　纺织工序之——上皮 …………………………………（184）

图 5-14　蒸布 ……………………………………………………（185）

图 5-15　捶布 ……………………………………………………（186）

图 5-16　侗族服饰刺绣常见纹样及技法 ………………………（187）

图 5-17　蓝靛制作材科及工艺 …………………………………（188）

图 5-18　变迁中的侗族服饰 ……………………………………（189）

图 5-19　侗族服饰配件——围裙 ………………………………（190）

图 5-20　侗族服饰配饰——绑腿 ………………………………（190）

图 5-21　岩洞女盛装 ……………………………………………（193）

图 6-1　寺庙教育的遗址：黎平县南泉寺 ……………………（212）

绪　　论

一　多样化优存：少数民族传统技术及其研究的经济价值和文化价值

传统技术是对包括历史上人工建造的聚落（村落、城市）、建筑、墓葬、道路、人类留下的脚印工程和遗留下来的各种人类制作和使用的工具、武器、日用器具、装饰品等物品进行整理记录，透过这些遗迹和遗存可以推断出有关人类活动的各种时间和空间信息。

都柳江流域少数民族以侗族为主。侗族是百越民族一支，总人口逾300万人，主要分布贵州、湖南、广西以及湖北恩施一带。侗族以山地稻作为主要经济类型，以渔猎为辅助生产生计手段。在2000多年的历史发展长河中，为适应特殊的地理和自然气候，侗族人用自己的勤劳和智慧，创造和使用了包括生产、生活以及手工艺等方面具有浓郁地方特点和民族特点的技术文化，这些文化凝聚着侗族人的信仰、智慧、精神，具有极为重要的文化价值和经济价值。然而在世界一体化进程中，传统技术在数字化、电气化的冲击下，正以极快的速度消失在现代化的浪潮中。侗族传统技术尽管在当下呈现出滞后性特点，但其文化性和独特天地系统中的针对性对于侗族的生存和发展起着重要的作用。为进一步开展民族技术文化研究工作，便于对技术文化内容的收集、管理、传播，需要借助可视化和信息化技术提供有效的手段，使民族技术文化研究工作更加规范化、科学化。

（一）少数民族传统技术变迁研究的文化价值

"一带一路"经济带建设，在中央政府的号召下以及在当下扶贫攻坚工作中，多数人理解为仅是经济发展目标，对其背后的多民族文化交流、融合缺乏了解。从中国目前划定的"一带一路"的区域看，空间跨越几大洲，时间跨度为几千年。因时间久、地域宽，因此涉及的民族也极多，民族文化的多样性也极为丰富，同时各民族发展的水平也参差不齐。纵观世界上很多的事件，其发生的根源都是源于对彼此宗教、民族、文化上的理解不够，如何带动各民族之间的交流、理解与碰撞，需要我们去客观、科学地认识民族文化多样性，在彰显自我文化的同时能尊重他文化，从而思考在一体化和信息化进程中民族文化多样性的出路，这于是对当下的文化、教育工作者提出了挑战。

世界一体化建设不是追求世界文化的同质化，而是以技术载体一体化实现文化多样性的保存，而各民族丰富的文化都凝聚在器物上。侗族作为"一带一路"上的一个民族，其文化的传承发展不仅对于侗族社会发展至关重要，而且对保持世界文化的多样性也至关重要。侗族是农耕民族，其所生存的天地系统山高林密，资源丰富，人们生活所需要的一切皆来自自然，人们的信仰、器物、技术都与当地的天地系统有着密切的联系，其独特的物质文化是在历史上与当地独特的地理、气候相互作用产生的。然而在今天信息化、数字化的格局下，侗族传统技术文化面临前所未有的冲击的同时也迎来了发展的契机，利用现代技术实现传统文化的收集、整理，深描器物的特点及其背后的文化基因，揭示出器物背后的时间和空间信息，从而发现侗族器物的符号哲学和侗族人的智慧，为侗族融入世界民族打下平等的基础。侗族技术文化能够实现侗族个性的彰显，形成自己的特色，能增强民族的自信心，以此能实现既尊重他人，又弘扬自己，在世界一体化格局中方能形成落落大观、相互交融的和谐局面。

器物包括历史上人工建造的聚落（村落、城市）、建筑、墓葬、道路、人类留下的脚印工程和遗留下来的各种人类制作和使用的工具、武器、日用器具、装饰品等，透过这些遗迹和遗存可以推断出有关人类活动的各种时间和空间信息。都柳江流域少数民族以山地稻作为主要经济类型，以渔猎为辅助生产生计手段。在 2000 多年的历史发展长河中，为适应特殊的地理和自然气候，当地人用自己的勤劳和智慧，创造和使用了包括生产、生活以及手工艺等方面具有浓郁地方特点和民族特点的物质文化，这些文化凝聚着少数民族的信仰、智慧、精神，具有极为重要的文化价值和经济价值。

（二）少数民族传统技术变迁研究的经济价值

在中国 2020 年全面脱贫的宏伟目标下，都柳江流域少数民族地区庞大的贫困人口基数以及严重滞后的经济发展水平严重影响全面脱贫的实现进度。尽管政府投入了大量的人力、物力、财力对少数民族地区进行扶贫，但成效甚微。其原因是多方面的，但最根本的原因是当下的扶贫工作是以项目扶贫为主，这类项目对资金、技术的要求较高，而且与少数民族传统技术相离甚远，是一种新型经济模式的自上而下的"植入"。这种在少数民族地区的经济"植入"缺乏文化的根，缺乏"用"的"养分"，故无法在少数民族地区健康生长。

任何一个少数民族在其生息繁衍的漫长历史过程中为了生产生活需要，都创造并发明了极具辨识度的"科学"或传统技术，这些传统技术在促进少数民族发展和维护民族团结稳定中发挥着积极的作用。少数民族社会的进化是一个与自然协同演化的过程，因少数民族与外界的交往不多，尤其像都柳江流域之类的内陆少数民族，其社会运动最典型的特征就是"慢"，社会变化的速度慢，人们的生活节奏也慢，技术的革新进度更是缓慢，但不可否认的是，少数民族传统的技术发明具有极高的经济价值，也吸引了大量的投资者和开发者的眼光，少数民族传统技术亟待进行成果转化。

都柳江流域地区与其他贫困地区不同，当地自然人文资源极为富集，对生态脱贫有着优越的先天基础，进行都柳江流域的传统技术研究，具有如下的经济价值。

1. 有利于认识少数民族生态与资源的多样性。本研究试图解析相似生境中的不同少数民族的生计方式，由此揭示出由生计方式创造出来的传统技术，以及生活于该生境下的少数民族行动理性的主动性和受约性。在此基础上对都柳江流域生态与资源的多样性进行合理的定位，积极思考在"特定的自然生态圈与人文生态圈"下的少数民族生命生态，从中探索环境—技术—个体的多样性。

2. 有利于发现生态扶贫下的新的经济增长点。当下扶贫工作中的项目扶贫，过度追求生产的批量化、集约化，强调生产和商品的工具性，忽视资源、人口的文化性，过度追求项目短、平、快，实现高产值和规模化，没有形成当地经济增长的长效机制，造成少数民族地区资源与环境的破坏，实际上是使农业走上了工业的发展道路，严重违背少数民族地区自然与人文生态的需求和特点。少数民族同胞依托独特生态环境创造了一套与生态、人口、资源平衡、协调发展的生计方式，少数民族对由生计方式创造出来的技术、信仰、祭祀、交换等文化具有较强的依赖性，在生产过程中会遵循相应的规约、禁忌，民间以生产、合作、交换、责罚机制建立的民族社区自组织，对民族地区的正常运转发挥着较大作用。本研究重点探讨少数民族传统技术的变迁，是将都柳江流域少数民族的创造、发明的工具性和文化性放置在动态的历史阶段进行分析，借此为打造都柳江流域经济发展的"一区一品"，这对于生态扶贫下发现新的经济增长点具有现实的意义。

3. 有利于少数民族传统技术、社会、心理、行动模式变迁提供论证依据。互联网时代的到来，深度改变了少数民族传统经济以及传统生产方式，少数民族传统技术在当下电气化、自动化、数字化的变革中表现出了较大的不适应，在经济发展的要求下呈现出陈旧性、滞后性的特点。但是，新技术、新经济模式普遍忽略了少数民族长期以来对传统技术的工具依赖与文化依赖。少数民族传统技术是一个复杂的系统，其创造、发展、变革的过程记录着一个民族发展的时空印记，通过器物、技术的研究，可为少数民族生态脱贫的实施提供科学凭据。

本研究以技术变迁作为先导，分析少数民族技术依托的器物在各个历史时期的特点与地位，深度分析不同技术背后的少数民族生栖环境、社会、文化和认知心理，从少数民族内生的视角解析传统技术对少数民族社会、经济、文化的促进作用，可对提升少数民族个体、社会和经济发展提供指导作用。

总之，本研究激发的技术认识是平衡的、内生的、根本的，它试图引导出少数民族生境、文化、生命个体的平衡，揭示传统技术对环境、人口、资源的作用原理，提出适应区域经济发展与文化发展的技术应用模式，研究的结论将对生态学、文化学、社会学、技术学等起到有价值的借鉴作用。

二　从指涉到顺延：少数民族传统技术的文化意象

技术，按现代学科分类法应该归属于自然学科的范畴。少数民族技术是不同少数民族在与自然和社会进行长期互生、共生、创生体验中，为满足生产生活需要而创造出来的一系列的聚落（村落、城市）、建筑、墓葬、道路以及人类留下的脚印工程和遗留下来的各种人类制作和使用的工具、武器、日用器具、装饰品等物品。这些技术带有着浓浓的文化性、民族性和地域性。所以，少数民族技术不能单一地归属于自然科学的范围，它更多体现了人文社会科学的性质。

（一）少数民族传统技术的文化意象

少数民族传统技术的文化构建功能主要表现在两个方面：一是为少数民族个体文化认同提供一种表达的形式；二是对少数民族个体文化情感的形成进行规范和塑造。个体生命基于应对自然和社会基础之上产生与形成，其行为与意识的形成和表达都必须在有形的客观世界中得来，物质性是有形世界最明显的标志，社会规范与个体行为的认可需要借助器物进行认定。

少数民族传统技术承载着整个民族、社会的核心要素。著名学者莫尼卡·威尔逊认为："技术能够在最深层次揭示价值之所在……人们在生产生活中所表达出来的，是他们最为需要并为之感动的东西，而正是因为表达囿于载体的价值，所以技术所提示的实际上是一个群体的价值。"① 器物是技术的外显形式，是人类进行文化构建的一种文化形态。

从技术的文化功能来看，少数民族传统技术记录着人与自然、社会共生、创生的协同演化过程，不仅记录着少数民族生存繁衍的时间与空间信息，更能通过传统技术发现少数民族的生态智慧。少数民族传统技术传递着一个民族文化的"意"的形态，技术载体——器物的使用，则是使意识形态有了确定的位置和指向。从技术的外显形式看，传统技术看似平常，但经器物的点缀，一切少数民族发展变迁的脉络就有了识别的标志，这使得一个民族的精神有了结构和秩序。正是通过以器物为载体的确定系统结构，少数民族才有了文化阐释的基础，才能构造文化的意义。

技术、器物与文化一样，都具有传承性，从文化的传承中可以发现文明的发展规律。同样，技术、器物也是在与自然、人类、时间信息进行多种交流碰撞后所遵循的一种从低到高、从简单到复杂的发展过程，透过器物，也能发现人类进化的阶段与脉络。以器物为主要媒介的文化记忆，对民族主体性的形成有直接的影响，技术这种类似于集体文化习性的集合体，经过器物这一物质的外化，二者的互动塑造了一个民族整体的习性与文化记忆。

（二）少数民族传统技术的审美情趣

都柳江流域少数民族传统技术在以山地稻作为核心的传统文化的农耕生产活动下，一直保持着连续性、地域性。人们以大山为美、以水为美，以万物有灵的生态社会为美。尽管从历史发展的角度看，审美的取向并不完全固化，在历史发展的长河中总在不断地融合新的元素，但以自然生态、万物有灵的审美习性与审美记忆一直占据着整个流域少数民族的文化轴心。尤其是该流域以血缘为纽带群居的社会结构，有力地塑造了人们的认知心理结构。族群内部严格的等级与生态位，使每一个人的行为与习性都固定在稳定的生态位上，人的生命形态在自然面前，如何与自然互动、交流，这有效约束了人们对于自然无限度的索取，于是形成了一种稳定的

_____

①　转引自［英］维克多·特纳《仪式过程》，黄剑波等译，中国人民大学出版社 2006 年版，第 6 页。

文化形态，并通过技术和器物呈现出来。都柳江少数民族的审美情趣与道教极为相似，他们普遍认为人类的超越是回归自然，是将个体的精神放逐到自然中去。农耕民族以血缘为纽带的宗法社会，在族群内部行使的是族内宗教的治理功能。传统的审美习性必然保留在道德审美的结构之中，通过技术创造的器物，其文化记忆表达出了审美的无限性和多样性。正是这种无限性和多样性使人们在创造器物选材时有了无限性，如木器、藤器、篾器、石器、草器等。从器物的功能上则划分出了生产器具、生活器具，每一个类别下又有多个种类，如生活器物中的囷、箧、箕、篓、碗、瓠、瓢等。这些器物经由人为制成，其外形、功能、礼用无一不是人们在特定生态审美之下的创造。

少数民族传统技术作为一种能动化的创造，有着明显的应用功能。在应用者身份、角色、性别、年龄上都有明显的区分。少数民族传统技术的应用与创新是一种具有个体精神的人类活动，也是一种审美自律性的活动。以地缘为核心纽带技术创造，遵循着双重的应用前提，一是地缘的自然资源，二是人类社会文化资源。技术创造具有两个特点："首先，技术不是凭空的建构，而是源于人类本原性需要，以及在自然生态资源和文化生态资源支持影响下的派生。其次，社会中存在的种种技术是一个整体，各种技术之间是相互关联、相互作用，而不是决然对立的。"①

都柳江流域少数民族传统技术包含物质层面的意义和精神层面的意义，这两个层面都蕴含了技术体系中潜在的一套规则和禁忌。在物质层面上，透过技术创造的器物，可探见文化体系中个体成员物质需要的具体形式，即技术文化对来源于自然界的器物的选择和限定，包括物质与社会环境下的技术手段和历史上形成的集体记忆所持的接受态度；同时技术在精神层面上产生了宗族个体的文化需要和能力限制。

三　少数民族传统技术的符号意识形态：天地、时令与他性

技术创造，有学者将其界定为"基本的社会行为"②；也有人认为"技术是关于重大性事务的形态，也是人类社会劳动的平常形态"③。根据

---

① 张从良：《从行为到意义——仪式的审美人类学阐释》，社会科学文献出版社 2015 年版，第 101 页。

② Rappaport, R. A., Ecology, Meaning and Religion. Richmond, Calif: North Atlantic Books, 1977. p. 174.

③ Smith, J, Z., The Domestication of Titual, Numen 26, no. 1. 1975：9.

技术的功能、材料、认同、应用，有学者将少数民族传统技术梳理出这样的意义：（1）作为动物进化进程中的组成部分；（2）作为限定的、有边界范围的社会关系组合形成的结构框架；（3）作为象征符号和社会价值的话语系统；（4）作为生产和生活过程的活动方式；（5）作为人类社会实践的经历和经验表述。① 农耕民族的技术创造，包含了物质的所有意义，在器物的表达上更具指向性，它集中体现了人与自然的互动和以生态文化作为结构的文化认同。

（一）器物符号的多元对话

少数民族传统技术是一种带有古典神话进化特点的人类活动，其演变和发展是一个历史性的过程。在整个少数民族发展进程中，器物带有明显的神性色彩，器物的技术创造过程、内容、形式都反映出了人与神之间、人与天地系统之间以及人与人之间的互文（context）、互疏（interpretation）、互动（interaction），在社会总体结构和社会组织中具有指示性功能。

都柳江流域少数民族技术是通过器物的象征功能来释放农耕民族这一知识系统的符码。卡西尔（E. Cassirer）认为，语言和象征作为人类文化的基本特征，可大致定位于人类作为动物性方面的语用符号与物质能力指示。② 人作为少数民族传统技术中的行为主体，其行动被技术创造的场域、需求、程序、规则所影响，与此同时其创造发明也附着了特定民族、特定情境中的符号意义。从符号功能指涉分析，都柳江祭祀少数民族传统技术具有如下功能。

1. 制度性交流与对话。像建造技术一类的技术创造，包括掌墨师、工具、工匠在内的人群，他们在建造中的行为、建造工具的使用、建造过程都是预先设定的。有祭祀仪式、祭词、附和词等交流、呼应的预设规定都赋予了少数民族传统技术一种新的条件，人们以一种全新的状态和身份在享受着技术创造的过程，个体的创造行为也构建出了一个完整的结构叙事，器物背后的应用发挥着能动的作用。

2. 祈求性对话。器物作为一种生产生活的必需品，也是少数民族祭祀仪式中的礼器，其工具性功能与神性功能呼应，除了在祭祀过程中要进行展现外，还传递着为了获得某种神祇、精神、权力、庇佑或者圣灵等集合的信息。人们通过器物的呈现，经人的引领对话，使人与神的交流集合

① 　彭兆荣：《人类学仪式研究评述》，《民族研究》2002 年第 2 期。

② 　Cassirer, E., W T An Essay on man, New York Books, 1944, p. 28.

到物上，以此获得神性。

3. 常规性交流。少数民族传统技术作为一种社会精神高度集中的载体，它集中凝聚了价值、创造信念等，并将生命与自然互生的理解与"生命圈"循环地在生产、生活、技术改进、工具升级等行为中加以呈现。

（二）器物与文化认同

文化认同是当代所有民族文化构建中的一个核心概念，它关乎一个国家、民族、部落是否拥有共同的信仰、习俗、道德、审美、艺术。英国文化人类学家约翰·汤姆森指出："文化认同这一概念无疑位于当代文化想象的核心地位。"① 文化认同是通过行为和符号来发挥作用，农耕民族的技术以其工具性彰显了本民族共同的象征符号，除技术创造的行为外，器物符号是承载文化认同的核心要素。

少数民族传统技术通过创造行为与器物传递少数民族宗教信仰与文化价值。少数民族传统技术中创造行为与器物发源于该民族的文化信仰，同时又反作用于文化信仰。人们通过技术创造传达了人们对自然的畏与和。器物在少数民族传统生产中的存在是一种实然状态，通过人们的创造行为，将技术引入了一种超然的状态中，即人们通过对器物的应用和加工，尽可能地展现器物的始源，通过少数民族传统技术创造"用"的行为，将器物的呈现意义上升到少数民族个体与自然交流的"畏"的层面，以个体经验来规避"一定场所来的、在近处临近的、有害的存在者"②。这种存在是少数民族集体的记忆，存在于社会生活中吃、穿、住、用的各个层面，附着在所用、所吃、所接触的一切器物之上，再通过技术创造这一行为，来构建族群内部以器物为载体的意识形态和文化认同。"正是通过他们的群体身份——尤其是亲属、宗教的阶级的归属，个人得以获取定位和回塑他们的记忆。"③

少数民族传统技术在同一群体的人、物关联上建立了共同性，在族群内部起到了一种引领和凝聚的作用，通过少数民族传统技术中器物的创

---

① ［英］约翰·汤姆森：《全球化与文化认同》，载周宪主编《文学与认同：跨学科的反思》，中华书局 2008 年版，第 150 页。

② ［德］马丁·海德格尔：《存在与时间》，陈嘉映、王庆节合译，生活·读书·新知三联书店 2014 年版，第 213 页。

③ ［美］保罗·康纳顿：《社会如何记忆》，纳日碧力戈译，上海人民出版社 2000 年版，第 36 页。

造、使用塑造并承载了传统，使少数民族传统技术象征的符号——器物成为文化认同的标志，同时通过器物建立了信仰、神话、宗教的联系，赋予了人类活动的意义。

都柳江流域少数民族传统技术是物质创造与文化意象密切联系的文化现象，透过器物回望农耕民族的发展，能激发当地少数民族重新发现一种更好的生存方式。

四　远古文明中走来：文献中的技术变迁史

技术史是一部流动的文明史，对技术史的整理和研究吸引了大量的国内外研究人员和学者的关注，近半个世纪以来，涌现出了一批又一批的史学家和卓越的研究成果。研究人员中以英美史学家比例最高，他们研究的重点以世界科技史为主，也有一部分美国的史学家把视角放到中国，在中国还没有出现自己的科技史成果之前就率先出版了有关中国科技的学术著作；此外也有中国近现代史学家，对中国的科技史和文明史做了大量研究，出版的作品以中国的四大发明为主轴，探索中国科技和传统技术的发展。在众多的研究成果中，研究内容梳理下来主要有以下几方面。

（一）从人类远古文明时期为时间节点梳理出的科学技术史研究

此类研究中最具代表性的是至今都无人超越的巨著《技术史》，由英国著名的科学家、技术史和科学史家 Charles Joseph Singer、Eric John Holmyard 以及 Trevor Illtyd Williams 合著，从 20 世纪 50 年代该书的筹备至出版，至今已有英文版、日文版、意大利文版和中文版等多语言版本。全书一共分为七卷，记录了从远古至 20 世纪中叶的综合技术史，该书在注重可读性的基础上用简练平实的语言描写，辅以多幅珍贵的历史图片和插图，对不同历史时期技术自身的发展进行阐述。第一卷以人类制造和使用简单的工具作为开篇，将最能体现人类最基本的工具定位于"语言"，以人类无处不在的狩猎开始，注重早期定居社会的形成以及由此产生的最早的"文明"和"技术"。在接下来的几卷中，作者重点介绍了欧洲的技术史，因为从地中海文明时期到文艺复兴时期和工业革命时期，这段时间欧洲的技术比其他时期更具先进性和更富有进取性，在此背景下，作者舍弃了东方的科技成就。而最后两卷，它注重技术发展的社会因素研究，对当时的政治、经济与文化对技术发展的影响及技术对社会、经济、文化的作用问题进行了深入的探讨。在这部系列丛书中，它将一切人类活动的发展与社会政治经济史联系起来，在考古挖掘的基础上，获得有关工具使用和物品来源的信息资料。但是，这几卷书中的年代构架并不十分严谨，如果按照技术所处的不同年份排列是无法做到的，每一种技术都是根据特定社会需求、社会条件和本地的一些随机性事件和机遇发展而来，技术与这些社会因素相互制约，技术会随社会因素的复杂化进程而得到进步或者是被取代，同时技术具有传承性和发展性特点，有些技术可以跨越多个时间节点。因此，时间与具有年代特征的技术在书中无法完美体现。

在"科学"和"技术"两大概念的关系争论基础上，大量的有关"世界科学技术"史的文献也相继问世。人们普遍认为，科学代表的是先进，它与经济和效率密不可分，技术依赖科学是一种亘古不变的关系。有人把技术定义为"应用科学"，在多种专业词汇里，也有人把"技术"称为工程技术。由美国科学史家 J. E. McClellan 和 Harold Dorn 合作出版的《世界科学技术通史》强调科学技术的关系是一个历史过程，这二者并非总是一成不变地结合在一起。作者从史前至当前为时间节点，按科学和技术的沿革查找科学和技术时而合时而分离的历史事实。与《技术史》相比，《世界科学技术通史》的一大特色是它摒弃了"欧洲中心论"的编写观点，以全球视角详述了中国、印度、中南美洲和近东帝国等文明的科学研究和技术发明。

（二）技术史的技术人类学与民俗学等方法论研究

哲学社会科学的发展，国内外学者们根据学科的庞杂性，早已具备了多学科的视角，交叉学科概念的发展，衍生出了一系列分支学科。对于技术史的研究，研究人员也采用了科学社会史、科学知识社会学、科技史等学科视角对古代科技史和近代科技史进行研究。随着技术研究的侧重点不同，引发了人们对科学社会学之外的学科之间的视角研究，如技术人类学、民俗学等。张柏春等主编的《技术人类学、民俗学与工业考古学研究》用人类学、民族学、民俗学等视角对技术史学者过去较少关注的日常技术、身体技能、民间信仰和技术与地方知识进行研究，改变了过去科技史独尊文献和实验的研究方法，以田野调查和民族志的方法对技术进行研究，视角重点落在日常技术与文化环境。这一研究方法早在国外的一些研究人员和学者中也都得以采用。Francesca Bray 在她的《技术与性别》一书中，就用非常细致的田野工作和民族志调查了中国的传统技术与性别的问题，她的学术取向既是史学的，又具有人类学和民族学特征。技术的人类学、民族学、民俗学研究能够为技术史研究做出多方面的贡献，比如："1. 提供学科交叉研究平台，拓宽技术史研究的视界，将技术置于其文化的、社会的语境中加以考察；2. 提供更多的学术理念、学术问题和研究方法；3. 提供更广泛的研究对象和资料种类；4. 以更宽的视界审视文化遗产的价值与其抢救和保护，使文化遗产保护的学术基础更加宽阔。"① 美国宾夕法尼亚大学教授席文在中国科学院和北京大学所做的演讲，后来整理出版的《科学史方法论讲演录》就通过梳理近半个世纪以来科学史从智识史到社会史再到文化史的发展历程，揭示了科学史家将人类学方法应用于科技史研究的新图景，阐述了比较相同时期不同文化的不同文化科学的研究方法，提出了"文化簇"的概念及作用。"文化簇"概念的运用，即要弄清那些需要多学科主题的意思，就得克服历史专业化的局限，专业化研究的基本理念就是深刻缜密地探究问题。"文化簇"的使用允许从事资料研究的学者获得足以广泛的、足以综合的效果。

（三）有关中国传统技术及手工业的研究

中国作为四大文明古国之一，特别是"四大发明"对全世界的贡献，使科技史学家早把中国的科技纳入世界科技史中，并将此作为一个突出的部分进行研究和阐述。除此之外，中国拥有5000年的文明史，中国的各种传统技术衍生的相关产品，如丝绸和茶叶早在唐朝甚至更早以前就进入了国际市场。对此，中国的传统技术吸引了不仅国内，还包括国外的大量史学家、民俗学家和民族学家的注意。在20世纪20年代，德裔美国学者Rudolf P. Hommel就来到中国，在8年的时间里用影像和文字记录了中国人使用的传统用具、器物以及劳作的场景，并写成了 *China at work* 一书，后来被戴吾三等译成《手艺中国》并在中国出版。这本书在中国科技史研究中占有重要的地位，特别是对物质文化遗产、社会学、历史学和人类学方面独具价值，它不仅对中国传统工具和器物进行详细调查，并采用影视人类学手法对这些传统用具进行测量，在大量的调查基础上讨论了与人类密切相关的行为，并对这些行为进行了"Why？Where？When？How？以及Who？"的提问。这本书因调查范围大、涉及的工具和技术多以及样式古老，被认为无论是在国内还是国外都是空前绝后的。当然中国也不乏大量的技术史家对中国传统技术史的研究，王思明、张柏春主编的《技术：历史与遗产》这一论文集收录了大量中国研究者对中国传统技术的研究，研究内容包括中国传统农业技术及变迁、古代金属的加工技术、古代机械的物理技术及传统工艺与非物质文化遗产等。与《手艺中国》不同的是，该书更注重技术的社会形态以及技术内涵，与此同时还加入了技术传承的思考，是较为深入细致的技术史研究。

---

① 张柏春、李成智：《技术的人类学、民俗学与工业考古学研究》，北京理工大学出版社2009年版，第3页。

（四）少数民族传统技术及技术史研究

中国是一个统一的多民族国家，每个民族都有自己独特灿烂的民族文化，不同民族文化的集合，形成了具有中国特色的中华民族多彩文化。"民族"用斯大林的概念划分是具有四大要素，即共同的语言、共同的地域、共同的文化生活、共同的心理。生活在不同地区的不同民族，因地理和文化性格的差异性使各民族都有自己的独特的经济生态类型和生计方式。不同的经济文化生活决定了不同的生活方式，多样性的生活方式又催生了不一样的生产生活技术。在此条件下，少数民族史学家以及汉族史学家把少数民族科学技术作为一个重点进行研究，得出了大量的少数民族科技史成果。由陈炳应主编的"中国少数民族科学技术史丛书"对中国少数民族传统的科技进行了深入的研究，目前已出版了通史卷、纺织卷、农业卷、医学卷、地理·水利·航运卷等，这部丛书目前看是一部视角较宽、内容较为丰富的少数民族技术史。除此之外，大量的单个民族技术史也都得以出版，如《中国回族科学技术史》《蒙古族科学技术简史》《壮族科技史》等，除此之外还有单个民族的具体技术研究，如《水族医药》《毛南族医药》等。

（五）侗族史类和传统技术研究

侗族是一个年轻的民族，真正以"侗族"命名还是到了新中国成立之后，虽然从百越民族至今，已有了上千年的历史，但侗族的文化研究起步毕竟还是较为滞后。值得高兴的是，虽然侗族研究起步较晚，但成果却较为丰富，近些年随着研究队伍的不断增大，研究的水平也逐步提高。受限于侗族真正命名的历史较短，在侗族史类方面的研究相对较少。由贵州民族出版社在1963年出版的《侗族简史》是多位侗族人研究的成果，该书梳理出从原始社会遗迹开始至新中国成立之时的侗族历史，侧重于侗族社会形态、侗族文化和重大历史事件和人物。但由于该书出版的时间较早，又刚好处于新中国成立初期不稳定的社会时期，该书的写作均以史料为依据，在内容上受到很大的局限。目前由贵州民族大学石开忠主编的《侗族通史》已出版，这是一部影响力比较大的侗族史类丛书。在侗族传统科技史研究中较为深入的是吴军教授的《水文化与教育视角下的侗族传统技术传承研究》，该书以侗族人赖以生存的水为主轴，梳理了侗族传统技术文化的传承方式及所面临的机遇和困境。该书的研究方法涵盖了哲学、社会学、民族学等多学科研究视角，对侗族从农耕技术、养殖技术、食品加工技术等方面进行研究，重在技术的传承上。但是该书并没有从时间节点上对侗族的传统技术进行研究，对"历史"和"技术"的描述也不见太多。由林良斌主编的"侗族大观"系列丛书也有对侗族的一些传统技术进行了研究，该套丛书的《鼓楼大观》和《用具大观》两卷对侗族生产生活的技术和用具做了具体描述，突出技术的功能性和文化特点，但是对历史的描述同样没有提到。而关于侗族传统技术研究的论文较多，主要涉及侗族传统建筑技术、营林技术、稻作技术、医药技术、纺织技术、食品加工技术等。这方面的研究虽然不直接关涉侗族科技传承，但却成为侗族传统科技变迁的重要依据。

纵观以上文献，笔者发现在有关侗族史和侗族传统技术方面的研究还有如下缺憾。

1. 对侗族文明发展史的研究视角较为狭窄。现有研究多停留在资料的收集整理层面，深度挖掘不够，对文献的调查整理尚不系统、全面，缺乏理论指导，同时作为缺少文献记载的侗族史研究，口述史的研究往往被业界忽视。

2. 没有用动态的视角对侗族技术的发展史进行审视。现有研究都立足于当代，以主流代表的身份去看待和研究侗族技术，没有从技术在历史发展中的深度内涵来理解传统技术由粗变精、由简变繁的过程。

3. 对侗族传统技术与侗族社会形态的关系关注不够。对一个民族所表现出来的文化，以及在文化依托下的生产生计方式的关联性研究不够。

大量的文献在给我们的研究提供可靠参考依据的同时也给我们提出了新的要求和困难，侗族史及传统技术史研究是一个长期和漫长的过程，值得我们去为之奋斗。

五　核心概念界定

（一）传统技术

就技术的概念，目前学界的权威认定较为模糊。美国奥格伯格说："技术像一座山，从不同侧面观察，它的形象就不同。从一处看到的小部分面貌，当换一个位置观看时，这种面貌就会变得模糊起来，但另外一种印象仍然是清晰的。大家从不同的角度去观察，都有可能抓住它的部分本质内容，总的还可以看到一幅较小的图画。"[①] 技术，英文"technology"源于古希腊，指的是技术、能力。技术，中国《辞海》做出的概念是："泛指根据生产实践经验和自然科学原理而发展成的种种操作方法和技术。"世界各国学者分别对"技术"概念的指向进行了阐述：布雷诺认为

① 邹珊刚主编：《技术与技术哲学》，知识出版社1987年版，第195页。

"有一种和科学完全不同的事业,那就是科学的应用——技术"①;苏联兹沃雷金认为技术是社会生产劳动手段的总和。有人将技术进行了广义和狭义的划分:广义的技术指的是人们在改造自然、社会和人自身的活动中所使用的手段和方法的总和,是人类在世的方式;狭义的技术是指包括工具、机器、设备等在内的实体要素和包括知识、经验、技能等在内的智能要素和包括工艺、流程在内的协调要素组成。②

综合学界对技术做出的概念,研究传统技术是从广义视角来理解的传统技术是一种经验技术,是生活在特定天地系统的人们为适应自然生态与人文生态环境,为满足生产生活所需的、源自经验并能通过经验积累得以改进、演化的一切手段和方法。

侗族传统技术是一个大的"类",围绕生产生活所进行的创造种类也十分繁多,应用的对象、场域不同,技术的类别也不一样。然而,传统技术也是一个更新和筛选频率较快的"类",尤其是侗族这样一个没有文字的民族,传统技术的更新淘汰频率也极高,故传统技术的变迁在研究中难免出现"无迹可寻"的尴尬。故本研究所选取的技术需要满足几大条件:一是存于今世的;二是考古中可发现的;三是在文献、口头文学、实物中可循迹的人类创造。

(二) 都柳江流域

从自然生态角度看,都柳江是一个大的地理范畴,发源于贵州省独山县,流经三都县、榕江县、从江县,入广西三江县寻江(古宜河)口,进入柳江干流融江段。全长 310 公里。平均气温 16℃—18℃,年雨量在 1200—1600 毫米,年平均降雨量达 1600 毫米。从人文生态角度看,都柳江流域生活着多个世居少数民族,以侗族人口最多,分布面积最广,也最集中于都柳江沿岸,各民族普遍操持的是山地稻作为主、河谷捕捞为辅的生计手段。

因生态的相似性和生计方式的相似性,都柳江流域少数民族的文化心理和社会行动理性也有相似性,故技术推动的社会、经济、文化也具有相似性。所以,本研究所指的都柳江流域是一个显的自然生态圈和隐的以侗族文化为核心的"侗族文化生态圈"。

---

① 邹珊刚主编:《技术与技术哲学》,知识出版社 1987 年版,第 235 页。
② 吴军:《活水之源——侗族传统技术传承研究》,广西师范大学出版社 2013 年版,第 12 页。

（三）技术变迁

技术是社会化的产物，它与生物进化不一样。生物进化遵循的是单线进化论，是一种从低到高的变化轨迹。怀特（Leslie A. White）、斯图尔德（Julian H. Steward）等认为在彼此无关系的、遥相分隔的诸不同文化中，可能见到规律性的发展模式。也就是说文化遵循的是多线进化论，它不似生物按照从低到高的进化模式，而是不确定的进化路线。技术同时是历史的产物，技术在特定的时空中有其独特的生态位，是基于某种需要而发明、创造出来的，其针对性更大于普适性。技术推动社会进步的同时，也受制于经济水平、社会形态和意识水平。

技术变迁的历史脉络遵循的是怀特等的多线进化论，因生产方式与社会形态的制约，尤其是在自然资源的限制下，技术、工具、器物会从一种形态转变为另一种形态，这种变迁只是一种状态，无法确定其变迁的模式和轨迹。

第一章　技术的社会进步功能与概念演进

第一节　传统技术的概念与演进

一　传统技术的社会进步功能

（一）人创造的符号与符号创造的人

柏拉图对人做出的定义是"没有羽毛直立行走"，这看似一个简单的表述，实则背后隐含着庞大的分类系统。"没有羽毛"是将人与禽类区分开来；"直立行走"同时也是将人与兽类区分开来。人与其他动物都会使用工具，但只有人会创造工具，人的能动力量所在就是在运用各种工具，创造、发明另一种新的工具，从而建立了一个浩瀚的"符号宇宙"。卡西尔在其《人论》一书中明确指出："人是符号的动物。"① 人的符号创造出了不同的物质世界和文化世界，反过来，这些符号又成为人的符号形式，这些符号又会对人的行为、心理、信仰、理念造成影响。对人创造的"符号宇宙"进行探究不是为了追求结果的同一性，而是为了探究背后人类创造活动的同一性，人类的创造过程是对符号探究的目的所在。所以说，符号不是抽象的文化，也不是抽象的人，而是具体的、能动的符号互动本身。正是符号创造活动能产出一切物质的、文化的存在，又使人真正成为人。

人的生物属性和社会属性决定了人生活的世界无比的丰富性，人无时无刻不在与客观世界发生着主客体的关系。在人与客观世界的一切关系中，通常要以一定的符号来代表一定的"实"，为了便于人类的识别，人们又创造了与相应符号对应的"名"。"实"是符号创造的客观性存在，

---

① 　[德] 恩斯特·卡西尔：《人论》，甘阳译，上海译文出版社2013年版，第6页。

符号与"实"的本质一样,而"名"却是符号的信号系统,尽管"名"是基于对符号的理解而做出的结论,但因为人的文化性对符号的理解出现偏差,又因为语言系统的理解和表述不同,故符号的"实"与"名"之间在本质上截然不同。人与动物的另一区别在于,动物是通过本能的活动去适应外部的世界,是被动的状态,而人却是依靠自我的精神力量能动地去改造客观世界,以获得人类生存所需的一切资料。

继哲学的"客体描述"思维转变为"对人的能力进行批判"后,对人类主体的各种"能力领域"的事项研究也不断深入。康德在批判考察人的"认识能力"的有限性的同时,扩展了关于人的其他能力的概念:人不单有知识能力和建构有机的"合目的性"的世界的能力。①

技术是器物背后的无形力量,它打破了主体与客体之间的清晰界限,技术不仅是无形的工具,还是器物和人的共生体。伊德认为,在人类与世界的相互作用中,技术总是表现出一种非中立的、放大—缩小的结构,这种结构是"人类—技术关系的一个本质特征"②。符号是人与技术之间最基本、最常见的关系体现,在这种关系中,人的经验被技术加以重构,促成人与技术的融合。尽管技术展现出了某种自然、社会的透明性,但技术本身并不是人类关注的中心,而是通过器物这一系列符号呈现整个人类发展的脉络,彰显技术创造的符号在人与"实"之间所发挥的调节功能。

(二)传统技术使人类从"自然奴役"的误解中得以解救

人自诞生以来,就一直与自然、与人类社会建立最基本的现实关系,因此也体现出了人的自然属性和社会属性。自然是一种包括人类已知的、未知的物质存在,它属意识之外,是系统的、复杂的、有着无穷多样性的物质世界。正如《荀子》云:"天行有常,不为尧存,不为舜亡。"③少数民族传统社会由于社会力量的渗透,一些非自然状态的物质、行动和一些不和谐的元素也并存到少数民族的生境之中,使人们长期生栖的生境中一些熟悉的物种无法在"自然"状态下正常地生长,随之是人们的思维结构也受到影响。人们在外在力量渗入后,通过对比人们似乎发现他们处于一种被自然"奴役"的状态之中,他们渴望能够有更高、更强、更有

---

① 李鹏程:《理性哲学走向文化哲学的历史必然性——略论卡西尔符号哲学的哲学历史学转折意义》,《学海》2010年第4期。

② Don Ihde., *Philosophy of Technology:An Introduction* [M], New York:Paragon House, 1993. 51.

③ 荀子:《荀子·天论》。

效的"科学"为他们打开通往自由的神圣之门,在自由愿望的驱使下,人们开始去挑战自然,希望能战胜自然。

自然世界生物物种的调控尽管受限于自然性,但却不能完全由自然信息去实现,同时还需要社会信息的干预和调控。少数民族族群的整体性与生物性决定该族群必须采取适合其生境的生计方式外,还直接制约着文化的运行和建构。人的社会性和生物性的关系一旦在外来力量介入后失去平衡,势必造成少数民族所处的人文环境与自然环境之间的对立,造成个体生态位的偏离。如果没有一种力量对这种偏离进行修正和扭转,人类活动与社会、自然的危机只能愈演愈烈,带来的恶劣影响将不可估量。

有效控制民族生境中个体生态位的偏离不至于被无限扩大的原动力来自于文化的回归,为了协调人与自然、人与人类社会的关系,并以此保证社会的有序发展,人类只有依靠无形的力量促使个体的生态位回归。这种回归也是文化的重构过程,而少数民族,尤其是都柳江流域农耕民族,其文化的来源就是物质的技术创造,所以,传统技术与"科学"的本质区别是能使人从"自然奴役"的误解中得以解救出来。

在人类发展史上,总会出现这样两个矛盾的社会过程:在某一时期内强化人与自然和谐共处,而另一时期又要求超越自然。其实这两个完全相反的观念折射出的是人们对个体的生物性禀赋和社会性禀赋的不同理解。对都柳江少数民族而言,要获得对所处生态系统偏离的回归显然不能依赖现代意义上的科学,只能依靠其祖先利用生态智慧长期积累起来的经验。经验获得的过程不单是与自然的互动,而且还透过在时间流逝与不同的文化互动,使文化在个体生态位中的角色作用不断地丰满起来。

技术的创造首先满足于人的自然属性,因人的第一需求不断提高后,对技术的要求也更高,从而促进了技术创造也更高、更精。技术和技能是立足于特定传统文化中的知识储备、思维习惯,因此技术本身也是一种文化,其源于自然,同时也超越自然,通过技术,人们从不断偏离的社会生态中逐渐发现了问题,并能主动地通过技术应用更好地参与到生产和社会互动中,从中找了自己的生态位,实现个体生命的自然回归和文化回归。

(三)跨越器物层次的技术伦理制度

少数民族传统技术是生活于不同地域下的少数民族为了满足自身的需求和愿望,在与自然进行生态互动的过程中积累起来的知识、经验、技巧和手段。技术最初的创立是以"用"为目的,但是一种技术的产生总是要经过不断的打磨、适应、变化才能形成固定的技术形态,而这个过程势必是一个长期的、漫长的过程。技术是自然、社会、个体有机合成的产物，是立体天地系统结构中的动力和联结。技术这一看似无形的系统，其背后蕴含的是器物、技术、制度、伦理、教育、精神，是一个多元的统一体。《史记·货殖列传》就有载："医方诸食技术之人，焦神极能，为重糈也。"①

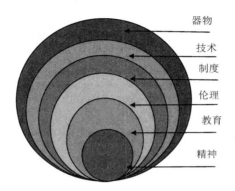

图 1-1　技术背后不同层次的多元统一图

少数民族技术的载体最为明显的就是器物，也是技术的器物层次，同时也充分显示了技术的第一层"实用"功能。人类最初创造器物的初衷是以实现生活所需而产生，同时也为了满足人类的生理和心理、物质与精神的需要，每一次造物的过程，都是在有意或无意地探询人性之根本。器物的设计与使用，不仅关乎民生日用，也关乎整个社会的政治、经济以及道德风尚的取向。器物，英文为"artifacts"，与物品"objects"和物性"thingness"不同的是，物品除了用的功能外，还有创造过程中的人文要素和艺术要素。一切以"用"为目的的技术创造，都始终围绕在生活化的语境里，阿多诺《棱镜》（Prisms）中"瓦莱里·普鲁斯特·博物馆里"对器物有这样一段描述："观察者与物品之间再无生动联系，并且物品正步入死亡。它们之所以得以保存，更多是出于对历史的尊重，而不仅仅为现实的需要。"② 所以，技术的生命是其创造出来的器物在时境中与人的互动，也就是通过"用"体现出来，是建立在主体与客体、理性与感性的统一基础之上。

少数民族技术的第二个层次就是技术本身。技术既然是一种人为创

---

① 司马迁：《史记·货殖列传》，三秦出版社 2008 年版，第 1 页。

② ［英］罗兰：《器物之用——物质性的人类学探究》，汤芸、张力生译，《民族学刊》2015 年第 5 期。

造，依靠人的主观能动性和审美情趣，而人是社会的最小单位，其能动性和审美情趣因人生长的时代、地域、民族不同也呈现出巨大差异，所以说技术更应该赋予其生命而称为"技艺"，而不应该是"科学"。当然，技术总是在不断进化、变迁和创新中，除了宏观的历史、社会、文化的要素外，还有微观的内生需求和要素供给等因素，自然因素和人文因素的诱发性变革，从而导致了诱发性技术的创新，从而使技术本身更具辨识度。

技术的第三个层次是制度。少数民族传统技术是伴随人类诞生而诞生的，也随着人类的发展而发展，从原始社会出现第一次分工以来，制度就开始出现。制度在保证社会有序运行的同时，也为技术的创造提供保证和约束。当下，全世界各国都把研究的视角放到 STS 及其相关的各类主题上，这充分说明了人们已认识到技术已跨越物质层次，而且是从制度对技术的促进、制约和影响中发现了技术保障和技术创新的另一途径，由此可揭示器物不仅具有实用性，而且是制度下的理性思考的结果。

技术的第四个层次是伦理。科学技术水平的高低，决定着社会生产力水平的高低，也决定着社会形态的发育程度。人类从野蛮到蒙昧再发展文明，其技术水平不同，所形成的伦理道德也不同。在社会快速发展的今天，科学技术彻底改变了人们的生活方式为思维理念，数字技术、纳米技术、3D 打印技术早已超越了人类的本能，但同时也出现了生态平衡、文明重建与和谐共处的种种危机。由此可见，技术的变革已不再是技术本身的问题，而是一个人类如何规范人类自身的伦理道德问题。少数民族普遍生栖在边远地区，环境生态恶劣，人们与自然和谐共处是维护一个族群健康生长的基本前提，人们的技术创造也严格地遵守伦理规范，所创造的器物也折射出该地区浓浓的伦理道德水平。

技术的第五个层次是教育。在技术的创造、发展、变迁过程中，人始终占据着核心地位。技术的教育性是双向的，技术是一种教育资源，而教育又可以促进技术的推广、创新。一项技术的出现能够在历史上留下印记，依靠的是教育的传承，所以说人类社会进步的标志不是一个经济指标，而是以人的全面发展为标志。经济发展依赖技术的革新，而技术的革新又依赖于人的发展，人的发展依靠的则是教育。

技术的核心层次是精神。唯物和唯心是哲学领域的两大派别，人类世界最终也只分为物质世界和精神世界。拉图尔认为，拜物者是困惑的，他用自己的双手，以自己的方式制造了物品，但他弄不清楚他自己创造之物的力量从何而来，便认为这一力量就源自物品自身。① 器物是技术的外显形式，也是精神凝聚的物化形态，而这种精神在少数民族传统祭祀、仪式等不同活动中得以强化，人们在仪式中通过物品、行动、名称等一系列符码清单来理解器物所承载的精神，在这个"清单"中认识他们的民族发展所走过的曲折道路，从而认识他们民族在探索自然规律和推进社会进步时不畏艰险、睿智进取的艰难历程，从而增加了他们的民族情感，使人们对器物、技术的理解超越了物质层次和理论层次，人们的世界观、人生观、自然观得以升华。

二　技术概念与演进

（一）技术与科学辨析

技术是历史的一个组成部分，特别是社会史的一个重要部分。从 20 世纪 90 年代开始，国内外专家学者就开始了对中国科技史的研究，同时引发了人们对"技术是什么"的讨论。从目前的研究以及人们对文献知识的需求上看，人们把太多注意力放置在人类进化史和文明史中，而忽视了科学史和人类史。

在有关"科学""科技"和"技术"的概念的讨论中，人们往往把这三者的概念混为一谈。有些人认为"科学"是"合理的""正确的"代名词，广义的概念界定为"关于自然界的知识体系、人类对自然现象研究的产物，它既包括近代的实验科学，也包括古代科学"②；也有人把"科学"分类为除了自然科学外，还有社会科学、人文科学；还有人把"科学"与"技术"混为一谈，故称"科技"。少数民族技术具有文化性、技术性和传承性特点，少数民族技术的研究是融合了人类学、民族学、民俗学等的多学科讨论。从内容和形式上说，少数民族技术因为种种因素制约，其技术不确定是先进的，甚至技术的原生性特点还决定了技术的陈旧性、落后性特点，但在少数民族千百年的生存和迁徙中，那却是他们所赖以生存的手段。因此，少数民族技术史应该是对少数民族文明史、发展史的综合概述。

（二）技术文化及其历史演进

在人类发展的进程中，文化是一个国家、一个民族以及一个个体所特

---

① [英] 罗兰：《器物之用——物质性的人类学探究》，汤芸、张力生译，《民族学刊》2015 年第 5 期。

② 乐爱国：《中国传统文化与科技》，广西师范大学出版社 2006 年版，第 4 页。

有的，是人类得以持续发展的基础，每一个民族的文化都是在特定的人类生活环境中生长，在人的主观能动创造中不断丰富，随个体生命的发展得以延续；同时，文化对人的思想、心理、行为又有反作用力和约束力，在这种反作用力下，民族性格于是形成，具有独特性和地域性特点。纵观全世界，在 200 多个主权国家中，近 2000 多个民族，不同民族都有属于自己独特的文化特点，文化的多样性与自然界生物的多样性一样重要，人类通过特定文化区别开来，又通过具体文化联系在一起，正是每一个民族不同的文化个性，使人类文化呈多样化色彩。每一种优秀的文化都要历经上千年的进化发展，并以独特的视角阐释现实，为人类提供智慧资源。从这个意义上讲，民族文化个性的多样性是人类文明发展的内源动力，是文化的生命之源。每一种民族文化的存续既是人类文明的要求，也是该文化自身的权利。①

从系统的角度看，技术是一个体系，是人的在世方式，是文化的实践性表现，具有多因素和多角度的属性。从人类起源的角度思考，我们可以清晰地发现人是伴随着技术而诞生的，人类从猿转化成人的一个最重要的标志就是会制造和使用工具。卡西尔在他著名的《人论》中对人的起源有这样的论述，说：人是符号的动物。即立足今天，人们倒回去在研究人类的起源时，是以符号为依据；在人类发展的历程中，人类创造了符号。正因为符号的遗存，使人们利用符号推动了人类向前发展；所以说"人创造了符号，符号也创造了人"。符号有几种存在方式，一是遗迹，二是遗存，三是遗俗。遗迹是人类发展历程与自然界亲密接触的场所，可以是居住的地点，可以是劳动过的痕迹；遗存是人类生存和发展过程中创造和使用过的用具；遗俗是千百年来在人类发展的历史上人们所遵循的信仰，所坚持的习惯和所使用的技术。技术的本质，很大程度上就是人的本质，人与技术之间，存在一种本质关系。

技术是文化的一种外显形式，也是文化的实践形式，文化与技术之间存在着必然的本质联系。"技术"从词源学上，指的是系统地处理事物或对象。② 在特定文化背景下，人类或人类群体会操持特定的生产生活方式，在这一特定生产生活方式下，受历史、地域和文化的影响，任何一个社会群体及个人会创造出与文化和自然条件相适应的技术，这一技术在历

① 吴军：《水文化与教育视角下的侗族传统技术传承研究》，博士学位论文，西南大学。
② ［英］查尔斯·辛格、［英］E.J. 霍姆亚德等：《技术史Ⅰ》，王前、孙希忠译，上海科技教育出版社 2004 年版，第 18 页。

史中不断地发展、传承，于是形成了技术文明，人在技术文明中的价值是对技能和方法的理解，用这些技能和方法实现对自然环境的适应和改造，从而建立更为舒适的生活。

（三）传统技术与现代科技的概念界定

现代技术与少数民族传统技术相比，具有先进性、时代性和科学性特点，利益和效率是现代技术的标志性特征；在现代技术条件下，人与自然分离，人对自然肆意改造、无度索取，技术的重点在现代化的设备上，在代表着先进的工具面前，人沦为技术的工具。现代技术的学习与传播通过书本、图像、技术、贸易等来实现。少数民族传统技术相形之下体现出的是人与自然的紧密接触。人通过利用自然资源制成生产生活资料，在制作生产的过程中，技术的重点在人身上，在人处理技、器的关系上，重视技术的使用而轻器物的实际应用功能，这种重技轻器的特点可克服技术的异化，可控制器物、机械对人性的僭越。技术的学习和传承总是通过口传心授直接交流。少数民族传统技术及传承对人的发展影响是自然的、多向度的；现代技术对人发展的影响是远离自然的、单向度的，不利于人的和谐发展。现代技术增强了人对工具的依赖性，减弱了人自身对自然的适应能力，束缚了人的能动性发展，导致人的部分功能的退化。因此，对少数民族和少数民族社会而言，传统技术的传承不可或缺。

第二节　技术阶梯与社会、文化演进

一　"技术阶梯"的内涵与外延

人类文化的发展是一个不断积累的历史过程，文化在民族成员代际之间作纵向的传递是文化层次结构构成文化的核心，这个核心联系着民族的深层心态结构和认同意识，同时也结构着深层次心态与意识。[①]"技术阶梯"按照文化领域专业技术和专门知识积累的历史阶段不同，形成了身体技能、印刷复制技术、声光电技术、信息技术这四大阶梯。少数民族传统文化与传统技术在整个历史进程中因其知识积极的普适性和大众化受限而处于较低的层级，因生态位的限制而受制于先天的

---

① 黄惠焜：《祭坛就是文坛》，国际文化出版公司1993年版，第21页。

劣势。

（一）"技术阶梯"的内涵

"技术"是解决问题的方法及方法原理，是指人们利用现有事物形成新事物，或是改变现有事物功能、性能的方法。技术应具备明确的使用范围和被其他人认知的形式和载体，如原材料（输入）、产成品（输出）、工艺、工具、设备、设施、标准、规范、指标、计量方法等。技术与科技概念有诸多的相似之处，作为一种人为的创造，从概念上我们无法把技术与科技做出明显的区分，只能从"用"的领域和普适度来确定"科技"与"技术"。

"技术"有两种内涵：一是作为"领域"的"范围"概念，是一种与物质生产相对应的文化现象的总称，它包括从事生产过程中的创造主体、生产项目和行动方式；是作为"内容"的技术，是为满足人的"第一需要"而实施的具体创造，包括生产技术中的农耕技术、采摘技术、捕捞技术和传统生活技术的建造技术、纺织技术、染制技术、刺绣技术等。作为"内容"的传统技术，在特定天地系统中的少数民族的行为活动与信仰体系下已跳出了工具性的层面而上升到意识形态层面，在认识传统技术时，不能完全照搬中原、沿海等发达地区的经济、政治、社会、生态等宏观的概念，而应该以一种更为包容的概念来理解工具的内涵。

作为"领域"的技术与作为"内容"的技术本质上的区别是"器"与"意"的不同。作为"领域"的技术，将资源、生态、创造主体与社会进步都包含于其中，本质上追求的是技术的普适性，与"科技"具有相似之处，"领域"概念的技术其内涵得到文化主体和资源实体的填充，从"用"的角度看，这个技术是饱满的、实的，其功能是有效的；而作为"内容"的技术因为在少数民族社会中其工具、技术创造的器物不但具有工具性，还承载着意识形态的信仰归属，故其技术形态既是实的，也是虚的，它居于"用"的更高层次，可以对意识形态的管理发挥功能作用，相较于"领域"范畴内的技术在系统功能上要大得多。

（二）"技术阶梯"的外延

通常意义上，少数民族传统技术是形成于体制时期的，以"专业分工——行业分类"的划分机制，按照技术阶梯与文化演进的阶段不同，有学者做出了这样的梳理（见表1-1）。

表 1-1

阶段特征	技术基础	应用方式	传播方式
前工业社会时期	身体技术	接受	在场
工业化前期 （第一次技术革命）	印刷术	阅读	纸媒
工业化中期 （第二次技术革命）	电气化时期	视、听	视听媒介
工业化后期和后工业化时期 （第一次技术革命）	信息技术	应用参与	网络媒介

资料来源：傅才武、陈庚：《技术变迁、行业概念更新与文化行业体制重建》，《艺术百家》2013 年第 5 期。

技术是社会进步的动力，是政治、经济、文化共同作用下的产物，因技术具有历史特殊性，故在中国不同历史时期，技术的特征也有明显的标志。尤其是在长期的封建社会时期，在中央集权的统一管理下，技术的"科技化"特征尤为明显。然而，中国地大物博，不同的地理特征和生态特征赋予了华夏民族多样化的生态结构，形成了高原、丘陵、盆地、沿海的地理特征，由于不同生态环境下所依赖的技术类型不同，形成了特定生境下的生计方式。德国地理学家 K. 瑞特尔（K. Ritter）在 19 世纪就提出了"环境决定一切"的观点；英国人类学家弗斯（R. Firth）也提出环境与文化的三重关系：其一，环境对人类有极大的限制；其二，任何一种环境在一定程度上，总要迫使存在于其中的人们接受一种物质生活方式；其三，环境虽然广泛限制人们的现实，但总是为了满足人们的需求提供物质资源。

仅从技术与人类生存方式的关系上看，历史、政体、环境、资源、文化构成了"技术阶梯"的结构，而技术在结构中发挥的功能又反过来推动历史进步、政体团结、环境改造、资源利用以及文化变迁。建立在技术基础之上的生存方式在文化的作用下会产生替代效应，借助于工具的资源配置，形成了社会进步的"势能优势"，于是从客观上造成了传统技术由于与自然、资源的配置形成文化的汇聚，从而支持了社会、经济的进步发展。

二　社会、文化结构中的技术基础

（一）社会冲突视角中的技术

自人类群居生活开始，社会关系便开始形成，社会冲突从社会诞生的那一刻起，便交织在各种关系中并推动着社会向前发展。正如作为个体的人时时处于经验的生物性与超验的道德的人性一样，冲突是每一个社会都必须永恒面对的状态。① 社会冲突的出现，需要生存于冲突中的主体采取适当的方式与智慧去化解或者缓解这些冲突。社会冲突与解决社会冲突的方法、手段能有效维护民族社会的稳定和发展，尤其是冲突能改变社会的发展方向、速度和成本代价，对社会既有积极作用，也不排除有消极作用。19 世纪到 20 世纪，在两个世纪科学的大发展、大变革中，相比 19 世纪人们的欢呼，20 世纪的技术变革使人们陷入了深深的焦虑当中。尽管科学造就了奇迹，但其在文化上表现出的负面影响越发恶劣。人口问题、能源问题、核扩散问题、环境污染问题，生物多样性、文化多样性的破坏，均与科技的发展密切相关。② 在混沌的世界中，尤其是人类的生存条件不断被科技所带来的负面影响破坏后，社会冲突的负面影响越来越突出，以生态保护为核心的技术创造就试图重建一幅世界图景，以实现与自然界生命建立有机联结。

环境的恶化很大程度上是由新的工业和农业生产技术的介入引起的，这些技术在逻辑上是错误的，因为它们被用于解决单一的彼此隔离的问题，没有考虑到那些"副作用"。③ 科技对生态恶化的副作用之所以存在，是因为现代科技在过度追求价值的创造过程中把科技孤立于整体的生态网络之外，认为复杂的系统只在进行彼此分解时才能被了解，而分解的过程也没有从基础的角度去考虑科学多大程度对实际生活造成影响，尤其是对人类生存环境造成的负面影响。

传统技术，尤其是特定生计方式下的少数民族传统技术，因其诞生于结构相对单一的社会经济、政治、社会意识形态当中，技术的结构也较为单一，而且稳定性较强。少数民族社会分层不明显，阶级对立的情况也不突出，尤其是社会流动与社会变迁的频率较低，在习俗、道德、信仰、习惯法的社会控制和少数民族地区脆弱、险峻的生态条件下，技术的变迁频率不高，并总是在与文化、生态协调演进，因此在现代视角下呈现出了滞后性和陈旧性特点。换个角度看，技术与自然生态和人文生态的协同演化是基于少数民族生存的自然条件下的一种社会控制，这种社会控制融合了社会主体的生态智慧与社会调节，正是这种智慧和调节使传统技术与传统

---

① 左卫民、周长军：《刑事诉讼的理念》，法律出版社 1999 年版，第 78 页。

② 吴国盛：《科学的历程》，北京大学出版社 2002 年版，第 552 页。

③ ［比利时］普里戈金：《从混沌到有序》，曾庆宏译，上海译文出版社 1987 年版，第 5 页。

社会、政治、经济之间始终保持正向的社会冲突，从而推动了社会进步。

（二）类型化、格式化的身体技能

技术植根于人的生物性，使用工具，针对个体所处的自然环境创造性地发明技术是人类独有的特征，技术既是一个生物性的创造过程，也是一种代代相传的文化过程。制造使用工具以及技术文化的传承是人类生存的要素，也能为人类的一切人类活动所实践，人类自身进化得以成功以及人类社会得以进步，很大程度上是通过技术创造了工具，并一代代地将那些特定生态系统中的技术传承下来。

"技"，篆文写法为"技"，从手，意为手的延伸，即应用在人的身体之外的物成为一种人类的"工具"，是自然选择和自然适应的结果。任何一个族群最早的工具通常都是一般化的、多用途的身体化技能形态。随着人类与自然的关系越来越亲密，工具无论是材料还是用途也越来越多样化。人类族群社会与生存方式在自然选择下有着异乎寻常的持久性，人们的技术创造在相似生境下有着密切的关联性，正是这种个体、自然、主观意识的关联，形成了支撑人类及族群进步的实践活动的知识源泉。尽管随着社会进步，科学成为人类社会进步的标杆，但尽管科学与技术一样都关乎"知识体系"，但技术是以食物采集为目标而掌握的知识合理性，是从自然界的运动体系中推演和派生的知识，从"用"的角度来说与人的关系更为亲密，而且由于技术的自然派生过程与人的身体直接相关，是个体与自然亲密接触的结果，故此类技术多为身体化技能。

技术的材料和用途越来越多，就意味着技术面临着分类。任何一种分类，都是围绕一条逻辑主线展开。以材料为分类标准，一套技术体系中就分离出了石器、铁器、木器、竹器、麻器等类别；按用途分又有了建造技术、农耕技术、渔猎技术等类。逻辑主线的不同，可以参见技术庞大的分类系统，但是无论如何分类，技术都是与自然互动的产物，这是由人的生物性决定的，如此固定了技术的生态类型化。而技术一旦产生，它将在人类繁衍过程中长期发挥作用，需要人类一代代传承开来，于是技术的创造又呈现出了格式化的文化特点。

三　器物："技术文化丛"的历史描述

"文化丛"在人类学里是一个并不新鲜的概念，是指与某一种文化特质相关联的方方面面，包括相关的事件和人们观念的综合体。[①] 以此概念

---

① 周星：《器物·技术·传统与文化——传统与变迁》，《民族艺术》2001 年第 1 期。

解释"技术文化丛"就应该是指与技术相关的各种文化特质的集合体。

（一）技术创造的"大传统"与"小传统"

技术创造包含两个层面，一是物质层面，即技术创造的"用"，也就是技术创造的普适性的"大传统"；二是技术创造的意识层面，也就是技术创造的"饰"，是关乎仪式和审美的"小传统"。物质形态的技术"大传统"是人类为了满足生存需要而进行的发明，均为就地取材，无论是技术结构、外形、功能、空间利用，都反映出了人们对自然生态的感知、想象、应用的智慧和能力。少数民族技术创造的生态资源与煤矿、炭石、石油等物质资源不同，尽管后者就其功能来说也是为了满足特定生境下的族群生存所需，但是这些资源无法形成技术创造的"小传统"，在人们的仪式意象和审美情趣中不能发挥作用。

中国55个少数民族其生活的环境具有非常高的辨识度，都柳江流域少数民族生存的青山绿水是当地人仪式意象与审美情趣的物质载体。从人类迁徙至此开始，少数民族先民就顺从时令，直接依赖大自然生存下来，人们敬畏自然也懂得保护和优化自然生态结构，并将人们对自然恩赐的感恩、敬畏延伸到仪式和审美中，与自然保持着朴素的和谐关系。技术的"小传统"层面的仪式和审美是为了满足人们的心理归属、信仰、认知而与神话、传说、哲学、习惯等紧密相连，透过器物，可以探见少数民族的生命观、宇宙观、爱情观、幸福观等，这些技术创造还会在文化活动中实现传承。如都柳江流域流行的《盘古歌》就唱道：

> 要代玉美置棉布，
> 丢了树皮才穿上好衣裳。
> 我们穿的衣服都是他去缝，
> 我们穿的棉布开始都是他去种，
> 棉苗独根种在地中央，
> 结棉桃用口袋去装，
> 早晨压籽晚上纺纱，
> 扯起来柔软盖过地方。
> 上机织布梭子两边摆，
> 做成许多衣裳，
> 早上穿棉布服装特别感到暖和，
> 剪根包头帕包头特别暖和，
> 有吃有穿真正好，

这个办法传下千万代。①

（二）少数民族社会仪式中的"民间器用"

都柳江少数民族祭祀仪式是当地社会的一个缩影，虽关涉的器物广泛，象征指向却相对集中。爱德华·泰勒对比研究了古代和现代土著部落的神话和仪式，分析了看似荒谬、野蛮的仪式背后动物、植物以及其他器物的象征意义，得出了"一切崇拜活动都源于万物有灵"的结论。都柳江祭祀仪式中器物的礼用，皆是对自然崇拜的指涉和象征。

1. 鼓的礼用

（1）作为工具的鼓

苗族鼓按材质分木鼓和铜鼓两类，根据地区和习惯的不同，人们使用的鼓也会不同。铜鼓又称太阳鼓，因其鼓面上刻有太阳纹案而得名；木鼓有两种制作方法，一种是取大树密度最大的一截，直接将内心掏空，另一种是用杉木板拼合而成圆筒形鼓框，两端细中腰略粗，两端蒙以牛皮为面，皮面四周边缘用竹钉固定，故也称"牛皮鼓"。

鼓是祭祀中的礼器，也是生活中的乐器，苗族人喜好跳鼓，很多舞蹈均是以鼓为主要乐器，如驰名中外的反排木鼓舞。铜鼓主要用于祭祀，其声音低沉，回音重，为了增强鼓声的沉重感，在敲打鼓时，在鼓的另一面由一个人用铁皮桶随敲击合、放，以此制造铜鼓更沉的回音，增强鼓声的厚重感，更显仪式的庄重。铜鼓鼓点的节奏相对平缓，轻重变化的频率不高，跳鼓的人随鼓点踏步时，表情、动作幅度不大。木鼓不单是一种祭祀用鼓，还是节庆、交往时的主要乐器。木鼓声音脆响，短促，这样的鼓点最大好处就是容易激发人们的情绪，将人群带到一种欢愉的状态。所以人们在踩鼓时，往往动作幅度大，节奏明快，跳的过程中还伴有"呜……呜……"的欢呼声。

鼓的工具性除了表现在它的"用"之上外，还有向心性的功能。在跳鼓时，鼓置于中央位置，人们环鼓而成圈，以鼓为中心开展的祭祀、欢庆活动，体现了文化认同与心理归属，更重要的是将一个族群更紧密地集合在一起，增强了民族的凝聚力。

（2）作为象征的鼓

鼓在各种仪式中的礼用，在中国古代很早就有记录，由于鼓声音洪亮

---

① 转引自吴军《活水之源——侗族传统技术传承研究》，广西师范大学出版社 2013 年版，第 57 页。

深沉，人们将其声与雷声等同起来，尊鼓为通天的神器。《易·系辞》有载："鼓之以雷霆，润之以风雨"；《周礼》亦载："凡国祈年于田祖，吹幽雅，击土鼓，以东田钧。国祭蜡则吹幽颂，击土鼓，以息老物。"① 鼓在祭祀中主要用于祈雨、祈丰收之用。

图 1-2　苗族水上踩鼓仪式

　　苗族鼓在祭祀中的礼用是将祈年和祭祖合为一体。"吃鼓藏"是苗族最为隆重的祭祀活动，苗语称"努姜略"或"弄钮"。人们将鼓视为祖先的化身，将其埋在人迹罕至的地底下。"吃鼓藏"根据地区和苗族支系的不同分 3 年、5 年、9 年、12 年一祭不等，以 12 年最为普遍，祭祀的形式、内容大体相同，一般分"醒鼓""祭鼓""送鼓"三个程序，分 3 年进行，原则上寅年"醒鼓"，卯年"祭鼓"，辰年"送鼓"。"醒鼓"是将埋于地下的鼓取出来的仪式，通常不能见光，由鼓藏头看吉时，村寨内德高望重的几位祭师主持，全村男丁合力取出。"祭鼓"是"吃鼓"的最高潮，一般在卯年农历十一月第一个或者第二个辰日进行，"吃鼓"分黑鼓和白鼓两种，黑鼓的祭牲是水牯牛，白鼓则用的是猪，由村寨内户主为男性的儿孙辈准备，以宴请来参加吃鼓的各方来客。在此之前，每家每户要通知所有亲戚一起参加"弄纽"，包括外嫁出去的女儿、在外工作的亲戚以及其他村的表亲、朋友等。

　　"祭鼓"仪式包括"牛旋塘""吃簸箕饭"、杀牛等活动，因鼓藏中

---

　　①　徐正英：《周礼》，常佩雨注译，中华书局 2014 年版，第 2 页。

的重要祭牲为牛，牛又称牯，杀牯后用于招待亲友的部位为牛的内脏，所以吃"牯藏"又是由"吃牯脏"而寓名。"牛旋塘"是由鼓藏头或祭师带领，在男扮女装的芦笙队的簇拥下将祭牲用的牛牵到指定的"旋牛塘"顺时针方向旋转三圈，以示时运通达，吉祥平安。"吃簸箕饭"是通过吃祭祀所用的食物，实现自然力量的获取过程。通常是每家每户要准备一甑子五彩糯米饭、猪肉、米酒放到公共划定的区域，供外来的宾客食用。"牛旋塘"和"吃簸箕饭"仪式后，所有人参加踩鼓、跳芦笙等活动，人们围绕鼓成很多圈，由鼓藏头击鼓，最内圈为祭师或寨老，中圈为男丁，接着是妇女，最外圈为外来宾客。杀牛是"吃鼓"活动的高潮，有着严格的规则。杀牛、剖牛等一应事务由户主的舅舅们执行，其他人一律回避。同样，杀牛过程也不能见光，通常是在半夜进行，待牛杀妥后，再将牛肉分食给房族内部，用牛肉和内脏烹制待客，所以"吃鼓藏"的宗教意义源于"吃牯脏"的习惯。"吃鼓"活动连续举办三年，三年过后，人们会举行"送鼓"的仪式，将鼓重新埋于地下。

"送鼓"的仪式相对较简单，在辰年农历三月左右进行，由祭师或鼓藏头主持，在简单的参拜祖鼓仪式后，将鼓送到原来的地方，保存起来，再经过 3 年、5 年、7 年、9 年期限不等，才会再进行一次大规模的"吃鼓"活动。

2. 香禾糯米的礼用

都柳江流域百越民族的族源和族性决定了其生存的天地系统与水有密切联系，其生栖的独特自然生态环境决定了其稻作生计方式下的文化生态模式，围绕生产方式所创造出的一切形而上的"意"和形而下的"器"都与水文化和稻作文化有密切的关系。人们爱水敬水、习水便舟、自然崇拜、火耕水耨、饭稻羹鱼、干栏式房屋等都是水文化的重要组成部分。[1]香禾糯作为都柳江流域少数民族社会中的特需品，发挥着"器"与"意"的双重作用，具体表现为香禾糯的工具性和文化性。从"器"的功能上看，香禾糯的生长所需的气候、环境与都柳江流域的自然环境相契合，且其营养元素和口感符合当地少数民族的体质需求；其次，少数民族独特天地系统中的生产技术和生态智慧有利于香禾糯的生长。从"意"的角度看，都柳江流域农耕民族的特性和围绕生物生长的时令而创造的与时、节相顺应的文化习俗，以及香禾糯作为一种"礼器"在祭祀、婚、丧、诞等礼俗中的应用，已超越了工具性而上升为神性，无论在生理上还是心理

① 吴军：《活水之源——侗族传统技术传承研究》，广西民族大学出版社 2013 年版，第 59 页。

上，当地人对其都有着较强的依赖性。

（1）作为食用的糯米

中国是世界上水稻品种资源最丰富的国家，其栽培历史至少已有7000年。《礼记·月令》记载，"乃命大酋，秫稻必齐，曲蘖必时"①。秫稻也就是都柳江流域普遍种植的糯稻，香禾糯是当地少数民族社会中不可或缺的物品。都柳江流域山高林密，资源丰富。也正是因为气温均衡，湿度大，梯田土壤含肥量不高的生态条件，尤适香禾糯的生长。都柳江流域少数民族喜糯食，香禾糯口感松软、香味浓郁、冷饭不回生、耐饥饿，尤适合当地少数民族体质所需，在生理上人们对香禾糯有较强的依赖。

侗族以鼓楼为核心群居，每一个鼓楼都是一个血缘家族，故每一次祭祀都是一个房族、村寨的集体性活动，每一个人从精神上都希望获得庇佑，但是从责任上，每一个人都应该为祭祀活动出资出力。因此，祭祀所用的吃食，皆来自于各家各户集资。人们以糯米为祭祀的礼器，以糯食为集体享用的主食。一方面，祭祀中的糯食，在人们的认同上它本身已高于物质本身，成为人的精神依托，能够在来年的丰收和人畜平安方面发挥超自然的力，人们通过吃糯食这一行为，实现人与神性之天的沟通。另一方面，无论是参与祭祀的个体还是集体，在祭祀中的表现都赋有一种力，能够在祭祀过程中自发地抑制他们的行为，通过这种行为的自律，呈现出他们对自然、对神的尊崇。所以，吃糯米饭不完全是身体需要，而是个体对祭祀所形成的观念中的物质力量的追随。

（2）作为象征的糯米

农耕民族祭祀，在祈求作物丰收的同时还包含对人口繁衍的美好愿望。人与自然界万物共生，自然是生命的本源，农耕民族的祭祀仪式，在赋予人类心灵以活力的同时催生植物生长、人口繁衍。人们通过种香禾糯—吃糯食—用糯米祭祀、交往，形成了以黔东南为核心的"糯食文化圈"。祭祀仪式通常选在种小春和种大春的时节，少数民族有关婚嫁交往为目的的礼俗活动也会在这期间举行，所以人们会将糯米制成多种形式的食物，如乌米饭、黄花饭、扁米、糍粑、粽子等作为精神与愿望的物化形态，在文化交往、祭祀仪式以及各种礼俗中发挥着独特的作用。

原米的礼用：未经烹煮的糯米为原米，是祭祀仪式中必不可少的礼器，与原米一同使用的还有盛米的器具，通常是升、碗。原米在祭祀中有两种形式的用途，一种是用升、碗装满用来插香烛之用，作为一整年的供

---

① 　王文锦注：《礼记》，中华书局2013年版，第3页。

奉；另一种是在祭祀前以及在整个祭祀场域内播撒，一为驱邪，二为神性覆盖。用作供奉的米，由祭师奉献，通常是经全手工脱粒、去皮的新米，祭师将米放在祭坛之上，点烧香烛，待香烛烧尽，升里的米不能倒掉、不能给人或牲口食用，而是由祭师拿到鼓楼里或者祠堂里长期供奉起来，直到下一次再进行祭祀时，才会将旧米换掉，换掉的旧米也不会随意扔，而是要撒在鼓楼周围和村寨的每一个角落，以示神旨无处不在。用作驱邪的米是在祭祀队伍游寨时用。在整个队伍到齐后，祭师会有一个简单的祭祀活动，往往是画符水，说吉利话。他们会用囤篓装上米，一路走一路撒，用米开路，以示保村寨、人口平安，保作物繁盛。

加工好的糯食：苗族姊妹节是一种民俗、婚恋、社交方式，其背后蕴含的是在崇敬自然的前提下进行的一种人口繁衍的交往，"姊妹饭"是礼俗活动的一个重要载体。每年农历三月十三，苗族适婚的姑娘们都要上山去采木叶等植物染料，制成黑、红、黄、蓝、白五色糯米饭。按本地人的说法，吃了姊妹饭，防止蛀虫叮咬。姊妹饭既是姑娘们送给情侣表达情意的信物，又是自然崇拜的重要载体，以饭的颜色来表达不同的愿望：绿色象征家乡美丽如都柳江，红色象征寨子发达昌盛，黄色象征五谷丰登，紫蓝色象征富裕殷实，白色象征纯洁的爱情。

图1-3　乌米饭

"乌米饭"是都柳江流域四月初八这一天普遍食用的特制的糯米饭。四月八侗族称为"牛王节"，也叫"开秧门"。因都柳江流域农耕民族在山高林密的自然地理环境中，无法用现代农机进行耕种，只能依靠牛为动力，所以牛不只是少数民族祖先的化身，还是人们进行生产的必要工具。

四月初八一过，打田栽秧就开始，牛就要开始进行繁重的劳动。所以，在这一天，牛不会进行任何劳动，而是由人赶到水草最丰盛的地方，任牛自由活动。开秧门这一天吃乌米饭有两种功能：一是自这一天后，打田栽秧时候到了，吃香喷喷的乌米饭，既可以防蚊虫，祛风解毒，又可强身健体、百病不生。二是乌米饭是一种紫黑色的糯米饭，是采集野生植物乌饭树的叶子春碎泡水，在色素全部溶于水后再将糯米泡入水中，九小时后捞出放入木甑里蒸熟而成，所用材料均为自然生长，因此在这天吃"乌米饭"也意味着来年风调雨顺，五谷丰登。

3. 生产工具的礼用

都柳江流域山高林密，梯田层层，为适应特殊的地理和自然气候条件，各民族用自己的勤劳和智慧，创造和使用了包括生产、生活以及手工艺等方面具有浓郁地方特点和民族特点的技术文化，并根据资源与功能的不同，创造并使用了独具地方特色的生产生活工具。这些工具不只满足人们使用的需求，在祭祀、礼俗仪式中还发挥着重要的作用，因此少数民族对生产生活工具的保存与维护方面做得特别谨慎，而且对工具的神性崇拜也尤为虔诚。

（1）作为生产的工具

与都柳江独特生态环境相适应的生产工具，材质主要以木和铁为主，为方便使用，往往是木器与铁器的结合，如犁、耙、锄、镰、锯，还有作物存储、加工的工具，如谷桶、腌桶、木捶、碓、箕、囤等。都柳江一年种两季，分别为大春和小春，因为作物不一样，所用的工具也不一样，每在一季作物种下后，人们都会把工具洗干净，放在干燥通风的地方保存，小孩不允许拿生产工具随便把玩，更不能把污秽之物抹到工具上，甚至有些安放工具的地方被认为有神灵守护，每逢特殊的节日，还要敬香供奉。如放碓的地方不允许孩子去玩，更不能骑到碓杆上，也不能将垃圾堆放在旁边，家里的牲畜也要避免到碓周边活动。

此外，都柳江流域相对湿度大，不利于农作物的保存，所以人们只能将农作物腌制起来，故食酸成了一种普遍的饮食习惯，每当作物收获后，都会腌制成酸食，或放在太阳底下曝晒，脱水保存。故腌制用的木桶会妥善保护，常换篾箍，并保持木桶整洁光滑。

（2）作为象征的工具

工具的核心功能突出在"用"上，祭祀仪式中农耕工具的礼用，象征人、器、天地的"三位一体"，也就是三者的"和"与共生。当地在描述工具是否好用时用"顺手"一词，意思是工具制造与人体工学相符，在应用到生产时，便于操作。因此祭祀仪式时在祭坛上或旁边摆上犁、耙或者镰、斧之类工具，寓意生产顺利，风调雨顺，万物生长。

图1-4　农具在"开秧门"祭祀仪式中的礼用

农耕工具是一种固定的形态，在祭祀仪式中的礼用变化不大，它不似鼓和香禾糯一样，可以多种形态呈现。工具类型的使用取决于祭祀、祈求的对象，如在水稻等两春作物的祭祀中，会使用犁、耙、锄等工具；营林祭祀会使用斧、锛等工具；捕鱼祭祀会应用网、箍、竹帘等。

（3）技术：造物文化的历史枢纽

"造物"即创造万物，是一个关联性、概括性极强的词汇。造物主体可以是人，也可以是自然动力，在人类认识水平低下的远古时期和当下一些贫困落后的地区，对自然造物不能理解也会将其认为是"神造"，于是产生崇拜心理，遂给满足于生存所创的器物蒙上了一层"神性"的神秘面纱。从朴素唯物主义观分析人类历史的造物文化，均是反映天、地、人关系的造物"规则"思想。人的生物性决定了人必定是一个生态环境下的、特定历史时期的存在；生态系统的历史阶段性更为明显，在特定历史、特定生态环境下的人和环境的影响下，器物也具有明显的地域性和历史时代性，成为历史进程中的标志和枢纽。

历史证明，自石器时代以来的每一种文明中，技术起到了基本推动力的作用，成为塑造和维持人类社会的决定性因素。社会是一个动态发展的过程，人类一方面在研究历史，另一方面同时也在创造历史，只要人类还存在，人类就将会不断地利用他们所掌握的技术，并在原有基础上去改造、创新技术，去改造他们赖以生存的世界。

透过技术及技术造物文化看人类的过去、现在和未来，能发现不同时期的时间与空间信息，并能对未来进行预测。技术对人类发展做出了突出的贡献，于是引出了另一个命题，那就是技术本身将会如何？技术是人为创造，也是历史的产物，它陈述的是人类理性和关于自然界的故事。显然，但凡自然哲学还是一种社会智识的活动，技术本身就将永远不停地作应用、革新、发明、消亡的循环。科学史的研究揭示了一个铁的事实，就是目前任何一种关于技术、科学的事实都会因时代的发展而被抛弃，也会被更好的表述所替代。

事实上，技术是世俗化的自然哲学的延续，它的创造、革新是人们在与世界互生、创生、共生的偶然，当今的科学至上主义总想用科学传统去破解技术的符号，甚至想跳出自然的限制去使技术转向，那样技术的历史叙事就会出现片面性和局限性。哲学家桑塔亚那（George Santayana）曾说过："忘记过去，将会重蹈覆辙。"研究技术的过去，是为了给社会的进步过程找到例证，用批判的眼光观察人类的发展脉络，能够规避历史上走过的一些弯路，并能为未来生存的技术维持提供参照。

造物的过程是循序渐进的，每一次的变化都不大，无论其历经了多长的历史，总能在前阶段与后阶段之间找到联结点。"崇实致用"是造物文化永久遵循的原则，器物创造离不开材料的选择，是以人的需求为目的的造物活动。任何一种"用"在"实"的基础之上实现。技由物显，器物体现的是一门技术中的天时、地利、人和思想，并经由"物"以载"道"，来揭示人与物的秩序观，进而阐明历史上的天、地、人、物的复杂关系。

第二章 都柳江少数民族族群、社会与技术形态

第一节 早期传统社会形态

一 都柳江流域"自然生态圈"与"侗族文化生态圈"

（一）溯水而上的百越后裔

侗族在人类历史发展的进程中，尽管经历了漫长的旅程，但因为侗族没有文字，其起源多是通过包括念词、歌谣、故事、传说等口头文学传下来的。在侗族起源的问题上，学界比较统一的看法是认为侗族是古代越人的后裔，是百越民族中的一支。百越有若干个支系，班固《汉书·地理志》记载："自交趾至会稽七八千里，百越杂处，各有种姓。"① 在众多支系里，认为侗族是骆越和干越的学者比较多。主张来自"骆越"的学者依据侗族地区诸多的地名与"骆"同音，保持着骆越的族名而来，如从江洛香、八洛，榕江的乐里、正洛，还有黎平的鸣洛、寨洛等。主张侗族源自干越的学者依据是，侗族自称"干"（侗语：gaeml），称谓与干越的"干"是传承关系。这两种说法都有一定的道理，但目前也尚无确切的定论，但无论侗族来自百越的哪一个支系，侗族人是古越人的后裔是普遍认同的。

百越民族最典型的特征是以水为图腾，侗族也不例外。侗族的信仰、习俗、技术、文化、生计等生产生活的各个方面都存续着百越文化中的水文化的内在联系。从形而上层面看，侗族文化是在百越文化的基因传承下，在生息繁衍的过程中与所处的天地系统互动形成的，百越文化中的水

---

① 班固：《汉书》，浙江古籍出版社2000年版，第1页。

文化对侗族人的自然观、宇宙观、价值观、审美观的影响是全方位的、渗透性的，故侗族人的居住环境会择水而居，在依山傍水的地方构建村落。生计方式也沿用古越人的山地稻作方式，并辅以捕捞生计手段。从形而下的层面看，古越人的文化基因决定了侗族人的生计手段，生计手段的自然决定性又影响侗族传统技术的应用和传统生产生活工具的创造，人的主观创造是文化的传承，也是新的文化变迁的依据和基础。因此，侗族传统技术记录着从古越人以来的文化、传统、思想和变迁，并通过器物见证了人们迁徙的过程和与自然、社会及人共生、互生、创生的全部过程，也呈现了侗族人千百年来传袭的生态智慧，同时也记录着一个小民族不断壮大的生态张力。

百越民族水文化基因在侗族发展演变过程中以庞大的气度不断汲取与自然、人文的互动元素，对侗族的社会结构、民族精神、民族性格等产生了重大影响。

（二）独特天地系统中孕育的山地稻作少数民族

智者普罗泰哥拉曾有句名言："人是万物的尺度，是存在者如何存在的尺度，也是不存在者如何不存在的尺度。"① 都柳江少数民族族群、社会与技术形态，归根结底讨论的是人的问题，是生存于独特天地系统中的个体如何在与自然系统和人文系统之间进行互生、共生、创生体验中找到自我的生态位。生存需要是个体生物性需要的第一层次，生计方式则是满足个体第一需要的基础。

生计方式下的技术创造是技术的工具性和人文精神的二分对立，独特天地系统赋予了技术创造的可能，但同时也对技术创造带来一定的局限性，可以说这两层意义相辅相成。《易经·贲》中载："观乎天文以察时变，观乎人文以化成天下。"其中就可见"天文"是人类社会及人的文化的智慧、德行、理解力和批判力形成的基础，它是人的语言、艺术、文学、逻辑、哲学的基本来源。

"天""文""人"看似三个独立的系统，实则多元统一。刘勰在《文心雕龙·原道》开篇明义："文之为德也大矣。"② 点明"文"是一个大的范畴，"玄黄""方圆""日月""山川"皆谓之文也。而人是"五行之秀，天地之心"，人既是自然的生物体，也是社会的最小组成部分，人的自然属性与社会属性同时作用，不仅影响着文化的建构和运行，还因为

---

① 转引自吴国盛《科学与人文》，《中国社会科学》2001 年第 3 期。

② 刘勰：《文心雕龙·原道》，王志彬译，中华书局 2012 年版，第 6 页。

人的自然适应性在民族生境中的生计方式的能动作用下使个体的能动作用
始终围绕其所生存的生境进行。同时，生计方式对民族生境的定型与延续
还可以促进技术变迁中的生态位"偏离"实现有效"回归"，减缓少数民
族在发展进程中的生态危机。

图 2-1 都柳江流域稻作生态环境

都柳江流域人口最多的侗族是百越民族中的一支，从百越民族形成之
始，人们就生活于江、河沿岸，过着"饭稻羹鱼"的生活。侗族聚居区
之所以长期维持生物多样性的高层次水平，不仅得益于人们择居的自然环
境，更得益于侗族人的传统生存理念。在侗族文化的传统理念中，人类只
是大自然中的一分子。大自然是主，人是大自然的客，人类必须仰仗自然
界提供的其他生物为食才能得以生存。① 因此，侗族人尤为重视自然资源
的保护与利用的节制，也促使人们在生计方式上保持与自然生态的和谐。
正是在这样的背景之下，生栖于高原向丘陵过渡地带的侗族人，依托独特
的天地系统，秉持与自然和谐共生的生存理念，在长期与所处的生态环境
的互生、创生中，构筑了侗族地区独有的山地稻作的"稻—鱼—鸭"共
生系统。山地稻作的"稻—鱼—鸭"共生系统并非单一的农耕生计模式，
而是产业复合经营的和谐生计方式，因侗族百越民族的族性使人们在迁徙
过程中溯河而上进入山间定居，侗族先民为维护本民族以水为载体的百越
传统文化的稳态延续，遂通过人工改变河道、修筑坝渠、挖掘鱼塘，在与
自然的互动中再造了江河坝区的次生生态环境，平坝的稻作延伸到山地稻
作，一些平坝喜湿的物种也因人类的改造而逐渐向高海拔地区转移，从而

---

① 罗康智、罗康隆：《传统文化中的生计策略》，民族出版社 2009 年版，第 11 页。

有效加强了山地稻作的物种多样化，进而促进了文化多样化的形成。

（三）侗族族群、族源考正

侗族自称 gaem（更）或 jeml（金），汉族人称为"侗家"，在中华人民共和国成立后对民族进行识别和认定后正式定名为"侗族"。"侗"在古籍上常通"洞""峒"，本意是指岭南、湘西以及西南一带僚人的社会组织。隋唐以后，多称黔、桂、湘交界地区为"峒"或"洞"，居住于此地的人故称为"侗人"或"峒民"。现在不少侗族地区村落仍保留"侗"的古称，如"独洞""构洞""岩洞""停洞"等。据侗族有关史书文献记载和民间口传历史，以及人类学、考古学的考察研究，学界普遍认为侗族源自我国南方古百越民族中的骆越一支，经"僚"发展分化而来。"僚"族由百越民族中以骆越为主体发展而来，在张华的《博物志·异俗》，陈寿的《三国志·蜀书·霍峻传》等书中就有关于僚族的记载，证明蜀汉时期便有僚。此后僚作为人们共同体的称呼则常见诸史籍。《隋书·南蛮传》记载："南蛮杂类，与华人错居，曰蜒、曰獽、曰俚、曰僚、曰笆，俱无君长，随山洞而居，古先所谓的百越是也。"① 近现代学者大多也持"僚"即为"越"之说，认为僚是由越发展而来。按照这一观点，僚的居住地当为骆越分布区。但到了三国时期，部分僚人开始北上巴蜀，使僚人的分布区发生了变化，分成北僚分布区和岭南分布区两大片。北僚部分入巴蜀后，逐渐汉化；而岭南片区僚族则向着不同民族方向发展，不断分化。到了唐宋时期，僚族出现了急剧分化与重组。此时期，从僚族中分化出来，分布于今黔、湘、桂接壤地带的人们共同体被称为溪峒蛮。溪峒原指四周有山峦，中有平坝，且平坝中溪流纵横之地，后来又引指为小盆地里的村寨，居住于此的人就被称为"峒人""峒民"，或贬称为"峒蛮"。越族从夏、商、西周时期开始就是一个他称，是指使用"戉"这种生产工具（或兵器）的人们共同体。② 班固《汉书·地理志》记载："自交趾至会稽七八千里，百越杂处，各有种姓。"言越人分布极广，支系繁多，故称"百越"。而随着民族族群间经济文化交流的增多，主客观生活环境的改变，发展的不平衡，内部出现分化，越民族群体出现了具有不同个性特征的民族分支，见于史籍中的越人分支主要有于越、扬越、闽越、南越、骆越、瓯越、滇越、东瓯、西瓯等。史书记载，骆越也称"雒"越，《史记》称为雒或骆。在中国古代韵书中，雒、骆发音相

① 《隋书·南蛮传》，中华书局 1973 年版，第 1831 页。
② 王光文、李晓斌：《百越民族发展演变史》，民族出版社 2007 年版，第 1 页。

同，二字互通。《逸周书·王会解》载："卜人以丹砂，路人以大竹。"①
路人亦即骆越。这条史料是关于骆越的首次记录。至于何以称骆越，《水
经注·叶榆水》引《交州外域记》有解释："交趾昔未有郡县之时，土地
有雒田，其田从潮水上下，民垦食其田，因名为雒民……"② 可见骆名乃
由生产方式而定，与水密切相关，加之其为越民族中的一部分，故称骆
越。亦可看出，骆越在主要依托平原河谷以渔猎为生的同时，也从事
稻作。

骆越的分布十分广泛，主要分布在古南越国之西，西瓯之西南，包括
今贵州东南、中南部，广西大部，广东西南部、海南及中南半岛北部。在
百越民族群体中，骆越是分布地域最广、人数最多的一个族群，现代汉藏
语系壮侗语族各民族多为骆越后裔。《淮南子》记载，秦始皇统一六国后
便向岭南进兵，并设置县郡，部分越人被迫转入山区，但仍沿袭古百越民
族渔猎为生的传统。南越王赵佗统治南越后，骆越受其治理。《水经注·
叶榆水》引《交州外域记》载："越王令二使者典主交趾、九真二郡民。
后汉遣伏波将军路博德讨越王，路将军到合浦。越王令二使者，赍牛百
头，酒千钟，及二郡民户口簿，诣路将军，乃拜二使者为交趾、九真太
守，诸雒将主民如故。"③ 经过汉代的长年征讨与安抚，骆越得以安定。
在经过一个较为稳定的发展时期后，骆越在魏晋时期逐步演化为僚、俚、
乌浒等。而侗族又由僚发展而来。

《旧唐书·窦群传》载："（观察使窦群）复筑其城，征督溪峒诸
蛮。"此时的溪峒蛮尽管未专指峒族，但峒族是其中的主要部分。而到了
宋元时期，居住在溪洞山涧间的僚族开始向现代峒族分化，到了元明时
期，逐渐形成了民族共同体的族称——峒族，明代以后已形成一个单一民
族，即今天的侗族。如《元史·世祖本纪》载："至元二十九年（1292
年）正月，……从葛蛮军民安抚使宋子贤请招谕未附平伐、大瓮眼、紫
江、皮陵、谭溪、九堡等处诸洞猫蛮。"④ 到了清代以后，"峒人""洞
人""洞蛮"等就专指侗族了。

由前述可知，侗族是秦汉时期的骆越和魏晋时期僚族的后裔，是逐步
从岭南溯水向西北迁徙到今天黔、湘、桂三省交界地带而定居下来的。虽

---

① 《逸周书·王会解》，见《汉魏丛书96种》，上海大通书局1911年版，第22页。
② 《水经注·叶榆水》，上海古籍出版社1990年版，第694页。
③ 同上书，第693页。
④ 《隋书·南蛮传》，中华书局1973年版，第1831页。

然侗族没有自己的文字，没有详细的史料记载，但我们可以从民族学资料和通过人类学考察寻找证据。在侗族古歌、侗款、神话故事里有很多关于侗族祖先从岭南一带溯水迁徙而来的叙说。通过人类学和考古学研究方法对侗族社会生产生活及习俗的考察，可以发现百越文化在侗族文化中的丰富遗存。如贵州从江县高增寨《祭祖词》就提道："我们的祖先从哪里来？从那梧州郡、浔州河，潭村出、潭巷来。"至于在侗族中流传的侗族祖先来自江西吉安府一说，则与明朝初年实行的"拨军下屯、拨民下寨"有关。明洪武十八年（1385年）、三十年（1397年），明王朝先后在侗族地区设立卫、所。这些卫、所的屯军、屯民，多是来自江西吉安府的汉人。他们进入侗族聚居区后，长期与当地侗族人民进行交往、通婚，在传播汉文化的同时也接受了侗文化，由汉变侗，成了融合后的侗族。由此反过来证明，侗族族源的主干，无疑是来自岭南一带的骆越人。因此，侗族地区有许多地名以古骆越的"骆"音冠名，如"洛香""杜洛""八洛""鸣洛""罗里"等。今侗族主要分布在贵州、湖南、广西壮族自治区毗邻地带和湖北鄂西土家族苗族自治州的恩施、咸丰、宣恩一带。据第五次人口普查统计结果，侗族有300余万人。其中贵州人口所占比例最高，有140万余人，分布在黔东南苗族侗族自治州的黎平、从江、榕江、天柱、剑河、锦屏、三穗、岑巩、镇远和铜仁地区的铜仁市、玉屏、江口及万山特区；其次是湖南省有84.9万余人，分布在新晃侗族自治县、芷江侗族自治县、通道侗族自治县、靖州苗族侗族自治县、城步苗族自治县以及会同、绥宁等县；广西壮族自治区有28.69万余人，居住在三江侗族自治县、龙胜各族自治县、融水苗族自治县；湖北有5万余人，主要分布在恩施、咸丰、宣恩；其余部分人口零星散布在全国各地。

二　技术、个体和社会

技术（technology）概念指的是那些为了满足人类需求而对物质世界产生改变的活动。这种活动是一种群体的、社会的行动结果。可见，"任何一种技术，就如人的生活本身一样，包含着人的群体及社会成员之间常规的、反复的合作。群体的规模、社会公认的需求以及群体之间结成的社会组织，都对这种合作性群体的特征有深刻的影响。"①

近四个世纪以来，人类就在历史发展的长河中形成了一些必然的需

---

① ［英］查尔斯·辛格、［英］E.J. 霍姆亚德等：《技术史Ⅰ》，王前、孙希忠译，上海科技教育出版社、牛津大学出版社授权出版2004年版，第38页。

求，如：生物需求，包括食物、生殖、住所、驱寒避暑等；社会需求，包括交往、合作、认同等。这些基本的自然需求在早期被认为是固定不变的，认为这些需求足以满足个体生存和繁衍的基本要求。实则不然，人类的需求并不是与生俱来且固定不变的，正如中国古代历史上仅供帝王使用的奢侈品，如今却是普通百姓人家的必需品。人类的生存繁衍早已不再满足于基本的生理需求，社会和个体的进步促进了精神需求的不断提高，个体与社会之间的行动，技术与个体的联系也越发紧密。

（一）技术——社会文化的产品

哲学的基本问题是有关思维与存在的关系问题，唯物主义者认为存在即物质为第一性，思维第二性，存在决定思维；而唯心主义者则认为思维第一性，思维决定存在。人是自然界长期发展的产物，人的生存与发展时时与物质世界发生联系，人类为了生存，必须要去认识自然，了解自然，从而才能顺应自然得以生存。

人是具有理性的个体，人类的理性行为所处的外部世界并不是由单个个体或独立的经验组成。人类的理性行为必须是以某种语言或身体化技能在客观物质世界和人类活动组织中体现。技术是人类理性行为的一种载体，它是由一群人制造的，是一种群体性合作的社会活动，技术传承的先决条件不是单单只对技术功能本身进行了解，还需要对那些具有独特个性特征的技术特质和创造该技术的群体进行了解；从另一方面来说，技术体现的不单是某种身体形态，它更多展示的是不同形式的社会组织、精神信仰和生活标准。

当然，技术作为一种社会组织和文化形态在历史中的展现，用今天的眼光再来研究技术时，我们也无法用当今经济形态和政治形态对其进行描述。同样，我们也不能将技术追溯到没有文字记载之前的某个具体的社会和某个具体的民族。技术的文化属性可以帮助我们将人类社会分成抽象的不同类别，每个类别下又可进行级别的划分，如此一来，就可以区分出技术的时间脉络和先进程度。

（二）人——产品及产品的制造者和消费者

社会在法国著名社会学家马克斯·韦伯（Max Web）看来是社会行动的综合体，社会历史领域之所以能够被人理解，是因为它是被人所创造的。因此，个体的独立性是社会历史进步的决定性因素，离开社会的最小单位——个人以及他们特有的主观能动行动，就不会有社会历史的存在。同样如此，狄尔泰区分了"说明"与"理解"两个概念："说明"这个概念假设作为社会行动主体的人与客观现实世界之间存在机械的关系，从而在分析中排除了人类生活的主观方面。"理解"则是作为主体的人对现实的解释，社会日常生活就存在于人的理解活动中。简而言之，韦伯的思想证明社会的进步是人在社会活动中的主观行动推进的。同时一定时期的社会形态和社会思想又会对人的主观创造性产生影响，从某种程度说，人是社会的产物，他是以一种社会资产存在于社会当中，社会的形态决定个体的形态，人的属性处于一种"客我"状态中。同时，社会也是有规律的进化过程，而社会的进步依赖于人的进步，人的主观创造性是社会进步的根本动力，因此人是社会的主要角色，此时人的属性又是一种"主我"性质。人在推动社会进步时依赖于技术创造了大量的工具和产品，但同时，人也是这些产品的消费者，一切创造均源自于人类生理及精神所需。

（三）社会——人及技术的加工场

社会、人与技术的关系，我们可以看成是环境、有机体和共同体的关系，个体，也就是人在某种意义上是通过它的感受性来决定自己的环境。所以，个体能够存在的环境，是可由其自己决定的。同样，如果人在某种社会环境中其感受性越来越多样，那么他对社会的反应也将增加。因此他会创造一个更大的环境，人对社会的反作用是通过某种程度的控制，即在特定的环境中进行主观创造。共同体及个体创造的共同财富，可表现为技术和信仰以及习惯，特定的社会环境形态决定了个体的行动，但人的主观创造性又迫使人利用最适合的方式、状态去顺应和改造社会。所以人及技术在社会环境中不断得以进步，正是因为人和技术的进步，才推动了社会的前进。

三　侗族技术文化的明显特点

侗族是百越民族的后裔，百越民族主要分布在我国长江以南地区，"北至北纬 32 度，南到北纬 16 度，西至东经 94 度，东到东经 124 度，其北与中原华夏文化相连，西北以巴蜀荆楚为界，西方以印度为邻，东临大海，南接中南半岛，整个分布呈半月形"[①]。属热带亚热带气候，江河湖海众多，以高山、丘陵、盆地地形为主。由于越人多依山傍水而居，水是该文化的重要特征。

（一）以水为中轴的技术文化

人们向自然界谋取必须生活资料的方式即是生产方式。侗族的生产方式主要由特定的自然生态环境、历史文化和生产工具水平所决定。侗族何

---

① 王光文、李晓斌：《百越民族发展演变史》，民族出版社 2007 年版，第 2 页。

以选择稻作为主要的生产方式，可从这三个因素分析。从自然生态环境看，侗族居住地区大多为河谷盆地、缓坡地带，这里林木密布，水源丰富，气候温和，土地较为肥沃，适合稻作。其实这是侗族祖先在不断迁徙和寻找中选择的结果，我们可以从侗族各种有关迁徙的传说中找到依据。从文化的角度看，侗族较好地承袭了百越水文化因子。

图 2-2　侗族人居环境：择水而居

1. 稻作文化

美国人类学家威廉·A. 哈维兰认为："在社会的谋生方式中起作用的文化因素被称为文化核心（文化核心指对特定人类文化与环境之间的互动研究）。它包括社会对于利用资源的生产技术和知识。它也包括涉及把这种技术应用于地方环境的劳动方式。"[①] 山地稻作是百越民族典型的耕作方式，稻作文化源远流长。侗族作为百越后裔，稻作依然是他们长期以来选择和固守的生产方式，稻作文化是侗族以水为中心文化的重要组成部分。侗族人千百年传承下来的稻作技术不仅是侗族人在特定地理与自然气候环境中的必然选择，也是侗族将稻作为主要生产方式的重要依据。侗族的生产技术是侗族水文化的主要成分之一，在漫长的发展过程中，侗族稻作技术日臻成熟，形成了相应的技术体系，在特殊环境下的农耕通过对水的利用形成了侗族最具代表性的技术文化形式，如水车灌溉技术、架枧引水技术等，这些技术都是选择稻作生产方式的重要条件。

① ［美］威廉·A. 哈维兰：《文化人类学》，瞿铁鹏、张钰译，上海社会科学院出版社 2006 年版，第 168 页。

图 2-3　湿润气候中的梯田

图 2-4　传统农耕中牛为动力的耕作方式

图 2-5　传统稻作中的水车灌溉

2. 渔猎文化

侗族先民择水而居，纵横交错的河流和湖泊为百越文化提供了重要的文化资源，作为百越后裔的侗族，渔猎是其重要的生产辅助方式。鱼在侗

族生活中占有重要的位置，鱼不仅是人们的食物，而且在侗族社会中已上
升为图腾信仰，在各种祭祀活动中鱼是不可或缺的祭牲。除了稻田养鱼
外，用于灌溉的池塘、水坝也均是用来养鱼的场所。在侗族传统社会里，
养鱼的多少是其财富的重要标志之一。同样受百越水文化的影响，侗族捕
鱼捞虾捡田螺的习俗也一直沿袭至今。每到春夏农忙之余，不同村寨的侗
族男女老少经常成群结队到河流溪沟去网鱼、"闹鱼"，每当这时，河里、
溪边一片欢腾。此时的捕鱼活动不仅是生产生活的重要手段，它还上升为
不同群体之间交往的一种文化形式。

图2-6　捕鱼工具

图2-7　稻田养鱼

图 2-8　稻田养鱼的鱼窝

图 2-9　溪沟捞鱼

3. 饮食技术文化

百越民族受其所择居的地理和气候条件限制，民众的日常食物相对单一，主要以稻米和豆类为主，辅以蔬菜、鱼和一些家禽肉类。在食品加工技术中，对一些碾磨技术和稻米的脱壳脱粒以及粉碎技术则同样有赖于以水为动力的技术手段。水碾是侗族地区最常见的传统动力设备，人们在河床两边架梁设坝，增加水的冲力，用水作为动力系统，将水能转变为动能，在水碾上面建作坊，用来碾米、碾茶籽和菜籽等。除了水碾之外，人们还用碓加工食品。碓是侗族社会最常用的食品脱壳和粉碎的工具，但碓的使用往往需要两个人合力完成，即一人舂碓，另一人翻拌，两人中其中一人为动力提供者，这样的劳动需要耗费较大的人力和时间。于是人们把碓架到河床边上，利用水的冲力为碓提供动力，实现一个人对食品的加工。水是侗族人赖以生存的资源，人们的生产生活都必须依赖于水，这种依赖将人们对水的感情上升为一种信仰，从饮水到盥洗再到农业生产，人们的生活都离不开水，这促进了人们对水以及河道的保护意识。

图 2-10　食品加工之舂碓脱粒

图 2-11　水碾房

图 2-12　风车——去谷皮

4. 图腾信仰及巫术

图腾是不同族群和部落通过一定的物化形态使其上升为宗教，通过祭祀、触摸、吃的形式从物化信仰物中获得庇佑和力量。图腾信仰的物化形态物源于某一种动植物、微生物或自然现象，因此对这些动植物加以崇拜，把其作为本氏族或民族的名字或标志。越人作为临水民族，图腾崇拜与水及水生物有密切关系。从文献资料看，越人应以龙蛇图腾和鸟图腾崇拜为主。据《说文·虫部》"闽"字条载："闽，东南越，蛇种，从虫，门声。"① 从这里可以看出闽越将自己视为蛇的后裔。另据《吴越春秋·阖闾内传》记载："子胥乃使相士尝水，象天法地，造筑大城，周回四十七里，陆门八，以象天八风，水门八，以法地八聪，筑小城周十里，陵门三，不开东面者，欲以绝越明也。……立蛇门者，以象地蛇也，故南大门上有木蛇北向，首内，示越属于吴地。"② 由此亦可证明，吴越同样以蛇为图腾崇拜。在侗族的神话故事和民间传说中，关于龙蛇崇拜的记载也很多；侗族鼓楼、风雨桥等建筑上也多有龙的图案。

图 2-13　祭萨

在侗族社会里，萨是侗族人信仰的神，在鼓楼里开展的有关萨的祭祀活动均以水作为开始，通过喷水、沾水的形式获得萨的庇佑。在一些巫术活动中，水同样是驱邪的重要工具，水不仅能净化世界污物，还能净化人们的心理。

---

① 《说文解字》，段注本，上海古籍出版社 1981 年版，第 673 页。
② 《吴越春秋·阖闾内传》，见《汉魏丛书 96 种》，上海大通书局 1911 年版，第 5 页。

图 2-14 萨岁墓

(二) 以山、林为依托的技术文化

侗族人择水傍山而居，除了其浓浓的水文化心理之外，对山、林的依赖也尤为突出。大山折射出来的是一种坚强、伟岸的文化性格，森林反映的也是一种内敛、丰盈的个性心理。侗族主要分布于中国的西南地区，属长江中下游，自然气候温润，土壤肥沃，特别适宜乔木的生长。杉木是侗族地区最为常见的树种，侗族人的住房、粮仓、禾晾、鼓楼、风雨桥等，都是以杉木为原材料建设，因此侗族人由对杉木的利用上升为一种信仰，有学者认为侗族鼓楼外形就是仿杉木的形状建造的。丰富的森林资源不仅为侗族人提供了赖以生存的水资源，还滋生了以山、林为依托的侗族生计文化。

1. 捕猎文化

在漫长的人类发展史上，从类人猿出现之时，人类就是通过捕猎和采集野果而求得生存的。人类社会总是由低级向高级有规律地发展，人类文化也是如此。人类文化伴随着人的生产创造而得以诞生，在不同历史时期也会因历史形态和社会形态的不同而表现出其独特的时代特征。随着社会的不断向前推进，人类获取食物的技能不断发展，不同民族和部落以获取食物为目的的狩猎逐渐成为一种文化。在侗族社会历史中，捕猎成为农耕文化的补充，它同时还赋予侗族社会伦理教化的功能。

山林的各项资源是侗族千百年来重要的生存依据，侗族人的吃、穿、住、用、行、娱乐、教育都与山林有关。如：住房以树木为重要建造材料；衣服以自然的棉、麻植物制成；侗族人日常摄取的动物性蛋白质也均来源于山林之间。在捕猎过程中，除了强魄的体格外，侗族男子还要具备在群山峻岭高超的狩猎技巧及毅力，所以，山林捕猎的意义除了满足侗族人一般生计需求外，另一层意义为训练未成年男子胆识及传承狩猎技术文化，更深层的含义是学习如何维系本族人与自然永续相互依存的关系。因此，侗族人在捕猎的时候会有许多的禁忌：首先，侗族人打猎不会出现无休止的掠夺，仅仅能满足生活所需即可，因此一般春季不会打猎，只在冬季时才会有少许的捕杀；其次，在狩猎前会有庄严的出发仪式，如果在祈福或占卜中有不祥的征兆，他们也不会强行上山；此外，在动物繁殖期禁猎，捕获到怀孕的、幼小的动物一定要放生。这些在侗族人千百年发展中沿袭下来的捕猎规范能让动物资源在山林中生生不息，侗族人也因此有取之不尽用之不竭的食物来源。

图 2-15　芭沙——最后的持枪部落

虽然现在侗族人已不再把狩猎当作重要生计来源，但是侗族的山林狩猎文化的深层意涵却世代传承下来，对教育侗族人尊重自然、与自然和谐相处有重要意义。

2. 采摘文化

从动物畜养开始，人类采摘就以一种必然的生存方式存在于日常生活当中。侗族是一个母系社会，妇女在侗族社会里具有较高的威望，从侗族信仰的"萨玛"神，到民俗中的"祭萨"活动，无不彰显着侗族妇女的社会地位。采摘是一种手上劳动，主要由妇女来完成，同样，儿童也会参与类似的劳动，通过与母亲同时劳动耳闻目染获得该项劳动技能。采摘，从其形式上看是一种谋生的技能，但是在侗族人千百年迁徙的历史中，人们对山林的依赖由谋生转变为一种信仰，因此，在采摘这一劳动下衍生了系列的文化性活动。

图 2-16 摘禾工具

图 2-17 摘禾

在人类文明初期，人类通过采摘从山林中获取的主要是成熟的野果，随着人类技术的不断进步，人类对山林的需求也不断增多，从单纯的摘取发展成从山林获取原材料进行加工。侗族人从山林获得的资源有茶叶、桐油、茶籽等，因为这些都是在山林野生，野生物种相比栽培的作物较为稀缺。因此，人们不会对山林的资源肆意地掠取，在这些植物成熟的季节，未经允许，任何人不得擅自上山采摘。只有在部族首领商议定下采摘季节，并举行一个庄严的祭山活动，方可上山采摘。这种庄严的祭山活动一方面是感谢山林赐予人们食物，同时也通过仪式彰显侗族人对山林的敬畏。采摘还是侗族妇女群体活动的一种形式，一般人们会三五成群结队到山上一起劳动，每个妇女会带上孩子，这一方面是女性合作劳动，另一方面也是对子女进行生存练习的一种教育，是将女性文化置入儿童教育的一种形式。

3. 山林种植

林粮间作技术是侗族先民迁徙到现居住地后的创造，是侗族生态理念的实践展示，也是侗族特有的生产方式。清代吴振棫的《黔语》和《黎

图 2-18　山间的油茶林

图 2-19　大面积覆盖的杉木用材林

平府志》便披露了这一生产方式："种之法：先一二年必树麦，欲其土之疏也。""土人云，种杉之地，必预种麦及苞谷一二年，以松土性，欲其易植也。"事实上，不仅在育苗之先就要种麦子和苞谷，在幼树成长期，林地里仍然要种旱作物，理由是幼苗成长仍需疏松的土壤，农作物的种植

不仅起到了松土、深化土层的作用，而且还提高了土地肥力，增加了粮食产量。① 因此。林粮间作是一种既利于粮食生产，又利于林业发展的生产模式。

第二节　少数民族早期基本技能

人类的技能都是通过自远古时期以来与自然互动的智慧经一代代习得并传承下来。在对人类智能进行研究时，生物学家和心理学家自然会将人的智力放在一个重要的位置进行研究。但是通过人类的起源及进化发展来看，人类最早的活动还不能用智力来加以解释，因为这时期的活动很大程度是源于一种本能，动物的本能随自然环境的变化带有较强的可变性，人类本能的适应性在生物体聚能量的作用下，其生存和繁殖得以延续，在千百万年的发展中，本能于是转变成一种经验，以技能的形式传递下来。

一　低级的工具制造和使用

（一）人类进化过程中的工具使用

达尔文对人所做出的定义是：人是没有羽毛可直立行走的动物。人与动物最大的区别是会制造和使用工具。富兰克林（Benjamin Franklin）在1778 年也曾说过"人是制造工具"的动物。这些看似简单的概念，其背后包含着深刻的方法论；达尔文对人的概念中包含了分类法和排除法方法论，"没有羽毛"是将人与禽区分开来；"直立行走"是将人与兽类区分开来；"会制造和使用工具"其核心概念应该落"制造"二字之上，因为在动物界，也有一些低级动物在本能的驱使下会使用工具，但是它们却不能创造工具。

北美洲的沙蜂就是一个典型的例子：当雌蜂到了产卵期，它就会在土里挖出一个穴道，之后会找一只毛毛虫将其麻醉，拖入穴道内，并在其上面产卵，为了能获得更多的毛毛虫，沙蜂在每一次产卵结束后会将巢穴暂时关闭起来，为了能更好地伪装，沙蜂须带回很多卵石，用双颚夹住，像用碓子一样将沙石敲入土中，使巢穴所在地与附近一样坚硬。这个过程会反复很多次，直到巢穴周边的痕迹都得以完美地伪装。

与低等动物不一样的是，哺乳动物会因为经验的增加而形成一种学习

---

① 　冯祖贻等：《侗族文化研究》，贵州人民出版社 1999 年版，第 29—30 页。

的行为。南非自然主义者马雷（Eugéne Marais）曾经饲养过一只幼年河狸和一只幼年狒狒。河狸与水源相隔离，狒狒与其部落相隔离，平时给它们喂食的是正常自然生活方式中所不能见到的东西。当它们成年以后，马雷将它们放归到大自然中。河狸立即潜水捉鱼，而狒狒却不知所措，对它们主要的食物——蛆和蝎子恐惧不已，却去吃一些正常成年狒狒所不敢吃的有毒果子。① 由此可见，灵长类动物与其他动物一样具有本能倾向，它们的行为需要通过学习和实践获得，这些习得需要与其生存的自然接触，在自然环境中得以完善和进步。

琼斯说过："在很大程度上，人类在自然中的位置是用手勾画出来的。"猿从树上来到地面上，开始直立行走，于是将手分离出来，以便能抓握一些物体。拇指及其余手指功能的不断灵活，使猿会将一些捕食技能与手的肢体功能联系起来，如它们会用石头砸断或切割食物，会用两根竹子接在一起打下高处的野果，这均是人类最早期的工具使用。但是，这种简单的工具使用却并不能归为生产工具一类，因为这种工具的使用在动物界均可以广泛地看到。此外，这种使用工具的本能在生活环境改变后，将不再重复利用。有计划地制造工具是比简单使用工具有更高一层的心智活动，类人猿在创造工具时，需要具备抽象化的概念思维，这种抽象概念的思维需要猿的大脑发展到一定程度，当一些行为模式与概念思维联系，在大脑皮层就会存储类似记忆，当这些记忆再次被唤醒的时候，这就成为思想，并在此基础上形成意识和计划，早期的技能符号和习惯于是形成。

人类在不断进步，当某种特定习惯已经形成后，在生物传承不断延续的时候，他们生存的一些本能性技能也将一代代传袭下来。人的技能很大程度上依赖于教育。教育其广义是指"凡是一切能对人实施影响的活动均可称为教育"。在人类发展早期，在语言系统工具还不够发达的时候，技能的传承主要是通过观摩习得。随着类人猿手的灵活程度不断增强，制造的工具也不断精细，此时人脑的发展已具备了说话的程度，语言的出现，使人类开始进入另一个工具制造与传承的时代。

（二）都柳江流域族群早期工具、技术与其他民族之比较

工具、技术是特定自然生态系统下的产物。都柳江流域生态特点的相似性决定了技术、工具类别可扩大到整个西南地区。《华阳国志·南中志》这样写道："南中在昔盖夷越之地，滇濮、句町、夜郎、叶榆、桐

① ［英］查尔斯·辛格、［英］E. J. 霍姆亚德等：《技术史Ⅰ》，王前、孙希忠译，上海科技教育出版社、牛津大学出版社授权出版 2004 年版，第 4 页。

师、寓唐候王国以十数。"① 不难看出，在"夷""越"两大族群的聚居区，正是如今西南地区。"夷""越"地区尽管生态相似，由生计方式衍生的文化、技术、工具也具有相似性，但是在民族的文化却分为明显的羌氐民族和百越民族。

"夷"是秦汉时期人们对云贵高原、川西南及桂西一带的统称，但是族群分类却有着"南夷"和"西夷"的标准，通常"南夷"指的是百越族群，"西夷"指的是羌氐族群，这两大族群典型的区别是"南夷"文化以水为中轴，"西夷"文化则以火为中轴，正因如此，才使生活在相似生境下的不同族系在技术上和工具上有了区别。

从技术考古上看，西南百越民族最显著的文化特征是有肩石斧、有段石锛及几何印纹陶器，早在新石器时代文化遗址中就有发现。② 百越民族的技术文化共性主要表现为择海拔较低、气候炎热的平坝河谷聚居，就栖居地的地貌特点和材料建干栏式建筑，生活、娱乐、祭祀中使用木鼓、铜鼓，信仰万物有灵。山地稻作是百越民族普遍的生计方式，由稻作生计方式形成的稻作文明显示出了百越民族独有的技术、工具。由于崇拜水的这一特性，使百越民族的工具较之其他民族更为温和、细腻、精美，从而在祭祀活动中，生产生活中的工具也会上升为一种礼器，在祭祀活动中承载着神意。

较之百越民族，虽同样生栖在中国西南这一相似的生境下，但是羌氐民族大多有过迁徙的经历，所以这些民族性格都似火一般炽热、豪放，相比百越民族如水般的柔和更多了一些刚劲、奔放。羌氐民族通常居住在气候比较恶劣、资源较贫弱以及海拔较高的地区，族群与自然条件呼应，于是使该族群擅于用一种充满激情的情感表达方式，人们也将这种情感表达于生产生活的创造中，故其技术、工具多表现为粗放、怪诞。

从技术人类学上看，羌氐民族多是迁徙民族。在迁徙、战争过程中，总是在不断地进行分化、融合、变异。生态环境决定生计方式的使用，生计方式又决定了技术、工具的使用，故人们的一切创造都是受自然环境制约的。迁徙是自然生态环境与族群关系冲突下的产物，但同时也为族际间的文化、技术交往、传播创造了条件。尽管羌氐民族也崇尚稻作，但是根据水稻对生长的自然要求，其稻作文明并不似百越民族那么深厚，匮乏的

---

① 尤中：《中国西南民族志》，云南人民出版社 1995 年版，第 9—12 页。

② 张胜冰：《从远古文明中走来——西南羌氐民族审美观念》，中华书局 2007 年版，第 127 页。

自然资源条件决定了羌氏民族不能以单一的生计方式获取生活资料，故采用山地稻作与高原游牧的多元生计方式。

二　侗族早期的工具及技术

有关侗族的族源可追溯到战国时期，侗族被认为是百越民族的一支，其文化特点与百越文化特点有许多相似之处。因中国境内百越民族主要分布在江苏、浙江、江西、福建、广东、广西、云南、贵州等南方地区，从历史的地域观念来看，他们连成一片且有共同的自然生态环境，相似的自然环境势必造就适应相应环境的民族文化。因此，童恩正先生认为：中国南方与中南半岛的考古文化具有相当的一致性，文化联系最紧密的地区是中国的广西、贵州、广东、江西、四川和东南亚大陆的北部。[①] 通过考古材料证明，百越文化中的有肩石斧、有段石锛和几何印陶是考古学界和历史学界普遍公认的百越民族早期使用的典型器具。此外，从地理和自然气候看，百越民族所栖居的南方森林资源丰富，从战国时期开始其建筑也均为木质结构。所以，以石和木为原料生产的工具，是百越民族最早使用也是最为普遍的，其制造技术相对其他材质也较为先进。

（一）石器及其加工技术

以石头制作成武器或工具的技术可以追溯到人类最初的时期。从原始状态下用石头作为切割工具发展到制作成武器，人类对石头的使用已十分普遍，这是因为石头这一材料具有最好的耐久性。在人类历史上，"石器"时代这一历史更是证明石器在人类发展进程中的重要地位。

"石头"一词包含的内容比较广，其种类繁多，有质地比较粗糙的石英岩和花岗岩，也有黑曜石和燧石这样的材料。大多数人对原始时期的普遍判断是原始的、落后的，在这一时期所生产的石器应该也是粗糙、笨拙的。当然，立足于当下，这一论断成立，但是原始时期多数的石器工具制造都具有相当高的工艺，这是因为制造石器的技术是代代相传的，并且伴有高度的创造力和无尽的韧性，不同质地的石头在加工时所采用的技术也不尽相同，这些技术一直沿用至今，虽说在历史进步中有所改善，我们仍然可以从一些历史遗存中发现这些技术特点。

1. 锤石技术

在制作石制工具或武器时，利用锤石技术进行剥片是最初采用的生产

---

①　童恩正：《南方文明——童恩正学术文集》，重庆出版社 1998 年版，第 68—69 页。

技艺。其方法是握住一块经长期水蚀的鹅卵石敲击另一块石头使其脱片，通过这样的敲打使石头形成人们所需的形状，这看似简单的敲打过程，实际上包含着复杂的力的作用方法。制作者要想从理想位置敲下一块石片，必须有精确的敲击角度，还要有适当的力度，但这项技能的获得并不容易。当用水蚀过的相对坚硬的鹅卵石为工具敲打另一块石头时，裂纹并不会沿着击打方向连续形成，在敲打过程中，石头的反作用力在击打表面周围增强，石头在表面张力的作用下会发生断裂，于是，相应的形状就会形成，诸如石锤、石棒类。但是，如果角度和力度不正确，敲击而成的工具就不能成为人们所预期的形状。大量证据表明，同时用我们目前的标准来衡量，这一技术成熟需要很长时间的练习。

图 2-20　整个石头锤炼而成的石井

2. 研磨技术

研磨技术是在锤石技术基础之上应运而生的，通过锤石剥片获得的石器，其外形多是粗糙不平的，这不仅影响工具外观，还影响其功能的正常发挥。在石器时代晚期，人们发明了研磨法，这一方法的使用，使一些新的刃类工具出现，如斧、凿和锛，通过研磨，这些工具的刃口会比锤石所能实现的更为结实。在使用这一技术之前，必须经过锤石剥片的方法获得工具的外形，用来研磨的石头一般是较为坚硬的粗玄岩或者是砂岩，有时是用一小片来研磨，有时是拿石器在裸露的未经采掘的外露石块部分碾磨。在侗族社会，人们至今还保持着这一工具加工和使用方法，并将其引入了人们的生产和生活之中。如侗族人使用的石碓，只是对石器剥片转变成为食品的剥粒，用砂石磨利铁制刀具取代了磨制石器，但是加工内容的改变，却是沿袭了上千年的技术方法。

图 2-21　传统石磨

图 2-22　石碓

（二）木器及其加工技术

我们通过一些间接证据可以证明人类在石器时代初期就开始使用木材，但是现有的实物遗存中有力的证据还是不够充分，这主要是因为木质工具在自然条件下不利于保存所致。在旧石器时代的早期和中期就有一些木制物品的记录，最典型的是被完整保存好的克拉克泥炭沉积物中的木制矛头，石器时代有大量的证据可以表明木头曾被使用过，沉积物中的凹刃石刮削器——刮木头的理想工具，事实上，它们是辐刀的早期形式，从这些间接的证据中推测，几乎所有早期的石器时代文化都使用过木头。①

百越民族择泽而居，丰富的水资源以储量庞大的山林资源为基础，丰富的林木资源为百越民族的住、用、行提供了必备的原材料，相比石器加工技术，百越民族的木器加工技术改良的程度更高。

1. 削尖技术

石器时代后期生产的石斧、石锛可以很轻松地将一棵小树砍倒。我们可以想象，人类发展到这一时期，人的智慧相比之前已达到了一个更高的阶段，人类对自然的利用已到了一个理性的时期。石制器具因其材质的特点相比木质加工更为困难和复杂，所以我们有理由相信在一些特制的石器上装上一个木柄，或者是直接将木头削尖制成矛或箭以使用木头的推理的正确性。

图 2-23　都柳江流域普遍使用的扦杠

在侗族社会的一些生产习惯中，我们不难看到一些削尖技术的历史痕迹。侗族人至今还会使用带尖头的捕鱼工具还有一些劳动工具，如鱼叉、扦杠，将木头的一头削尖增加其锋利度。侗族干栏式建筑最能体现木头的削尖技术，干栏式建筑的特点是不用一钉一铆，全部由槽凿拼接而成，槽凿的拼接技术就是削尖技术的发展，关于干栏式建筑技术，我也将在其他

---

① [英]查尔斯·辛格、[英]E. J.霍姆亚德等：《技术史Ⅰ》，王前、孙希忠译，上海科技教育出版社、牛津大学出版社授权出版 2004 年版，第 91 页。

章节具体讨论。

2. 刮槽技术

人类原始时期的木器加工技术，我们在历史遗存中很难找到有力的证据，但是一些间接的证据却可以为我们提供此类技术的证明。综合仅存的少量凹刃石刮器，我们可以相信早在石器时代中后期，人类的木质刮槽技术已经开始形成并得到使用。

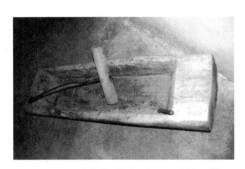

图 2-24　由一棵整木刮制而成的粑槽

在旧石器时代和新石器时代，人们就开始用大树做成中空的独木舟。树干的切割处理由石斧和石锛来完成。然而，由于剥落炭木比剥落砍下来的树容易得多，火就被用于加速石锛掏空树干的过程。这项技术似乎包括点燃一小簇火焰来烧焦想要剥落的那部分木头，一遍又一遍地重复这一过程，直到独木舟的内部被适当地掏空。① 百越民族与水有着密切的联系，将木头制作成水上交通工具是必然的选择，从现有的遗存上看，这一地区的人们至今还保存着赛龙舟的习惯，用木头制成木排，都可以证明百越民族在早期均已使用刮槽技术。在侗族社会，大量由实木掏制而成的器具更是证明了刮槽技术在侗族社会中的广泛运用。侗族人加工食物用的粑槽、油槽以及木碗均是由一块整木掏刮而成，与其他民族的拼接技术不一样，整木掏刮而成的器具更为结实耐用，而且外观精美，因掏刮技术所要求的木头均为树龄较大且密度较高，因此也更利于保存。

（三）竹器加工技术

百越民族生活的南方盛产竹子，有淡竹、慈竹、水竹、毛竹、刚竹等近二百多个品种，体型有大有小，大的如楠竹，小的如毛竹。人们以竹为

① ［英］查尔斯·辛格、［英］E. J. 霍姆亚德等：《技术史Ⅰ》，王前、孙希忠译，上海科技教育出版社、牛津大学出版社授权出版 2004 年版，第 92 页。

材料制作家具，编制用品，创造了具有不同艺术特色的多种编织工艺，常用的有：（1）竹器加工技术，即依竹的原型切割成不同形状，直接用于生产生活当中；（2）篾编技术，即用竹丝、篾片以挑和压的方法构成经纬交织。

1. 竹器加工技术

竹是一种高大、生长迅速的禾草类植物，喜潮湿的气候，这与百越民族生活的南方气候特别适应。竹的茎为木质，具有坚实的特质。因其茎为木质中空节构，很多时候人们就利用其中空的特点制作成了能为自己所用的生产生活用具，如竹水瓢、竹水筒、竹烟杆，等等。

图 2-25　侗族传统乐器——芦笙

图 2-26　水井旁供人喝水用的竹瓢

竹器加工技术较为单一，在竹的原有生理结构之上通过钻孔或劈分，最后形成人们所希望的形状。在不少侗族人家里，至今还能看见不少竹筒、竹碗、竹甑，还有农耕灌溉时所使用的架枧引水技术，也是直接将竹一分为二，去掉中间的节，一个天然的过水槽就形成了。

2. 篾编技术

篾编技术较之竹器加工技术其工艺更为精美，所制作的工序也更为复杂。通过将竹表皮剥开成丝，通过切丝、煮丝、经纬状编制，最后形成人们所需的用具，如饭卤、刀套、簸箕、竹篓等。早期的竹编以网状竹器为主，用于盛装一些劳动产品，也有用来作为捕捞工具，如鱼篓等，也有人用来制作房屋护栏。随着该技术的不断发展，人们也会利用篾帛作一些装饰品，当然，这应该是到了人类发展的后期该技术才达到如此水平。

图 2-27　篾编过程中的煮篾

图 2-28　篾编

第三节　重大发现、发明及传承

人类历史上的大多数发现，尽管都是正确地认识和利用自然的一种智慧性探究，但从发现的属性上看并没有扩大认识的知识领域，虽说通过发现人们的生活得到改善和提高，但技术和科技并没有得到本质上的提高。

无论是一片森林、一座矿藏还是一颗彗星，都是通过与自然接触和观察所发现，是一种定位和识别，它与探究性的发现有着本质上的区别。探究性发现必须具备自然法则、自然力和物质特性的知识，并且还能将这些知识应用到某一种目标性的探索当中；而观察性的发现只是对某一事物或事件的认识和定位，通过发现其基本特质、发生的先后顺序来客观认识事物的特质和事件的始末。虽说观察性发现是认识事物的第一个阶段，但是在人类与自然相处的历史进程中，真正意义上的发现并不仅仅如此，人们不仅要正确认识事物，而且还要提示事物进步的可能性。当然，人的认识一般是通过先认识，再认知，从观察到发现，所需要的不单是对某一特定事物和事件施以偶然注意，而是要把发现应用到实际生活当中，通过与其频繁地接触，得以发现事物的客观情况并为我所用。正如人类进化过程中对火的发现和使用，从最初的怕火，到利用火生活，到保留火种，到钻木取火，以至于今天众多羌氏民族对火的图腾，都是人类长期观察和发现的结果。

一　发明和发现的认识分析

（一）发现与发明的意义

发明（invention）与发现（discovery）相比，其含义更为模糊，这两个词在实际应用当中密切关联，所以也较难分辨。"一个小的发明就是一个发现在物质方面的应用，这种说法似乎很可靠，但是，由于（一些普遍意义上）一些发明实际上只有先得到利用了才能被总结出来，也由于发明的步骤不仅能或者主要归因于发现本身，这个定义自然也是站不住脚的。"①

发现是一个以人为中心的主观事件，它与人类主观能动地创造只有在

---

① ［英］查尔斯·辛格、［英］E.J. 霍姆亚德等：《技术史Ⅰ》，王前、孙希忠译，上海科技教育出版社、牛津大学出版社授权出版 2004 年版，第 39 页。

实际的应用过程中才得以显示出来，发现必须与技术相结合才能总结出其客观价值。"发明"是物质文化中的一个客观术语，它只有在人类建造或制作人工制品时才得以显现，发明是新的技术的概念、观念和思想的总和，其具体表现形式可以是产品、结构和工艺设计等。显然，发现比发明具有更为广阔的领域。此外，发现在人类创造过程中的很多阶段和步骤中，都会起到非常重要的作用，比如在一些化学、物理以及生物的实验与发展中发挥着重要作用。

（二）都柳江发现、发明的社会与文化支撑

发现和发明是技术的两大阶段和类别。发现是人们以生存为目的在与自然互动中直接应用自然资源；而发明是在应用自然资源的基础上使资源优化升级而成为一种来源于自然、又高于自然的技术创造。发现和发明都有一个共同的源头——自然，发现是基于应用，而发明是基于人的创造，前者是感性的、直接的，后者是理性的、间接的。发现是人们在从事生活创造过程中的自然选择、应用，在自然探索过程中对自然生态系统通过应用实现"去魅"；发明过程中融入了人的角色，用人头脑中存有的印象以理性的态度去分析、认识、发展、建设技术创造，在人的社会性的伦理、宗教、艺术、审美、哲学的影响下，技术创造走向"返魅"，将技术的"用"经人的人文精神加工形成了自然与人文的最优组合，故而成为技术文化。

发现、发明都是自然认识基础上的技术系统。从自然环境上看，都柳江流域处于副热带东亚大陆的季风区内，属中国亚热带季风润湿气候类型，大部分地区气候温和，年平均气温在14℃—18℃，气温最高为7月，平均温度22℃—25℃，最冷为1月，平均气温为4℃—6℃。常年雨量充沛，年平均年降水量在1100—1300毫米，最多值接近1600毫米，最少值约为850毫米，相对湿度较大。年日照时数在1200—1600小时，光照条件适度，平均湿度在78%—84%。地处低纬山区，地势高低悬殊，立体气候明显。当地有"一山有四季，十里不同天"的说法。这样的气候条件，对林业和种植业的发展尤为有利。在如此典型的生态系统之下，传统发现以一种独特的生存方式，对自然进行协调的理解和运用，在生产生活过程中主动地将自然存在变成工具为"我"所用，有效维护着人与自然、人与人之间的关系，谨慎而不失自我地发展着。都柳江的发明是在自然发现的基础上结合了自然、人文知识，将个体理解之上的自然哲学、宗教、神话、传说等认知应用到生产生活的技术创造和应用当中，使之形成都柳江独有的技术文明，尤为典型的就是都柳江流域的建造技术文化、纺织、刺绣文化等。

从文化维度看，都柳江流域的发明是随着社会进步在发现的基础之上对人类物质生活、制度环境和思想观念的强力渗透和升华，是在当地独特生态系统中自然的长期积累和文化扬弃后获得了充分发展，形成了全新的技术文化形态，它没有改变人们的生活方式，却主导了当地族群的意识、创造水平跃进，具有强大的文化提升力。

二　都柳江流域发现与发明的技术变迁

（一）自然发现——以水为中轴的自然应用

"人类文化发展的历史证明，任何一种文化都与其赖以生存的特定地域环境有关，其影响从外在的表现形式一直深入到文化结构、文化心理等内在的文化内涵层面。从地域文化发生学角度审视，在漫长的历史生活中，人与自然息息相通，因不同的地域自然而然地形成了不同的地域文化。"① 都柳江流域主要以侗族为主，侗族百越民族族性以水为图腾，在都柳江这条黄金水道的支持下，人们适应自然，形成了一种以水为中轴的自然发现技术类型。人们择水而居，饭稻羹鱼，在相对封闭的社会形态中水文化对传统生产、生活中应用的技术产生了深远影响。

侗族百越民族的族性决定了侗族人对水有着特殊的感情，因人们的物质生产和文化生活均与水有着密切的联系，人们在长期的发展中也形成了一整套用水、保水、治水的经验。

1. 高山引水

都柳江地处云贵高原，地质构造为北东向复式褶曲和北东向断层，水系受地质构造控制，其地貌的纵、横剖面也具有不同特征：在上游地区，流速缓、坡降小，河谷呈不对称状，中、下游地区多沿东北向断层发育，水量大、河床变宽，坡降大，险滩也较多。干流两岸山系属苗岭山系，夷平面保留得较为完整，受断裂构造制约，地势平缓。在这样一种地质条件下，水源主要有河流、溪水、山泉、井水还有雨水。丰富的水资源能满足人们生产生活的各种需求，但同时也会带来不同程度的洪涝灾害。当地少数民族依据区域的生态张力，充分利用生态智慧，在高山区域通过开垦梯田逐级引水的办法，在山顶，也就是梯田的最高处垦出沟渠或过水坝，逐级沿山体修筑引水沟，沿线梯田从沟渠中分流引水进入自己的田灌溉。因

---

①　吴军：《活水之源——侗族传统技术文化传承研究》，广西师范大学出版社 2013 年版，第 30 页。

图 2-29　山顶上用来蓄水分流的"过水坵"

都柳江流域山体较大且山脉延绵，大范围修筑沟渠对生态的保护不利，于是渡槽应运而生，形成沟渠和渡槽相结合的高山引水技术。

图 2-30　从高山上蓄满水的梯田

高山引水技术是人们依托自然生态特点的一种自然发现，在应用过程中会形成一种约定俗成，继而发展成为道德规范。比如沟渠建在山顶，在水向下流动中会有分级、先后的问题，临近沟渠的田地水源自然能得到充分保证，远离山顶或者还需要跨越山头的田地，用水相对就有一些限制，于是在侗族款词或者一些歌谣里也会有所约束，要让每一坵田都能享受到水。此外，沟渠护理也形成一种集体的行为，当沟渠出现塌方，堵塞时，人们会自觉清理，而且是无偿服务，在侗款里就有记载：

……
出门相望，
田在高处，水在低处。

装水车，架水枧，靠天吃饭。

男人不易装水车，女人苦于架水枧，

……①

2. 平坝蓄水

平坝蓄水分三种方式：一是稻田蓄水；二是池塘蓄水；三是拦河设坝。

首先，稻田蓄水。都柳江流域地区从生计技术来看，稻作最适宜的田地是平坝稻田，一是肥量适中，二是平坝的水温适合糯稻生长。还有一个更重要的要求是，糯稻生长的土壤为软田，所以在都柳江流域，经常能看到"泡冬"的田，也就是白水稻收割后，立即将田蓄满水，一直到来年耕种。蓄水一是为了稻作，同时也是为"稻—鸭—鱼"立体系统育鱼苗。

其次，池塘蓄水。侗族人居始终围绕着特定的空间聚落模式，包括生产的空间聚落、生活的空间聚落和居住的空间聚落，水文化就是这个聚落的核心。从居住的空间聚落来看，侗族村寨以鼓楼为中心分散布局，每一栋房子紧密相连，层层扩散，中心凝聚力非常紧凑，这样的负面效果是防火、用火的安全。所以，在建造房屋之前，人们都会在家门口挖一口大池塘蓄满水，一为防火之用，二是在池塘上面架设一些架子用于存放物资，可保持物品的湿度。

最后，拦河设坝。高山引水和平坝蓄水的水量相对于河道中的水量来说要少得多，生产用水和生活用水以河道的水为主，然都柳江流域侗族聚居区地理位置属于江的中上游，江水自上而下，其流速、流量均呈现加快的趋势。为了能保证人们的生产生活用水，人们就通过人为拦河设坝来抬高水位，这样既能满足生产生活需求，还能保护江中水生资源的多样性。

3. 山谷架水

尽管拦河设坝可以抬高水的平面，有效满足人们的生产生活用水，但是，在水流落差非常之大的都柳江流域来说，拦河设坝只能满足于山脚处临江的用水问题，对于山腰和山顶高处的用水，则需要通过架设水车、水枧运输。

水车是一种古老的灌溉工具，是通过车轮旋转将低处的水提到高处灌溉。车高根据取水和用水地的高度，可有一到几十米不等，由一根足以承载整个车运转的车轴支撑着多根木辐条，呈放射状向四周展开，木辐条的

---

① 杨锡光、杨锡、吴治德整理译释：《侗款》，岳麓书社 1988 年版，第 314 页。

图 2-31　拦河设坝

图 2-32　都柳江流域传统水车

数量由所需的水车转速决定，水流速相等的情况下，辐条越多，转速越快。每根辐条的顶端都带着一个刮板和水斗。刮板刮水，水斗装水。河水冲来，借着水势的运动惯性缓缓转动着辐条，一个个水斗装满了河水被逐级提升上去。临顶，水斗的倾斜设置在转到一定角度时会将水斗里的水倒到高处的水槽里，再引流到灌溉的农田里。

水枧运水是跨越运输，是将半山处或山顶的水在没有水渠的情况下引

图 2-33　用整节竹子掏空的水枧

到另一个地方，往往是跨越山谷或者跨越河道。枧由木头或竹子制成，木枧通过将木头凿空呈半圆形；竹枧将竹子剖成两半，将里面的节去除形成水槽，架设在取水和送水的两端。为了让水枧不被落叶堵塞，竹枧还有直接用整根竹子把内节清除，只在竹面一侧砍出一些气孔。但是这种整根竹子的枧容易被泥土堵塞，而且内节也不便清理，故用得相对较少。

（二）侗族人的创造性发明

发明为发现的技术革新提供基础和设想，是决定技术革新速度的重要因素。英国近代史大师埃里克·霍布鲍姆·兰特在其《传统的发明》一书中说："传统不是古代流传下来的不变的陈迹，而是当代人活生生的创造；那些影响我们的日常生活的、表面上永远的传统，其实只有很短的历史；我们一直处于而且不得不处于发明传统的状态中，只不过在现代，这种发明变得更加快速而已。"①

谈创造性发明，也许人们头脑里映出的是诸如火药、造纸、指南针、印刷术等影响整个人类进程的具体技术。都柳江只是一个小小的少数民族聚居区，长期封闭的社会格局造成了当地的开化程度相对较低，技术发明的价值优势也很低。所以谈都柳江的发明是区别于自然发现，呈现的是都柳江在特定区域中创造的过去没有的事物。发现与发明是技术的两个阶段，发现揭示的是未知事物的存在及其属性，发明是应用自然规律解决技术领域中特有问题而提出创新性方案、措施的过程和成果。产品之所以被发明出来是为了满足人们日常生活的需要，发明的成果包括前所未有的人

① ［英］埃里克·霍布鲍姆·兰特：《传统的发明》，译林出版社 2004 年版，第 12 页。

工自然物模型、提供加工制作的新工艺、新方法、机器设备、仪表装备、各种消费用品、制造工艺、生产流程、检测控制方法等。

按照《中国大百科全书》对发明的分类办法，结合都柳江资源与传统发现的特点，都柳江的传统发明按照物质性分为"源"和"变"两大类型。

"源"是自然发现基础之上的创造，源于物质，又高于物质。也就是在技术加工时将天、地、人的宇宙思想融汇于器物创造之中，发明并没有改变发现的本质，而是在旧材料基础之上建构了一套新的发明传统，如侗族的建造技术、纺织技术。这类技术发明主要是从材料结合、功能功用、艺术审美、空间结构之上有了进一层的改进，这在接下来的几章中会有微观、细致的陈述。

"变"同样来自物质，所不同的是这一类技术发明通过在物质加工过程中添加其他物质，或延长物质加工的时间、程序而改变原有物质本来的特性。如锻铸技术、制靛技主、腌制技术。

（三）自然发现与传统发明的技术及其变迁

发明是一个技术过程，也是一种社会过程，其技术性与社会性的双重属性导致了对发明的影响因素讨论变得极为复杂。以现代工业发明的视角看，发明受到社会水平和市场因素的影响，也就是说发明的技术形式和市场价值需求是影响其诞生的主要因素。"一种工具，其技术进步的速度，在一定程度上取决于企业无法控制的因素：与之相关的基础科学研究是否得到迅速发展；技术本身是否具有迅速发展的机会；外界的发明家们能否产生改变技术的思想。"[①] 都柳江流域是一个开化程度比较低的少数民族聚居区，人们的技术创造多是在自然界的新发现上直接利用，并在直接利用的基础上进行加工而成为一种相对更高层次的技术。发现是人们在与自然互动的基础上形成的一般性的，并能为发明提供进步技术的基础知识，发明是为了探求更高层次的价值，在探讨宇宙规律时所获得的有意或无意的创造。

都柳江流域少数民族地区发现与发明的变迁过程是一个从实际应用到技术开发，从基础研究到应用研究的过程，中间有着明显的因果链，从发现到发明，有些技术间隔时间很短，有些却持续了数百年的历史，直到今天在都柳江流域少数民族地区依然能见到浓浓的古代社

---

① ［英］威廉斯、姜振寰：《技术史》（第6卷），赵毓琴主译，上海科技教育出版社2004年版，第28页。

会遗风。

都柳江流域少数民族从发现到发明的技术变迁是基本生活成本的价值扩大。发现和发明的不确定性这一共同特征，是整个技术变迁过程的共同特征，在相对封闭的社会环境下，人们往往对新发现的一些轻微改动充满信心，故生活成本的价值扩大也就更易于预料。纵观都柳江流域的技术变迁，用现代科技的技术分类办法似乎很难将都柳江流域的传统技术做出明显的分类分级，从侗族有记载的宋代开始，传统的发现和发明就已然存在，这二者之间似乎没有明显的技术上的界限。但是一旦将这些发现和发明结合到生产生活中，就会清晰地发现少数民族生态智慧中的一些为扩大生活成本价值而应用的创新性技术。从这个角度分析，都柳江流域少数民族的技术变迁综合表现在以下几个方面。

（1）材料使用上：自然发现是将自然界中的物质直接应用到生产生活中，往往材料是相对单一的，形态是朴素的，石器、木器、竹器、藤器用途上也比较单一。在不断使用中，尤其是到了明清时期后，大量的铁器进入都柳江流域，此时的材料出现了复合型材料，如木犁加上了铁犁头后效率更高、更省力。

（2）器物的外形上：传统技术是人为创造，人的社会属性中的信仰、审美对来源于自然界的鸟、兽、虫、鱼、花、草、树等有了别样的理解，在技术创造时也将这些自然界的审美元素应用到了器物之上，从而形成了技术的时代标志。

（3）应用的范围上：传统发现是自然与生活所需的一一对应，是应用的最低级的一种水平，随着技术的不断发展，人们在技术本身及技术创造的器物上发现了应用的延伸，一项技术可以跨越生产生活的方方面面，从而形成地方性技术的传统。

三 口传心授的技术传承模式

在中国民族学和人类学领域中，中国是一个特例，因为民族学和人类学是全世界最大规模的"记录文化"之一，它是一个中央政治集权下的分散文化的形式，在国外的民族学和人类学中一直是有据可查的，国外的民族学家和人类学家都在对自己的文化现象进行着书面记录。不仅如此，一些邻国和其他国家的学者也在对西方的民族学和人类学进行记录。但是在中国，留下的可查资料却相对来说少之又少，这其中的原因是中国是一个拥有 56 个民族的多民族共同体，各民族在历史的发展中创造了灿烂的独具特色的文化；此外，中国 55 个少数民族中，除了部分民族有自己语言和文字外，有很多民族都没有文字，在对文化进行记录时出现了太多的困难。

在侗族社会，传统文化和技术得以一代代流传下来，其有赖于它特殊的传承模式。侗族有自己的语言，但是却没有文字，在历史上形成的一些习俗和技能，都是融入到一些以语言和身体化形态的活动和仪式中，在实际生活中通过口传心授的形式传承下来。

（一）以语言为媒介的传承模式

1. 以音乐为载体的传统文化教育活动

在侗族家庭里，音乐始终伴随着孩子的成长，父母或祖辈会根据起床、进食、游戏、劳动、入睡等不同情景的需要而吟唱或教唱适合儿童年龄特征的不同歌曲，歌曲内容以讴歌民族勇敢精神，赞美生活和个人修养准则为主。如：

> Baengh yagp jil, baengh xiep daens,
> 靠勤吃。靠巧穿。
> Ongp huh eis pienk nyenc yagp.
> 功夫不负勤奋人。
> Nguk yiuv soic, nyenc yiuv yagp.
> 猪要懒，人要勤。
> Yagp lis soic pinc.
> 勤富懒贫。
> Nyenc soic xiut mal, nyenc yagp xiut gas.
> 懒人缺菜，勤人缺秧。①
> Aiv nyaoh eis dah aiv nyegs.
> 爱站的人不如好斗的公鸡。
> Nyenc yagp weex is deil, nyenc soic suiv is buic.
> 勤人做不死，懒人坐不肥。
> Nyenc yagp jinc dih kuangt, nyenc soic kuenp luh togp.
> 人勤天地宽，人懒道路窄。
> yav ngu/il nyinc, Nyenc ngul il saems,

---

① 意为好吃懒做的人，不打理菜园，连蔬菜都吃不上。勤快的人秧插得快，扯秧的人总跟不上。

田误一年，人误一世。①

这类歌曲，是侗族在生产过程中，在认识自然和改造自然的过程中，不断总结前人的基础和经验，创造出来的，用来传播知识。教育子孙时把富有哲理性的事物的内在本质的规律性浓缩在严谨的短句里，句虽短，但语义深长，念起来朗朗上口，便于记忆，给人印象深刻且具有说服力。对培养下一代积极、健康的心理起着重要的作用。

图 2-34 老人教歌、小孩学歌、青年唱歌的教育技术模式

2. 以文学为内容的传统文化教育传承

人的语言是在社会生活环境和教育的影响下形成和发展的，早期家庭语言的教育直接影响到侗族儿童的一生，甚至还会影响到其智力水平的发展。家长运用顺口溜、绕口令、讲故事等形式的文学作品，激发儿童学习使用优美语言的兴趣，传递并指导儿童模仿文明的行为。

讲故事是侗族家庭里运用最多的一种文学题材的本土文化教育。故事中包含了很多民族迁徙与发展过程中的事物，有智慧的人物、顽强的民族精神、和谐的村寨等，而故事又是一种很容易转达和传递的内容，儿童从上一代人口中听来的故事，也会由儿童作为桥梁进行同龄人之间的转述，在这个故事转述的过程中，儿童还会进行再创造，尤其是在故事高潮和结尾等最能凸显故事主题的部分加入一些个人思想。在侗族社会里流传有很多机智人物的故事，是对儿童进行本土文化教育的一个重要内容：

---

① 吴军：《上善若水——侗族传统道德教育启示》，新华出版社 2005 年版，第 88 页。

卜①贯智斗石财主

卜贯的哥哥老益家境贫寒，为人忠厚老实，终身给寨上一家石姓的大财主当长工。石财主狡猾苛刻，年初讲好每天给老益一吊工钱，到了年底，七算八算、三扣两扣，最后分文不剩。老益只好空手回家过年。卜贯得知此事，非常气愤。第二年，石财主又请帮工，卜贯就到他家去了。石财主说："给我家做活路，每天工钱一吊，但要有个条件：如果有一件事做不到，就扣一吊钱。"卜贯满口答应："我都照你讲的做，你得多给一吊钱。"财主也答应了。正月间，卜贯上山砍柴，石财主说："你把柴给我堆到树尖上去，这样才干得快。"卜贯边答应边脱下衣服就往树上爬。爬到树尖，卜贯对在树下的石财主喊："主人家，快把柴丢上来哩，堆在这上头当真干得快！"石财主无可奈何，只得答应多给卜贯一吊钱。三月间，卜贯挑粪下秧田，石财主说："我家田坝头那丘秧田泥巴酸，你要挑点甜粪下去，秧苗才长得好。"卜贯问："哪里有甜粪呢？"石财主说："你把那几个茅坑的粪都尝尝，哪个坑是甜的就挑哪个坑的。"卜贯跑到厨房，把手伸进财主刚刚酿好的酒桶里，手指上沾满了酒糟，对财主说："我都尝过了，左边那个坑的粪是甜的。"石财主见他的手上果然有"粪"，也就无话可说了。可卜贯不罢休，拉着石财主的手说："你自己还是尝一尝吧，免得今后秧苗长不好你又话多。"卜贯硬把财主拉到茅坑边。石财主吓得直发抖，连连喊道："算了算了，我愿意多给你一吊钱，挑下田去吧！"五月开始种黄豆，石财主对卜贯说："我年年都把黄豆种在坡上，不是被人偷就是被兔子吃。今年，我要把黄豆种在屋梁上，看你有办法没有？"卜贯不以为然地说："这个容易嘛，我就去种来。"他顺手抓起一把锄头，爬上屋梁就使劲挖了起来，还不到一袋烟的功夫，一间屋的瓦就挖了个乱七八糟。石财主见事不好，赶快喊了起来："快下来哟，你有办法，我不在屋梁上种黄豆了。"卜贯听了装着不听见，还是使劲地挖，财主急了眼，赶紧找来楼梯，爬到屋梁拉住卜贯的裤脚哀求着说："别挖了，我愿意多给你一吊钱。"

这类故事诙谐、机智、幽默。机智人物总是和反面人物的贪婪无知形

① 卜是侗语的音译，指父亲。在侗族的亲属称谓里，父亲是冠子名，如孩子叫元良，那从孩子降生的那一天起，父亲的名字就变成"卜元良"或"卜元"。

成强烈对比，人物性格分明，事件也都是源自儿童所熟知的生活和劳动。使人在开心酣畅的同时，更感受到了智慧的光芒，从而受到了本民族勤劳、勇敢、机智、爱憎分明的良好道德行为教育。

（二）身体化技能传承模式

1. 以手工艺制作为形式的传统文化教育

侗族手工艺制作，是为生活需要就地取材，自己创作生产的手工产品，在历史上主要供自己使用和欣赏，在商品经济日趋发达的社会条件

图 2-35　跟着老人学蜡染的苗族少女

图 2-36　正在学刺绣的芭沙少女

下，逐步走向市场，参与交换，服务于社会。手工制品内容主要包括服饰制作、银器加工、木器加工、篾制品制作、藤条制品制作以及石雕等。这类手工文化作为侗族文化的一种载体，以其独特的方式蕴含着本民族的文化心理，积淀着不同时代的生产生活印迹。侗族儿童从出生之日起，就接

触到了这些手工制品，从孩童时代的玩具到少年时期的学具，再到成年后的生产工具，都是从侗家人自己的手中创造出来的。此外，侗家人更是把对手工的熟练与否作为一种道德的评价标准，如谁家的姑娘不会织布绣花，在其他人眼里就会被认为不具备贤惠的品质，在今后的娶妻嫁女时，别家也不会考虑该类人家，同样，男孩不会制作生产工具，同样也会受到同等待遇。侗族的手工制品与侗家人的生产生活息息相关，它们除了具有实用和欣赏的作用外，还具有避邪、驱鬼、祈福的目的。所以，代表着侗族文化的手工制作技术一代代得以传承。

2. 以具有象征意义的建筑为中心开展的传统文化教育活动

建筑是社会的缩影、民族的象征。建筑也蕴含着人们对自然的尊重，表现出人类对理想居住环境的追求。建筑生长在文化的土壤中，随时代、生活、人的变化而不断变化。中国建筑大师张钦楠说："建筑必须反映生活，而生活离不开文化的根。"因此建筑也表现出鲜明的民族性和地域性。具有象征性意义的侗族鼓楼是少数民族情感与精神的寄托。

图 2-37　鼓楼坪上唱侗歌

但凡进入侗寨，都会看到一个醒目的攒尖八角、形似古塔的木质建筑，高高耸立在寨子中央。在侗族社会里，鼓楼既是吉祥的象征，又是美的化身。整座建筑 7—21 级不等，鼓楼身上都镌刻着侗家人生产生活的情景。其外形似杉树，给人一种清新、秀美之感，这与侗族人的"种族记忆"① 和文化根性有关。另外从其功能上看，最早鼓楼的作用是传递信号，比如村寨失火、外族入侵，召集族人聚会议事等，只要爬到鼓楼最顶层，敲响那面牛皮大鼓，就实现了通信的目的。随着现代科技的发达，手机、电话已取代了鼓楼的这项功能，但人们对鼓楼架起的那份民族精神仍旧顶礼膜拜。侗族人以姓氏为血缘单位建鼓楼。以鼓楼为单位的交往，其实也就是两个不同血缘的族群交往。在节日或有重大喜庆之事时，分属于不同鼓楼的人们会着盛装，敲锣打鼓来到对方鼓楼，燃起堂火载歌载舞，甚至有时会唱到天亮，在客人离去时，主人一方也会敲锣打鼓送出村外很远。

这种群体性活动是不分男女老幼均要参加的活动，在活动中传递侗族传统文化的多重内容。

3. 以歌师、长者、老者为主导的传统文化教育活动

在大多少数民族中，总有一些以文化和信仰为集中的灵魂人物，他们在少数民族社会里扮演着组织者、协调者、教育者和保障者的角色，一般

图 2-38　侗传教育中的核心人物——歌师

由年纪较长、德高望重的人担任，如彝族的毕摩；侗族的款师、歌师；纳西族的东巴，白族的本主，等等。他们的职责是将本民族中古老的哲学、天文、地理、历法、伦理、美学、文学艺术、语言等以口头的形式向本族成员进行口头传授，这些人通过在民族内部的祭祀和集体活动中，以唱歌

① 相传，侗族先民在迁徙过程中在大杉树的荫护下休养生息，因此对杉树充满了崇敬和膜拜。

图 2-39　正在教歌的老歌师和正在学歌的儿童

和款古①的形式进行本土文化经验的传授，培养本族人正确的民族观念和健康的民族情感，并通过这种无意识的教育实践手段提高本族人创造的能力。从而管理和教育本族人团结、勤劳，进而培养本族人与人和谐相处，与自然和谐相处的美德。

歌师是侗族传统教育中的教师之一，其职责是编歌、教歌、唱歌，要把与侗族社会生产生活相关的事物写到歌中一代代传唱，这要求歌师要有敏锐眼光。如侗族的声音大歌，这种声音是来自大自然的和声，人们把来自大自然的声音融汇到歌曲里，从自然中提取美，并通过歌师教唱侗歌实现教育。如侗歌《三月三》：

> 三月里，天气好
> 一对蚱蜢跳得高
> 布谷布谷声声叫
> 人们快播种
> 季节已来到
> 布谷，布谷，布谷，布谷……②

很容易看出这是一首赞美人与自然相处的歌，歌师在编这首歌时不仅

---

① 就是一种以口头形式讲授本民族的故事、传说等。

② 石干成：《和谐的密码——侗族大歌的文化人类学诠释》，华夏文化艺术出版社 2003 年版，第 20 页。

是反映春天万物欣欣向荣的美，还要透过歌中布谷鸟的叫声来告诉人们农耕的季节到了，这是一种来自自然界的时间定律。

4. 节日与集体活动：传统教育的制度保障

在侗族地区，节日和集体活动是一种制度化的群体活动，有相对固定的时间、场地，相对完善的组织形式，另外侗族以血缘为纽带的族群居住方式更是为活动提供了固定的人群，这为侗族传统教育提供了重要保障。在节日里或者是集体活动中，侗家人都会穿上盛装，装扮得十分美丽，场地也经过一番布置，活动的程序也是非常严肃且严谨的，这样本土文化的意识就在活动中潜移默化地受到了教育。建筑、场地、服饰是以静态的形式反映着侗族的身份和传统，组织形式和歌曲以及念词就是对传统的文化进行动态呈现，正是这种动和静的相互交融，才形成了少数民族的独特文化传承视角。

图 2-40　正在进行中的踩歌堂

侗族社会中至今保留着"路不拾遗，夜不闭户"的和谐局面。侗族节日里饱含浓浓的以"和"为美的民族情感，这种和来自于家庭和美、村寨和谐、民族和睦以及人与自然合而为一。正是民族内部的节日和集体活动，为这种社会传统文化教育提供了可靠的保障。

第四节　语言与身体技能

一　语言与言语技术关联

（一）都柳江通用语言

侗族语言代表着整个侗族民族的文化体系，它最深刻地反映着本民族人的基本特征。这不仅是因为语言最容易引起全民族成员的心理共振、情感共鸣，此外他们还在用侗族语言传承着本民族的历史和发展。

侗语（leec Gaeml）是中国侗族所专用的语言，由古越语发展而来，属汉藏语系，壮侗语族，侗水语支。主要在黔、湘、桂三省交界的 20 多个县流行并普遍使用。使用人口约 300 万人。分南、北两个方言区，南部方言编码为 kmc，有近 200 万人使用；以贵州锦屏县南部侗、苗、汉族杂居区为分界线的北部方言区，编码为 doc，有 100 万人使用。北部方言受汉语影响较多，吸收汉语词汇和语法形式较广泛，南部方言则基本保持了古侗语原貌。每种方言又各分为四个土语。南、北方言又主要以语音差异为依据。《侗文方案》（草案）规定："以贵州省榕江话的语音为标准音。"榕江话是指榕江县车江乡侗族村寨所说的侗语，属于南部方言第一土语。更具体地，一般取章鲁村的语音为标准音。

语言是文化的一个重要组成部分，同时也是记录、传承和传播文化的重要工具。语言还是人们日常交流的重要工具，文字则是这些语言的一种符号形式。侗族语言从形成到发展至今已有 1000 多年的历史，令人遗憾的是，在历史上却并没有一种与之相应的文字符号去记录这种古老的民族语言形式，以至于无数灿烂的侗族文化遗产都消逝在历史的长河之中。

在历史上，侗族人没有与自己语言相适应的文字。1958 年根据自愿和民族照顾的原则，国家民族宗教事务委员会在中央的指导下帮助侗族新创造了文字。侗文采取了拉丁字母配拼音方案的形式，根据侗语的发音形成与之相应的文字，新创侗文有声母 32 个，韵母 56 个，声调舒声 9 个，促声 6 个。由于声调多，词汇丰富，所以侗语是一种"富于音乐性的语言"。

侗文的产生，标志着侗族文化进入了一个新阶段。侗文的推行，对促进侗族文化的保护起着积极作用。但是，侗文的拉丁字母方案与侗族的文化和心理有着太大的差距，文字是一种新的事物进入侗族人的学习和生活当中，人们是以一种被动的姿态去接受和适应这些东西，所以，从创造文字至今，侗文在推广上存在很大的问题，在流通上也举步维艰，以至于今天懂侗文的只是一些研究人员和学者，普通老百姓并不知晓侗文。

（二）言语的技术关联

在语言科学里，语言（language）和言语（speech）是有区别的。语言是个体间的交流体系，是用于建立相互合作及控制的一种途径，是一种使用语言器官的方式。而言语，则是个体对语言模式、方法及体系的一种运用。语言是"编码"，言语则是"信息"。① 言语是一种信息的编码，而这种编码是依据人们所生存的生态系统，在人与自然互动的基础上，基于对自然的理解而创造的符码。在人类创造、进化的过程中，因为工具的使用越来越复杂，手与脚的合作、分工使肢体应用不断加强，人类的视觉、听觉、嗅觉以及脑的应用能力也得到加强。在解放了双手的运动技能得到提高后，其他身体技能也随之得到强化，人类创造了工具符号系统的同时，言语符号系统也随之建立起来。

语言是与工具相联系的②。人是工具的制造者，也是语言的发明者。"对工具的使用，是以智力行为和至少是一些语言中表达出来的原始概念的存在为先决条件的。"③ 人是群居的动物，在群居过程中，由于个体主观意识受群体和生存环境的影响，为了实现分工的配合而有力地促进了言语的发展。语言作为人类社会进步的重要工具，其交流性还是其次，更为重要的是言语能实现个体的行为控制。换言之，语言是文化的力量，它在人类的行为中起着至关重要的作用。

言语到底从何而来，它又是如何发生的？心理学家、生物学家、社会学家和语言学家都分别从各自学科领域做出了相应的表述。有人认为，情感表达具有的支配、控制信号能"自然而然地"进化成言语和语言。④ 但这种说法后来遭到人们的质疑。因为婴儿的语言并非个体自然而然地形成，而是从成人那里学习得来，是效仿而成的一种社会化的符号系统，而不是婴儿自我的语言符号系统。

对自然界、社会化、个体表达的三层概念依次为 Logos（理、法）—Logic（逻辑）—Language（语言）。"Logos"是世界本元的状态，正如孔子所说："天何言哉，四时行焉，万物生焉。""Logos"是一个庞大的物质系统和自然运动的系统，各个主体之间看似不相联系，实则有着千丝万缕的关系，这种关系因为人的主观创造，由人的意识形态而形成了人类认识世界的方法，也就是"Logic"，逻辑。个体依据主观意识和对客观世界

① ［英］查尔斯·辛格、［英］E. J. 霍姆亚德、A. R. 霍尔：《技术史》（第一辑），上海科技教育出版社 2004 年版，第 89 页。
② De Language, Grece A. "Speech. Its Founction and Development", p. 49. Yale University Press, New Haven: Humphrey Milford, London. 1927.
③ ［英］查尔斯·辛格、［英］E. J. 霍姆亚德、A. R. 霍尔：《技术史》（第一辑），上海科技教育出版社 2004 年版，第 122 页。
④ De Language, Grece A. "Speech. Its Founction and Development", p. 49. Yale University Press, New Haven: Humphrey Milford, London. 1927.

的理解后，在群体生活的分工中，用语言将自然认识用逻辑化的认识脉络表达出来，从而形成一种社会化的符号系统，也就是"Language"。

技术与语言的关系正是由此形成。人在自然生存中，生活资料来源于自然生态的物质世界中，每一个独特的生境条件都制约着人类的生计方式，于是在生计方式的需求下，人们主动地去创造技术，形成技术的标志、逻辑体系，人的创造将身体分离出来后，语言也不断走向成熟，成为技术创造的另一种动力。因个体的认识逻辑方法不同、语言表达不同，故工具、技术的形态也表现出了人的个体特性。

从技术角度探讨语言，其起源来自何方是次要的。语言是社会化的符号系统，语言本身也具有时代特征和地域特征。从技术的时代性、地域性、文化性探讨社会形态，可发现语言与社会需求有着多重吻合，在技术创造和语言创造的协同进化中可以发现特定技术下言语的社会群体思想。

二　身体技术

拉普的《技术哲学导论》对科学技术哲学之"技"给出的定义是"物质技术，以遵照工程科学进行的活动和科学知识为基础"，反映了人们普遍把技术理解为外在化的物化技术，即视技术建立在身体之上，为"器官的延伸""肉体的延伸"。[①]

技术按吴国盛的观点可以分为身体技术、社会技术和自然技术三类，如此分类将人与技术的联系从身体引申到社会和政治关系等各个方面。吴国盛认为对身体规训的本身，是对社会和人性的双重塑造过程，通过塑造自己的身体而表达自己的人性，利用自己的身体实现技术的呈现。[②]

（一）肩挑背扛

侗族传统技术的应用，身体是技术的一个重要的部分，在侗族人的劳动生产和生活中有着十分重要的地位，侗族人至今在运载货物时仍使用的是肩挑背扛的运载方法，不论物品量多大、路多远，体积有多大，分量有多重，人们宁愿在肩上挑个担子，也不会用手拎。即便物品数量凑不够挑子，他们也会在担子的另一端挑上几个无用的砖头而不愿意把物品提在手上。

在这一身体化技能当中，最常使用的工具是扛子，有扁杠和圆杠两种，扁杠一般为竹制，长约 5 英尺，通常为竹管的一半，两头比扁担身稍

① 拉普：《技术哲学导论》，刘武译，辽宁科学技术出版社 1986 年版，第 30 页。
② 吴国盛：《科学的历程》，湖南科学技术出版社 2013 年版，第 12 页。

高一点，目的是为了防止重物从扁担上脱落；圆杠可为竹质，也有木质的，两头削尖，这类扛子一般直接用于成捆的货物中，如挑柴火、稻草等。

图2-41 挑禾回家的侗族汉子

图2-42 背着背篓赶场回家的妇女

（二）手和脚的配合

手与脚的配合使用这一身体技术充分体现在对工具的使用上，此外还有一些自然技术也需要手和脚的配合。手与脚配合的身体技能要求人们操作工具或者使用某一技术时要非常灵活熟练。

图 2-43   手脚并用春碓中的妇女

在一些比较精细的技术加工时，手与脚的配合使用尤为重要。如侗族妇女纺纱织布就要求手与脚协调配合。织布时，手在操作纱锭时，脚上还需要左右轮换踏下踏板，以使得上下两段经纱能有效转换；此外在食品加工使用碓时，脚要踏在碓尾给碓提供动力，而手则需要握一长杆不断搅拌食物。

图 2-44   用脚踏式传统织布机织布的老人

在侗族生产生活中，手脚配合使用的身体技能不仅普遍用于女性的手工生产，在男性的农耕生产中也经常使用到。

（三）头部及脚部的保护

　　头部与脚部的保护这一身体技能最明显的是体现在着装风格和习惯上。在侗族地区流行"苗冷头，客冷脚"的说法，意思是苗族、侗族人比较注重头的保暖，而汉族人则是注重脚部的保暖。一般情况下，侗族妇女，特别是生育过的妇女，在冬天会在头上包手工织布的侗帕和毛巾，老年妇女更是一年四季帕子不离头，即便在炎热的夏季也是如此。

图 2-45　侗族男式头帕

　　侗族妇女喜着裙装，即便在寒冷的冬季也是光着脚只穿一条裙子，只是在小腿位置用一块布围绕一圈，侗族人称之为绑腿，一方面是为了保暖，另一方面也是防止损伤。

图 2-46　六洞地区女装

第三章　都柳江流域少数民族传统技术形态

第一节　侗族形成之初的生产技术及其变迁

侗族社会在其历史发展的进程中，经历了没有阶级、没有压迫也没有剥削的原始社会阶段。这一说法在学界也受到许多专家学者的质疑，原因是没有相关的文献记录，无据可查，人们无法洞悉侗族社会发展的全貌。但是在民族民间流传的史诗、古歌、口头文学和一些习俗、习惯中，我们还能看到原始社会残留的一些痕迹。

原始社会的生产技术是直接获取生活资源、维持基本生活的一种手段，无论是生产工具还是生产手段，都是直观且直接的。

一　集体狩猎及其技术与变迁

（一）狩猎的原则与规范

在人类进化的历史过程中，从人类开始在地上直立行走，以群居的方式生活时，人类就已经进入了原始社会阶段，这一阶段的最主要标志就是人们以狩猎的方式取代了采摘获取生活资料。

侗族在新中国成立后才被认定，尽管以"侗族"命名的历史还很短，但是在党和国家领导及侗族人民的不断努力下，侗族的农业生产在解放前就有了较大的发展，也成了侗族的主要产业。但是在边远森林地区，却依然残存着浓厚的原始狩猎遗迹。

侗族人捕猎一般以兔、野山羊和飞鸟为主。因此，在侗族大多数地区，家家都会养有猎犬，户户都会备有猎枪，有些家庭还饲养"媒鸟"和鹰。飞鸟类的捕捉方法有很多，有安装"竹笼"、竖"粘膏竿"，或者是在进入深秋时，在林中燃火吸引飞鸟再用网捕或用竹竿打，也有在树上架设"捕机"等。总之，捕鸟的方法很多，遵循的原则是不用任何药物类和化学类的物品捕捉，以保证猎物在食用时的安全健康。

临时性和季节性的围猎是侗族地区最原始也是最常见的捕猎方式，一般在深冬、初春或者农闲之时进行。集体围猎有一定的组织和规则，一般会有一个"行头人"，也就是召集人或带头人，通常由众人推选产生，有的地区"行头人"实行的是终身制，待丧失劳动力或者死亡后会再选他人接替。"行头人"需善于射击，且熟悉路线，还要具有号召力和领导能力。在出发之前，会在鼓楼里或者大树等一些本族人精神依托的物体下进行庄严的祭祀活动，以求得神性庇佑，以求得巡猎顺利，满载而归。在上山途中，凡经过山坳、岔路口时均会烧纸焚香，祈祷山神和"指路公"保佑，让捕猎人安全顺利回归。

在猎物的分配上采取的是"平均分配""见者有份"的分配方法，即按部族的户头平均分配猎物。一般情况下是捕猎归来会举办集体性的会餐，全族人均参与，在吃完后还剩余的部分，除了开枪的猎手能多得一个头和尾之外，其他的就按猎物倒地时在场的人数平均分配。集体围猎一般会以村寨和房族为单位进行，如果在围猎时偶遇其他村寨或其他地区的人，不论其在围猎时是否出到力，在分配猎物时，均能享受其中一份。

这种原始的捕猎方式是原始社会群居生活的一种标志，在侗族社会的历史上持续了较长的发展过程。

（二）狩猎的工具及其变迁

1. 狩猎技术及工具

侗族崇尚诗意地栖居，在其生存理念中，人与天地共生的生态观十分明显，而且上升为神性感悟，在其生计方式、生计策略中都有明显的表现，在任何一项活动开始时，都会有规模大小不等的祭祀活动，会念祭词："menh dih weex bingc, doiv lis jul nenl dih"，意思是"人性善恶、伦理良知皆以对得住天地神灵的准则"。

狩猎是都柳江流域生计方式的一种补充手段，也是当地少数民族的一种民俗活动。根据都柳江流域猎物的类别和狩猎时间不同，人们狩猎的方法和技术也不一样。用得最多的狩猎方法是围猎、射猎、伏猎、捕猎等方法。

围猎：顾名思义是"设围打猎"，是人类狩猎猎物而发明的一种技术。《金史·宣帝纪上》有载："戊子，禁军官围猎。"都柳江地区的围猎目标是大型的猎物，如山羊、野猪等，围猎的周期较长，依靠围猎者的智慧。在确定猎物追踪大致范围后，围猎者集体将猎物围到一个较小范围，最后捕杀。围猎实行的是"见者有份"的分配办法，但凡枪响的那一刻，无论前期是否有参与围猎的贡献，所有在场的人都能参与分享猎物，其中猎物的头必须由开枪的猎人所有，以示对猎人勇敢、智慧的肯定。

射猎：都柳江流域目前还有最后的一支持枪部落——芭沙。在这个村子里，成年男人是允许持枪的，在控枪如此之严的今天，芭沙能够被允许持枪应该满足三个先决条件：第一，从未用于战争；第二，从未用来伤人；第三，其文化性已超越其工具性。都柳江流域山高林密，经常有大型野兽出没，人们持枪一是为了防身，二是森林里丰富的动物资源也是人们生活中的重要资料。射猎的对象一般是飞禽和一些小型动物，如野兔、野鸡之类。

伏猎和捕猎：是通过事先挖好陷阱等待猎物"自投罗网"的一种捕猎技术，陷阱常有地下陷阱、地上陷阱和空中陷阱几种。地下陷阱通常是挖深坑或者是将铁钳放在陷阱内，地上陷阱是张网，主要捕的是地上跑的和土里钻的猎物。空中陷阱主要通过架设橛杆，先用木头架设起一个支架，在支架上绑定根竹子，将竹子弯成最大张力，用绳固定，一旦猎物到来，竹竿就是袭击的武器，这种陷阱主要针对的是飞鸟。

2. 狩猎工具的变迁

"变迁"的意思，从源头上理解是变化转移的意思。《新唐书·崔玄暐传》："开元二年诏：'玄暐、柬之，神龙之初，保乂王室，奸臣忌焉，谪殁荒海，流落变迁，感激忠义。'"明朝李贽在《和韵》之八："沧海桑田几变迁，深深海底好扬鞭。"如此理解，变迁就是从一种事物形态变成另外一种形态，原有的形态特点基本消失。清水江的狩猎技术如果用此概念解释的话，就难以对应得上，因为"两江地区"的狩猎技术至今依然能见到最原始、最朴素的工具。谈变迁，谈的是在原有工具基础之上的优化、补充。按其狩猎工具的阶段性，可发现如下特点。

棍：是一种原始的狩猎工具，是将大自然的木棍、竹棍等就地取材，应用到狩猎活动中，这在原始社会时期就已然应用，在今天的都柳江流域这种工具仍然可见。如在田里捕泥鳅，只用一根拇指粗细的木棍，木棍另一端有两叉的头即可。在河里捕鱼同样还是一根拇指粗细的竹子，将其一端削尖即可。随着社会的进步和材料的丰富，棍的外形会雕琢一些纹样，在棍的攻击头处会装上尖锐的铁器，一是加大攻击的杀伤性，另外也可保持工具的耐用性。

箭：都柳江流域狩猎中用箭的频率不高，但是在历史上却存在过。因为棍在应对一些小型动物时尚能发挥作用，但是一旦面对大型的、具有攻击性的动物，棍的缺陷就显露出来了。结合当地的资源特点，人们创造了一种远距离射程的箭，这种箭为竹制，将竹子劈开取其中一片，抛光，用文火熏三五道，增加竹片的刃性，在竹片两端绑上绳，利用竹片的张力制成弓，箭也是由竹制成，削成细长的矢，将其一端削尖，随着技术进步和材料的丰富，人们在箭头装上锋利的铁头，从而增加箭的杀伤力。

犬：犬作为狩猎的工具，是在人类驯化技术之上的应用，利用狗的嗅觉灵敏性，驯化其追踪的技能，为狩猎服务。

罗：指的是捕鸟的工具。《吕氏春秋·季春》："田猎罩弋、罝罘、罗网、餧兽之药，毋出九门。"《淮南子·主术训》："鹰隼未挚，罗网不得张于谿谷。"清朝吴伟业诗《松鼠》："终当就罗网，不如放山泽。"都柳江所张的罗为竹木结合，木架搭起一个较高的台，台上放置食物诱使鸟类入围，这种架子针对的是一些诸如白鹭等体型稍大的鸟。

网：为粗麻绳编织而成，在追踪猎物踪迹之前提前张网，这种狩猎方式在《周礼》里也有记载。《周礼·天官·兽人》载："兽人掌罟田兽……，时田，则守罟。"意思是猎物到来之前提前张网，由猎人在暗中看护，遇到猎物触网时，则上前提取。

枪：都柳江流域所用的枪为农民自制的猎枪，用迎宾的铁炮所剩的零散火药和细沙作为"子弹"。这种自制的猎枪一般针对大型猎物，小型猎物即便能打得下来也吃不了，因为细砂和火药射击进入猎物身上的状态是分散的，几乎散满猎物全身，难以清理，无法再作为食物。

二　溪沟捞鱼的原则及其技术变迁

（一）溪沟捞鱼的文化背景

侗族人会择泽而居，在以山地稻作为主要经济类型的条件下，侗族人生活的环境中有着丰富的淡水资源。都柳江的水不像咆哮的黄河，也不像宽广的大海，贯穿于侗族地区的均是温婉的涓涓江河细流，以水为象征的百越民族后裔，有着与水一般温柔的民族性格，在尊重水、利用水的习惯下，侗族人至今还操持着一种原始的溪沟捕鱼方法。

（二）溪沟捞鱼的原则及技术变迁

原始的捕鱼方法有很多，以竭泽而渔和安放鱼笼最为常见，此外还有架"鱼梁"，或者夜间叉鱼的方法，有一些河流域比较宽广的地方，也有少许人家养鸬鹚用来捕鱼。

在酷夏或者是秋收之后，人们会择一节河沟，从上游和下游之间截流，用工具将这一截沟里的水舀干，在水越来越浅后，河沟底下的鱼纷纷探出脑袋，此时的人们不需要多余的工具，徒手抓就可以抓到不少的鱼，通常情况下，人们会取一些较大的鱼，尚在产卵期的母鱼和尚未长大的小鱼人们会将它们重新放归河中，待来年养得很壮时才会继续捕捉。

还有一种最常见的方法是在河道中放置鱼篆，侗族居住的地方盛产竹子，人们就用篾编制成鱼身形状的捕鱼工具，在溪流中倒置鱼篆逆流于夜间放置，待清晨顺着溪流鱼篆里就自动钻进了不少鱼虾之类的水生动物。

除了捕鱼之外，人们还会到河沟里捕虾，拾田螺、拾蚌等。捕鱼只是原始社会阶段人们生活的一种补充，并不是食物的主要来源。

（三）溪沟捞鱼的工具及其变迁

捕鱼的工具类别非常丰富，材料主要分为竹、篾和棉、麻几类。按材料和捕捞方式进行工具的分类，都难以厘清其变迁过程。但是透过捕鱼的阶段和捕捞的场域其阶段性就比较清晰了。

侗族的捕捞尽管持续时间较长，即便是当下，在一些相对封闭的山区，人们依然保持着古老的捕捞方式。但是从生产的角度看，侗族最早的迁徙是沿河而上，在变动的过程中，人们只能从大自然直接获取，在这个阶段，捕捞的场域是江、河之中，需要的是面积较大的工具，诸如网之类。在人类进入了定居阶段，尤其是到了稻田养鱼阶段，因为鱼固定到了一定较小的、水比较浅的范围，在稻—鸭—鱼共生系统里，为充分考虑捕鱼工具的实用性和制约性，捕鱼工具也会有所不同。

河谷捞鱼时期工具：这一时期的捕捞工具主要是网和杆。网的利用在原始社会时期就已然出现。《诗经》里有诸多"结网而渔"的描述。《邶风·新台》记："渔网之设，鸿则离之。"《卫风·硕人》："施罛涉涉，鳣鲔发发。"①"罛"就是一种渔网。《诗经》中描述的捕鱼方法与当今侗族地区捕鱼的技术一样，是在河流中利用河道里的沙石就河道拦腰筑起一道水堰，在水堰中间或水流较急的地方留下一个口，将网支于豁口处，鱼顺水而下，自然进入网中。

稻田养鱼阶段：稻田养鱼阶段主要用到的工具是网篼、竹帘、鱼罩、鱼笼、瓢等，根据用途不同，工具的类别也不一样。稻田养鱼是在一个限定的区域养，需要涉及的工具包括捕捞工具，如"篼"、罩，还有鱼笼等盛放工具；拦截工具有鱼帘，主要用于滤水的同时又能将鱼拦截在自家田里；还有就是运输工具如瓢，这是都柳江地区用来运输鱼苗的工具，将成熟的京瓜开一个小口，去瓤，即成为皿。瓢的用途多样，捕鱼时用来运输鱼苗，也有在平时的劳作时用于盛放米饭，带到山上劳动时既能保温，又

---

① 　王力：《古代汉语》，中华书局 2010 年版，第 9 页。

能防灰尘、防虫蚁。

三　采集向田园种植的技术变迁

新中国成立后，侗族地区在实行家庭联产承包责任制后，土地都以私有化的形式分到了每一个具体的人身上，但是原始社会中的氏族和部落集体所有的形式仍然存在，即部分田地归为个人，所产出的作物均属于个人，其他人不得侵占；但是还有一部分共有财产如田土、鱼塘、山林、墓地，荒坡、鼓楼坪、斗牛场、牧场、河流等，均以集体共有的形式保留下来，为村寨和部落共有，集体土地里的作物哪怕是野生的可作为生活资料的资源，其他人也不可采摘，而是由集体组织采摘或者自愿无偿为集体服务。

采摘的活动一般由妇女承担，除了以婚恋为目的的采摘交往，男子很少参与采摘活动。根据季节的不同，上山采摘的作物也不尽相同。每逢春季，妇女们会结伴集体到山上采摘蕨菜、笋子，夏季和秋季也会去采摘一些野果和栗子，采摘的物品类别由季节决定，不作为主要生活资料。

在侗族大多数地区还有一些采摘的习俗，如第一次上山采摘回来的成果，要首先给老人尝，因为采摘是一种女性的活动，所以成果一般也由年长的女性来尝，以示在接下来的采摘中才能得到更大的收获。这些习俗都是原始社会女性从事采摘活动时留下的遗风。

原始社会的共同劳动、共同生活还表现在生产的互助上，以及劳动产品的交换和共享。如一些农事活动诸如犁田、播种、收割、砍柴、种棉、薅地等，人们会以工换工，不会计较技术高低，也不在乎劳动强度，只需口头说一声，就可以换工。

以生产资料集体共有、集体劳动的群居方式生活的侗族，至今仍保持着一些原始社会的生产方式，在生产上仍使用一种原生的并原始的手段。

第二节　明王朝南下屯兵时期的生产、生活技术

明朝时期，为了平定都柳江、清水江苗民的叛乱，明中央政府向此"两江地区"派驻了大量的军队。通过实施军屯制度，都柳江和清水江流域的社会、经济、文化、技术等都发生了较大的变化。随着军民关系不断缓和，战争转为生产，军与民之间出现了通婚和融合，"两江地区"的军民关系也从原来负面的对立关系走向了正面的交流与融合。

封建社会时期，中原地区社会经济最繁荣的时期当属唐朝。在这一时

期里，国际贸易破冰，经济、文化交往也日益频繁。在交往过程中，先进的生产工具和生产技术得以引进和更新。特别是到了五代时期，楚王马殷为大力发展农业和商业，采取了"退休兵农，蓄力而有待"，"铸铅铁钱"，"令民自造成茶，以通商旅"① 等措施。在宋代，融州到诚州之间大道的开通，扩宽了侗族与外界的交往和联系，带动了侗族地区的经济、文化向前迈进。但是，唐宋以前侗族地区的开化程度低，对外来事物还持保守态度，即便唐宋时期繁荣的贸易对都柳江地区也带来了一些影响，但是这种影响只是点，并不能推广到面，最重要的是这种影响并没有造成两江地区的社会结构、文化心理和认知结构改变。相反，明王朝屯兵政策的实施，深刻改变了都柳江流域少数民族地区的社会、经济、文化、心理、认知特点，尤其是新材料和新技术的引入，传统技术发生了较大变革。

一　农业生产和生活中的水利灌溉技术

（一）生活用水的提取和保存

关于人类社会集中供水的历史可以追溯到很早以前，"早在青铜时代，欧洲地区的人们就经常用木材将泉眼围绕起来供大家使用。他们还将木质圆筒打入地下不渗水的黏土层，以便储存偶尔收集到的雨水"② 。侗族聚居的地区在中国西南部，降雨量充沛，虽说拥着丰富的森林资源和淡水资源，但挖掘泉和井供集体用水仍然是侗族人普遍的饮水习惯。

都柳江流域淡水资源丰富，泉眼都很浅，故侗族人从来不钻井，都是通过手工挖井，井的形状多以方形和圆形为主，顺着泉眼往泥土深入挖井，通常井越深，泉水的质量就越好，口感就越甘甜，出水量也越大。井的容量根据饮水的人的数量而定，人越多，井容量也就越大；如果人不太多，那井的体积也相应地减小。在一个寨子里，不会只有一口井，根据居住的分散程度不同，人们会就近打水井，以方便人畜的饮水。最常见的寨子中间的水井深度为 2—4 米，四边井身宽度基本相等，为 2 米左右，泉眼通常在底部或者井身之上，在井的内壁会用石头或者木头砌一层，保护井内的泥土和杂质不会混入饮用水中造成污染。在井的上方会以半封口的形式盖上一块大石板或者建一个凉亭，一方面是为了遮挡落叶掉入井中，另一方面也是防止取水的小孩不慎落入井中，造成人身安全问题。在井外一侧，会竖一小木桩用来挂饮水用的水瓢和葫芦，为前来取水饮用的人提

---

① 《新五代史·楚世家》，中华书局。

② Charles singer 主编：《技术史Ⅱ》，潜伟译，上海科技教育出版社 2004 年版，第 473 页。

供方便。

图 3-1　水井

（二）灌溉用水的传输

侗族人居住的习惯是依山傍水建造民居，绕村寨周围开垦梯田种植水稻，属典型的山地稻作民族。因为农田有很大一部分是在山上，即使在平坝上的水田，其位置也比水平面要高。因此，利用自然资源将水有效地分配到需灌溉的土地上，是侗族人多年智慧和经验的结晶。

图 3-2　用工具分流的灌溉技术

在水田和沟渠上修分支水道是侗族地区灌溉的普遍方法。在山顶最高处的农田通常会终年蓄水，因为在山顶无水源，故只能"望天水"，也就是将雨水存起来，一则为自身耕种需要，二则作为积雨水的蓄水池，为山脊沿线的农田提供水源。

地处山谷里的农田，解决水源的办法是在农田的上游设拦水坝，以此抬高水位，再从水坝一侧修筑引水渠，引水灌溉。

在水量比较少的蓄水池或者水沟里引水，考虑到水在分支渠中会因为距离过远而被蒸发掉，所以人们也会采用一些密封的引水办法。到山上砍较粗的楠竹，去掉中间的节形成天然的密封管道，将竹子浅埋于地下，就可以实现水的密封运输，距离较远的地方，则多取几根楠竹两两相连即可。

（三）高山渡槽引水技术

在地势较高，无法用分渠引水的地方，农田灌溉则需要运用一些工具来实现引水的目的。水车是侗族地区河道里常见的引水工具，常见的水车有人力水车和水动力水车两种。

图3-3　水车

水车为圆形，直径根据所需引水的高度而度，分为外圆和内圆，外圆和内圆之间连接有支撑的骨架。内圆直径约20厘米，主要是用来安装转动轴，外圆边缘上等距侧斜固定着盛水的竹筒，在外圆和内圆之间会用藤子将支撑的骨架缠绕1—3圈，增加水车辐条的稳固性，以保证在水流过大的情况下水车不至于散架。

水车造好后，在农田和河道之间架设一个支架用于固定水车，在水流的作用下，水车会自然旋转，绑在水车外缘上的竹筒会灌满水，在慢慢抬起时会在水车最高处的位置将水再次倒出，顺着架设起来的水枧流到农田当中，从而实现对地势较高农田的灌溉。

二　野外放养的驯化技术

（一）野外放养的自然与文化支撑

早在宋朝，洪迈在《渠阳蛮俗》里对生活在这一带的人们的祭祀活动就有这样的描述："杀牛祭鬼……多至十百头。"[①] 在一个以血缘为纽带群居的部落中，一个祭祀活动就可以提供上百头牛羊，可见在当时当地，侗族地区的畜牧业就已经具有一定规模了。

侗族人常见的饲养动物有牛、马、羊、狗和鸡、鸭、鹅等，人们饲养这些动物的目的一是为了农业生产和运输，二是为平常的生活提供肉类食品。因此人们把精力放在农业生产上，对于传统的养殖业，基本上处于一种自然发展的状态，因此，野生放养是侗族社会早期的传统养殖方法。

图 3-4　设置在荒郊野岭的牛圈

对于畜类，丰富的森林资源可为这些动物提供充沛的食物来源，通常侗族人还是以集体群放的形式喂养，即一家家轮流放养，有人看守目的并不是为了防止家畜被盗，而是为了防止田地里的农作物被破坏，故为了放养方便，牛圈基本上都建在山上。家畜的食物均是大自然里的草、树叶，仅在农忙季节和冬季时才会由种植一些蔬菜为家畜提供饲料。

（二）家禽放养的技术及其变迁

家禽类的传统养殖方法基本也是采用放养的形式。家禽的饲料以人吃剩的食物为主，如剩饭，禽类成熟后即可成为人们所需的肉类、蛋类

---

① 洪迈：《渠阳蛮俗》，中华书局。

食物。

这一传统的养殖方法仅仅只将养殖作为一种副业存在于人们的生活当中，产量和规模难以得到保证。

三　早期的金属冶炼技术形成

（一）冶炼技术的形成

侗族地区的冶炼技术在唐代时就有了初步的基础。据《元和郡县志》记载：唐开元年间（713—741 年）、元和年间（806—820 年），思州、锦州就已盛产朱砂。《宋史·食货志》也记载西南州盛产的黄金以及一些稀有金属当时就闻名全国，其中分布在湖南的侗族地区如辰、沅、靖州等地出产的朱砂质量极好，可以用来提炼水银。[1]在北宋咸平年间，古州（今玉屏和新晃县）刺史通展给王朝纳项的朱砂和水银等贡品就达千两以上。[2]

由此可见，冶炼技术在侗族地区的发展就有了很长的历史。虽说侗族地区有着丰富的矿产资源，但跟外界的交往还是欠频繁，先进的冶炼技术引进不了，也推广不开，故都柳江流域的冶炼技术相对要落后很多。

（二）传统冶炼技术及变迁

侗族生活中对于金属制品的使用需求并不是很高，基本上只在一些农业生产用具上有少许需求，如犁头，锄头、镰刀等。人们所采用的方法是通过熔炼、加热和浇铸来制成人们所需的可用于凿、劈、切等的用具。这一技术的形成经历了两个阶段。

第一阶段，通过切、弯和在石砧或金属砧上用铁锤敲打使金属制品成形，这种方法的最大缺陷是浪费原材料，而且加工出来的器具也很粗糙。

第二阶段，人们在进行冶炼时发现一个重大的现象，就是在把金属原料加工成制品的时候，加热后的金属会变软，而在锤打过程中就会不断地变硬，而通过再加热，金属又会回到原来的状态，在加工的过程中，如果耗时较长，用火的过程也会变长，增加了加工过程的复杂程度。于是人们就开始使用模型浇铸的方法来制作所需的器具，技术改进后带来的最大益处是省略了煅烧的过程，同时冶炼还更便宜、更快捷。

---

① 《宋史·食货志》，中华书局。

② 《宋史·西南溪峒诸蛮上》，中华书局。

第三节 "皇木征办"时期的林业生产技术

1840 年，鸦片战争失败以后，中国就开始从封建社会一步步沦为半殖民地半封建社会。侗族聚居区位于中国的西南隅，这里还蛮荒未开，所以半殖民地半封建社会衍化过程还相对较为迟缓，但在"咸同"年间农民大起义后，侗族地区也正式沦为半殖民地半封建社会。

一 "皇木征办"时期的都柳江社会格局

（一）"皇木征办"时期的清水江社会格局

元朝末期，明王朝建立之后，为恢复和发展生产，统治阶级采取了鼓励农民垦荒、大力兴修水利和移民新区等政策。洪武十三年（1830 年）以后，江西吉安一带的汉族人民就开始迁入侗族地区，汉族人的迁入，带来了先进的生产工具和生产技术，同时也增加了劳动生产力，极大地促进了侗族地区的生产和社会进步。

据《晃州厅志》记载："洪武年间，仅沅州府属晃州（今新晃侗族地区）巡司，就开凿了笙竹、南溪、莫家村、清水、石门大堰塘。"① 水利工程的广泛修筑，改善了农业生产落后的状况，粮食产量得到了空前的提高，促进了农民的增收。

但是，人们在享受汉族人口迁入带来的新工具、新技术的益处外，汉族地区高利贷的剥削方式也进入了侗乡。在洪武年间，民间流传着这样的歌谣：

> 洪武年间，
> 来了汉人，
> 他们放债各样，
> 另有规章，
> 一年收二，
> 两年赔偿，
> 逼得母亲哭得眼睛肿，

---

① 道光五年《晃州厅志》。

逼得父亲神昏智伤。

......①

　　在高利贷下，人们过着衣不蔽体、食不果腹的悲惨生活。不仅如此，在西南地区，中央统治王朝为了对少数民族实行特殊管理，在西南地区实行土司制度，通过"以夷制夷"的方式实现对边疆少数民族的管理。所以，侗族人民在此期间还得承受沉重的土司赋税和劳役，除了为土司生产外，劳动人民还需要向他们交纳棉花、布匹、牲口甚至野外捕回来的猎物。

　　封建社会中期的这种剥削制度在进入半殖民地半封建社会后进一步恶化，地主和资产阶级对农民的剥削比以往加重。就地租而言，农民向地主交纳实物，从明朝时期的"主四佃六"变成了"主六佃四"，不论收成好坏，都必须向地主交纳租税。据《苗疆闻见录稿》记载："凡遇青黄不接之时，借谷一石，议限秋收归还，则二三石不等。"② 当地人称此为"断头谷"。当农户还不上租税时，只有变卖祖产，甚至卖儿卖女到地主家当佣人。

　　在这样的社会条件下，劳动生产者没有进行技术和工具改造的主动权，因此，农业生产技术的发展一度陷入停滞。

　　（二）"皇木征办"时期的都柳江经济与技术特点

　　1. 加强贸易中的流通渠道建设与治理

　　侗族文化生态圈地处黔岭腹地，自然人文资源富集，但长期以来因教育水平滞后，地区的资源开发与转换力度非常之弱。清朝时期，受明朝"王化"统治的影响，清政府和地方也注重贸易中流通渠道的治理，具体手段包括重点治理都柳江、清水江、舞阳河几大流通渠道，改革屯政，以及兴办邮电事业。

　　首先，河道治理。

　　都柳江、清水江、舞阳河是贵州连通湘、鄂、豫、皖的重要通道，也是商品流通的重要渠道，雍正七年（1729年），云贵总督鄂尔泰在黔东南推行改土归流，贵州巡抚张广泗在镇压侗族等少数民族的反抗中，为了"以济军需"③，便令清军修凿都柳江以上航道，也是最早关于都柳江河道治理的记录。尽管都柳江、清水江、舞阳河的治理最初是为军备所需，但

①　《侗族简史》，贵州民族出版社1985年版，第50页。
②　《苗疆闻见录稿》（下卷），贵州民族出版社1983年版，第13页。
③　《侗族通史》编撰委员会：《侗族通史》，贵州人民出版社2013年版，第172页。

是这些河道在经济贸易中的作用依然十分明显。乾隆三年（1738 年）八月，贵州总督张广泗在奏请开都柳江的航道中的奏文中写道："黔省地方，镇远以上，自昔不通舟楫。查自都匀府起，由旧施并（秉）通清水江，至楚属黔阳县，直达常德；又由独山州属之三脚屯达来牛、古州，抵粤西属之怀远县，直达粤东，乃天地自然之利。请在各处修治河道，凿开纤路，以资挽运而济商民。"① 在这份奏章中，张广泗提出了河道在商业往来中的重要作用和意义。

其次，改革屯政。

明清时期，为了镇压苗民叛乱，中央王朝在贵州、湖南、广西等地设立屯堡、卫所，实行中央王朝的直接管辖，其作用除了镇压苗民的反抗斗争的同时，还强化了军事化统治。为了加强地方的统治，也为了缓解官民的紧张关系，乾隆元年（1736 年），贵州总督兼巡抚张广泗奏称："雍正末年征剿古州，以数省兵力办理，一年深辟险远之地，兵威无处不到，剿苗八寨有奇。凡经附逆之寨，逐为稽核。有十去二三者，有十去五六或八九者。统计现存户口较之从前未及其半，所有绝户田土实多。"② 针对"绝户田土"，朝廷决定加以垦种，但是由谁垦种、如何垦种，朝廷的意见不尽统一。针对这一问题，时任湖广巡抚杨凯认为："逆苗田产，只可赏给有功之苗，不可赏给弁兵乡勇，以启后患。"③ 对于种种建议，乾隆帝均不赞同，对于处理结果，在乾隆三年（1738 年）谕："与其招集汉民，不若添设屯军，无事则尽力南亩，有警即可就近抵御。其安设屯军，于额设防汛兵丁外，就田亩之多寡，酌量添设，则苗疆驻扎之兵数较多，而兵气自奋，且省添兵之费。"④ 尽管"绝户田土"不能交由苗民自主垦种经营，但是由屯军开垦后，中原先进的工具和先进的生产技术在都柳江腹地得以推广开来，传统的生产模式和生产技术得到了很大的提高。

最后，兴办物流、仓储等邮政事业。

江上贸易与交流的发展，极大地促进了公文、物资、人员的流通。为了保证流通的人、财、物得到保障，清政府对驿站、铺递的建设也十分重视。尽管驿站建设从明朝就开始，但是最早仅仅只是用于传递公文。到清朝，中央王朝承接了明朝的驿站制度，并进一步加强，驿站的管辖仍直辖

---

① 《侗族通史》编撰委员会：《侗族通史》，贵州人民出版社 2013 年版，第 173 页。

② 同上书，第 183 页。

③ 同上。

④ 同上。

于道员，传递的物品已由单一的公文扩大到物资流通。物资流通扩大对交通运输的能力需求也有所提高，有些囤就专司养马驯马。明清时期贵州的石阡府城南十里的十万囤就是"营汛马厂，圈存量近百匹"，以供驿站邮递的民用和战时的军用。也正因如此，朝廷十分重视马作为重要交通工具的养护，并明文规定如若有养护不力造成马匹死亡或病、瘦者，要处以重罚。康熙五十四年（1715 年）复准："各省运米马骡，如原购州县，不加以喂养，以致疲瘦者，皆照解送军前马匹病瘦例议处，嗣后如疲瘦五十匹以上者，将该管道府官罚俸三月，百匹以上者罚俸六月，百五十以上者罚俸九月，二百五十以上者降一级留任。三百匹以上者降一级调用。"①

清朝所置"铺递"，其性质与"驿"一样，通常十里设一铺递，安置有铺兵、铺丁。铺兵主要司公文传递，在传递物资时，可视需要增设健夫。乾隆二十年（1755 年），黔阳铺就奉文增设健夫二人，以"走递紧要公文，限昼夜行二百里，每人岁给工食银十二两"。

2. 反抗斗争后奖励垦荒，改革社会经济政策

清中后期，由于官府大规模征收、暴敛和土司的苛虐，侗族文化生态圈内在雍正、乾隆和咸丰、同治时期分别发起了几次较大的反抗斗争。其中最为有名的是由姜应芳、姜灵芝领导的起义和梁维干、潘通发领导的反抗斗争。尽管经过 20 余年的农民斗争，封建王朝受到了严重的打击，加速了腐朽王朝没落的进程，但是长年的战争也导致"两江流域"社会秩序和生产秩序遭到严重破坏，人口锐减，土地荒芜，人民生活在水深火热当中。反抗斗争结束后，朝廷为了稳定社会，也为了巩固封建政权，遂出台了鼓励人民垦荒的政策，大力发展社会生产。顺治十六年（1659 年）四月，清廷为了扶持贵州苗民恢复农业生产，于是颁诏："发饷银二万两，借苗民牛、种。"② 朝廷的亲民政策促进了囤军与当地居民关系的缓和，日常的往来也有了破冰之势。虽然朝廷的诏书只显示给苗民提供牛、种子，但实际上还提供了大量的工具，屯兵与苗民的往来，一些新的技术也有了一定的交流共享，屯兵也对苗民传统的生产工具进行了一些创新性的改革，如苗民传统农耕工具以木制为主，屯兵就在原有生产工具的基础上增加了钢、铁部件，使农具得以优化，大大提高了生产的效率。改良生产工具的推广，又促进了都柳江流域冶炼技术的提高，铁器的用途在都柳江流域少数民族社会中得以推广。

---

① 转引自《侗族通史》编撰委员会《侗族通史》，贵州人民出版社 2013 年版，第 177 页。
② 同上书，第 229 页。

反抗斗争结束后朝廷实施的奖励垦荒政策，促进了社会和技术、工具的良性转变的同时，也促进了苗民发展生产的积极性，这主要表现在朝廷除了奖励苗民垦荒外，还出台政策与民休息，具体政策包括蠲免钱粮、严禁私派、减轻徭役、赈济饥民、赡养老人等。康熙八年（1669年）十一月二十五日诏："内开康熙元、二、三年各直省地丁正项钱粮拖欠在民不能完纳者，该督抚查明，奏请豁免。"①"安民政策"最明显的效果是加强了抚民政策，如赈济饥民和赡养老人，这给了当地苗民人性化的安慰，对于当地社会对朝廷的归化打了一针"强心剂"。顺治十八年（1661年）正月初九，诏内开："军民年七十以上者，许一丁侍养，免其杂派差役；八十以上者，给予绢一疋，绵一觔，米一石，肉十觔；九十以上者，倍之。"②

社会安定后，人们也能安心投入到生产、经营中，反抗斗争结束后，林业、商业、农业有了极大的发展，经济、贸易发展带来的最明显变化是人们对技术和工具的创新，扩大生产的同时也促进了技术的提高，促进了都柳江、清水江两江流域的整体发展。

二　木商经济带动下的社会与技术变迁

都柳江、清水江流域同属于侗族文化生态圈内，均是以林业经济为主的农耕经济社会，在技术上、文化上具有较大的相似性。以木材为主要经济的贸易，表面上带动的是经济发展，本质上却带动了一个地区社会、文化、技术的发展和变革。"木商经济带"的繁荣发展，物资与人口的快速流动，致使两岸少数民族社会结构发生变化，尤其是促进了交易与买卖契约修订、营林技术的改进、武力防卫以及教育的发展变革。

早在清乾隆、嘉庆年间，托口就已成为重要的贸易市场，贸易以木材交易为主，贵州70%的木材都是经托口外运，木材贸易量在交易的高峰时期，汉、徽木商用银成担，年成交银两最高达300万两；直至20世纪30年代，木材交易每年还保持在九十多万立方米。木材贸易的发展也促使了其他产品的交易，各地的"水客""山客"汇聚托口，下游载运盐、粮、棉、布和铁器的商船也相继逆流而上，因此托口成为"两江地区"（即都柳江和清水江流域地区）重要的商品集散地。

---

① 《黎平府志——食货志·蠲恤》，第三卷。

② 转引自《侗族通史》编撰委员会《侗族通史》，贵州人民出版社2013年版，第233页。

（一）文斗——木商经济带的缩影

文斗是清水江边的一个村寨，也是木材贸易的重要码头。自古以来，文斗人都是靠江边打鱼、行船、放排生活，清水江是文斗重要的交通通道，也是人们生存资料的主要来源。文斗，苗语称"ean-dou"，意思是山岭上长满葱茏的树木之意。有学者对文斗之名进行解释，认为文斗取意《史记·天官书》"斗为帝车，运于中央，临制四乡，分阴阳，建四时，均五行，移节度，定诸纪，皆系于斗"。即文斗是区域政治、文化、经济的中心、核心。但是，从地理位置和政治、经济待遇来看，文斗只能是区域经济中的一个组成部分，并不能视为政治、经济的核心。所以，学者所认为文斗取意"北斗"并不客观。通过调查发现，文斗坐落于莽莽青山之间，有着极为丰富的森林资源，当地的树种十分丰富，其中不乏大量的珍稀树种，而且有些树龄已十分久远，其中有树龄达1000余年的古银杏，还有大量高达三十多米、胸围达6米多的古红豆杉。所以文斗其意应该就是苗语中"树木繁盛之岭"之意。

据文斗所在乡镇的统计数据（三板溪电站蓄水前），该村所辖总面积15991.2亩，耕地面积1447.05亩，人均不到1亩，水域面积250.05亩，林地面积12425.8亩，人均可达8.2亩。在三板溪电站建成后，水位上涨，水域面积大幅上涨，但耕地和林地面积却相对下降，尤其是耕地面积在电站蓄水后水路断截而修陆路被占用，人均耕地面积越来越少，由此带来的后果是人们对森林越发依赖，有限的林、地资源要满足不断增长的人们的生活需求，只能不断地改进生产技术，通过技术的改良提高林、农的收益，因此当地也会在村规民约、民俗以及个体行动中加强森林资源保护。

1. "皇木之乡"带动的木商经济

"两江地区"两岸盛产木材，森林的长势在一些族谱及其他文书里都有记载。锦屏卦治《龙氏族谱》记："元仁宗皇庆（1313年）龙氏开发此地，古木丛生，倒悬挂技，遮天蔽日。"① 文斗地处清水江边，两岸是延绵的山岭，同样覆盖着面积庞大的森林。在文斗姜氏族谱里记："在元时，丛林茂密，古林荫稠。虎豹据为巢，日月穿不透，诚为深山箐野之地。"② 自古，人们通过将木材扎捆成排，沿着清水江这条黄金水道，把"两江流域"的木材通过水路源源不断地向荆、楚、江、淮等地输送，形

---

① 见卦治《龙氏族谱》。
② 见文斗村《姜氏族谱》。

成了一条"水上丝绸之路"（图3-5），卦治、王寨、茅坪成为木材贸易的重要交易市场。

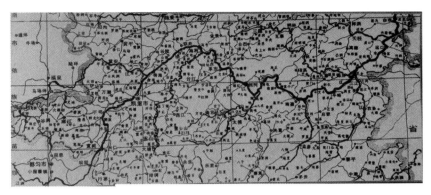

图3-5　清水江流域地图

　　明嘉靖、万历两朝，京城修建当时的皇宫，也就是今天的故宫，需要大量采购木材，遂派官员纷至四川、湖广、贵州等地进行收集，采办修建故宫木材的官商巡至文斗，看到"内三江"（即卦治、王寨、茅坪三大码头）繁荣的木材交易和上等的木料，特别是有清水江这一便利的木材运输渠道，就把"两江地区"作为"皇木"的定点采集地。到了清朝时期，直接把文斗作为"皇木"的重要供应点，每年由地方和官府亲自挑选，运至京城，作为定期的纳贡。乾隆十二年湖南发巡府部院在向工部"为请定稽查办木之延迟以示公务事"的奏文中说："湖南每年额办解京楠木二十根，断木三百八根，架木一千四百根，桐皮槁木二百根。"① 单从奏章看湖南地区进贡的皇木不多，但其材质要求却非常高。如楠木须长六丈，头径四尺五寸，尾径一尺七寸；架木长四丈八尺，圆围一尺六七寸等。

　　由于木材贸易的繁荣发展，外来人口流动也不断加大，使一些新的理念、技术、资金和文化不断地带入"两江地区"地区，文斗也是如此。为了方便进行贸易，人们接受了外来语言，更多的苗、侗同胞开始使用汉语和本民族语言，同时在家庭内部有意识地进行双语教育。在木商经济带动下，人们的资源意识和经济意识不断提高，制度文化也不断完善，人们会用契约文书对林权登记、经营管理、租佃买卖、借贷典当、砍伐管理以及纠纷调解等多个领域进行记录在册，通过纸质文书、碑刻、木刻、神判

_____

　　①　见清水江文书《官府告示》。

警示牌等多种方式传之后世。

由于木材的大量外销，在清水江沿岸社会内部激发了人们营林植树的积极性，同时也扩大了当地对诸如斧、锯、刀、犁等生产工具的需求。外来人口的增多促进了当地生活方式的变化，也催生了一些新型生活用品的需求，如锅、鼎、罐、缝衣针等生活用品，最为重要的是当地所需的食盐，都是通过清水江木商贸易带动从外引入，故在各个码头，经常会看见一些外来的货郎、驿站、小摊位在兜售外来小商品。由于"两江地区"陆地交通发展缓慢，文斗村2000年才通电，2010年下半年才通公路，而且还只是机耕便道，不仅路面窄、路面不平，而且没有护栏，两岸悬崖峭壁，极不安全。此外没有汽车，少数民族外出进行商品交换时只能翻山越岭几十里甚至上百里，一去就是两天以上。所以木材交易的码头也出现了诸多会馆、饭庄、驿馆、茶楼等。

图3-6　黎平两湖会馆

木材贸易带动下，"两江地区"经济在三板溪电站截流前发生了结构性的变化，由经济的结构变化带动了当地社会结构变化和文化结构的变化。

2. 木材换人才的教育理念

文斗村辖上寨、下寨和河边三个行政村，总人口不足 2000 人，然而这一个村培养出来的文才武将比例非常之高，这得归功于当地人们对人才培养的重视。

木材是"两江地区"的核心经济产业，人们十分重视森林的培育，同时"十年树木，百年树人"的理念也深置于当地人的思想中，人们重视人才培养过程中的教育，从明清时期开始，有钱人家就会聘请先生开办私塾，到后来经济水平普遍提高后，就按"人七劳三"的分配办法从集体的木材贸易收入来投入到教育中，尽可能地兼顾到全村青年人的教育。文斗村靠近江边，木材外销可以占据优势，但营林植树却是一个地区共同的事业，需要大量的人员到本村开展营林、护林。对于这样的群体，文斗村也不忘对他们进行帮扶，远离江边的隆里司等村寨就曾接受过文斗村资助办学。进入改革开放年代，家庭联产承包责任制取代了集体经济，尤其是国家天然林禁伐后，"两江地区"森林限伐，整个地区经济急速下降，到了三板溪电站投入建设截流，当地民族地区村落被边缘化，经济一下子陷入瘫痪。即便如此，村里的办学和助学热情依旧没有减少，没有集体资金支持，就由当地在外工作的和经济相对宽裕的人捐资助学，鼓励当地的青年人多读书。目前文斗村仍然保存捐资助学的组织和传统，制定有严格的资助对象选拔和资金的筹集与管理制度，文斗村"步步高"奖学金在 1998 年修订实施，鼓励本村考取高中、中等职业院校和大学的青年人，以奖励金、资助金和借助金方式按不同金额、不同类别发放。

木材经济带动下"两江地区"经济结构出现多元化特点，人才成长也呈多元化趋势。从明清以来，当地学有成就的人也很多，在各行各业颇有成就的人也很多，行政系统最高官职的有厅长、区长；军队系统的最高级别达师级，高校系统的最高为大学副校长，此外还有医师、教师、法官、经济师、作家等诸多人才。① 一个不足 2000 人的村庄，靠读书走出大山并取得较高成就，这都归功于当地长期对教育的重视。

文斗村从明清以来，教育内容除了儒学外，最多的就是军事教育和经济、文化教育。因为"皇木"之需求，大量的朝廷官员不时到文斗村采购征办，"学而优则仕"的思想也就随之带入"两江地区"，于是激发了人们的学习积极性。此外，当地尤为重视契约文书的修订，大量资金贸易也催生了经济方面的内容学习；最为重要的是，木材贸易带动资金、物产

———————————

① 摘录于文斗村"步步高"助学金倡议书。

交换，使当地匪患不断，武力对抗成为当地教育的一大内容，于是也促成了一些武装世家，故在军队系统有成就的人也很多。

3. 民间自卫的军事联盟——"三营"

清朝嘉庆年间，是"两江地区"木材贸易的鼎盛时期。大量的外商进村收购，促进文斗人工造林、育林的积极性的同时，也促进了当地经济的转型，田地、林地、木材的租赁、买卖现象也越发频繁，但与此同时带来了社会结构、意识形态的变化。由于林地、耕田分配不均，尤其是外来商人的利益驱使，在清水江沿岸地区时常出现掠夺、抢占等暴力行为，经常发生冲突和流血事件。为了保护地方和平、保卫自己的财产，由文斗村几个自然寨的强壮村民组织成了一个当地的武力联盟——"三营"。

"三营"是清水江沿岸的一个区域自卫联盟，其组成上自瑶光，下至平略沿河一带。"三营"自成立以来，一直以其善行和英勇被广为传诵。光绪十九年当地一位官员为"三营"修史时就写道："我三营自咸丰、同治以来二十余载，军需父老，枕戈露宿，富者贫，贫者贱，憔悴莫堪，何又可使之湮没无闻哉?"①

清水江"三营"最初只是一个村寨的武装联盟，其目的是保卫本地的人员和财产安全，其经费来源按村寨集体财产"十抽一"进行拨付，运营成效很明显。随着人们"投保"的需求越来越大，有山林、银矿、码头的地方，商人愿意支付一定的成本求得"三营"保护。于是"三营"的护卫区域不断扩大，队伍也不断壮大。不仅民间的护卫需要"三营"，后来的官府也将一些重要的战事委托给"三营"。到咸丰六年，由原来的一支队伍分解成由姜吉瑞带领的上营、由姜含英带领的中营和由姚廷桢带领的下营。"三营"同属一个系统，只是护卫区域不同而已。"三营"有严密的组织规范和分工制度，对当地贡献明显，深得当地老百姓拥戴，民间统称这支队伍为"三营"。

"三营"除了惩奸除恶、保一方太平之外，还注重后备力量的培养，在无战斗任务时，还对村寨的一些后备力量进行军事方面的训练和教育，训练马帮；农闲时还帮助铺设石板路、取石，此外还会帮助地方做一些森林培育，农耕时提供帮助等。"三营"的成员多是父子兵、兄弟兵，"两江地区"少数民族按血缘为纽带的群居方式，使"三营"的军事护卫成为一些家族的传统，也因此造就了不少军事世家。"三营"最初根据地的文斗，一直以来文斗村在军队系统中出了不少卓有成就的人才也是有源可

---

① 调查时得当地退休干部姜高松老人口述记录。

循的。

（二）清水江文书——木商经济中的社会契约凭证

清水江文书是"两江地区"保存至今的以林权交易为主的文本，其形式包括契约、账册、山林登记簿、乡规民约、族谱、诉讼档案、纠纷调解协议、官府告示等，涉及的内容包括山林田地租佃买卖、经营管理、砍伐发卖、借贷、典当、婚嫁、抚养、继承、分家、纠纷调解等各个领域，覆盖经济生产、村寨社会管理、家庭内部管理等方面。清水江文书系统地反映了清水江自明清以来的以林业经济为核心的政治、经济、社会、文化、生活等历史变迁过程，是进行清水江诸多领域研究的重要历史文献。

清水江文书从目前已收集到的契约进行分类，主要包括林契和田契两大类。清水江文书充分体现了在"两江地区"民间法治和以林业经济为核心的自然经济模式。透过清水江文书，可探见在"两江地区"的社会、经济结构，在区域经济、政治格局下的少数民族社会结构、特定经济中的法治水平，以及频繁流通下的少数民族族群关系。

1. "两江地区"的民治与法治

"两江地区"自古以来因其险峻的地势和边远的地理位置，当地荒蛮未开。正是如此，民间的组织制度一直以来对民间的治理都发挥着较大的作用。款组织、寨老组织、"卜拉组织"一直承担着村寨与族群内部的治理，包括生产建设、武装防卫、纠纷调解等。由款首、寨老或"卜劳"作为主持人，秉公制定规划，实施奖罚，通过理讲、讲款的方式颁布集体认定的制度、规章。讲款是由各小款区款首聚集到大款区，形成款制，然后由小款区款首到各自款区进行宣讲，将制度下达，让每一个款组织内部的人共同遵守。寨老和"卜劳"的性质大体相同，但是又有一定差别。"两江地区"少数民族多属百越民族，长期以来人们形成了一种以血缘为纽带的群居方式，通常一个村寨就是一个血缘家族，一个血缘家族也就是一个"卜拉组织"。但是，"两江地区"气候恶劣，极端天气频繁，也会有一些较小家族和家庭投靠大的村寨，以"异性房族"的形式入族；还有一些家族过度庞大，为便于管理而分为一个村寨内的多个"卜拉组织"，实行分级治理。所以可以说一个"卜拉组织"是一个村寨，但不能说一个村寨就是一个"卜拉组织"。

款组织、寨老组织、"卜拉组织"的款首、寨老和"卜劳"均由集团内部选举产生，拥有绝对的权威。《贵州图经新志》就有记载："苗（苗族侗族在清水江、都柳江一带统称苗）人性狠不驯，有所争，不知讼理，

惟宰牲聚众，推年长为众所服，谓之乡公，以讲和，不服即相仇杀，久之
欲解，复宰牲聚而论之，侏离终日，负者词穷则罚财畜以与胜者，饮酒血
为誓。"① 可见"两江地区"民间治理与调解是通过主持人和中人、众人
等行头谋讲的方式进行。但也有调解不下，各执一词、各说有理的情况，
当遇到这种情况时，就采用"鸣神"的"神判"处理方式，在清水江文
书中有就载："神祇灵矣，诉断分明，兹恶理灵。今当□姚绍先、石禄、
黄昌文、龙锦胜、周继武、雷萧天。诛恶无存，抑强扶弱干混事，口吐鲜
血，全家俱忘，降伊灭绝，□免后，争傲来后效善护安宁，良民有业未争
致争侵，兹圣力巨殿神功有验，诛恶除根，民等善永沐。"② 有关民间治
理的内容在清水江文书中所占比重偏多。

　　实录：嘉庆二年（1797 年）文斗上下二寨同盟防盗文书：
　　立同心字人文斗上寨姜仕朝、姜士模、姜廷魁、姜大相、下寨姜
周杰、姜柳晓、姜朝琦、姜宗德等，为因近日盗贼甚多，人心各异，
若不同心，难以安靖。所以寨头相约、地方虽分黎、镇，莫若同心同
意，实有益于地方。今自同盟以后，勿论上寨、下寨，拿获小人者，
务宜报众。倘私和受贿，众人查出，纸上有名人等同心不得推诿。恐
其出事，寨头承当。口说无凭，分此同心合约各执一纸为据。
　　（半书）合同一样
　　　　姜廷望笔
　　嘉庆二年七月十七日　　　立

　　明清以后，中央王朝开始实施"王化"策略，"两江地区"由外化渐
次融入国家体系中来，国家制度与地方习惯法之间出现了较为明显的交叉
与冲突，出现了"三十年一小乱，六十年一大乱"的武装冲突。明清王
朝的"王化"策略虽然破坏了清水江地区长期以来形成的坚固的民间自
治制度，但也给民众提供了"鸣官"的政治资源。
　　在明清王朝进入清水江之前，当地一直处于无讼的状态，即便是中央
王朝的统治在清水江地区实施后，无讼状态也持续了很长时间，这主要原
因是汉人进驻清水江地区后，实施的是军屯卫所制度，其根本目的是镇压

---

① （弘治）《贵州图经新志》卷一。
② 张应强、王宗勋主编：《清水江文书》（第 3 辑第 3 册），广西师范大学出版社 2001 年
　　版，第 429 页。

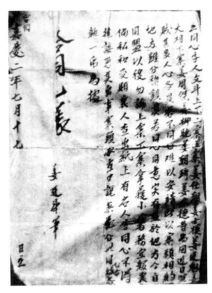

图 3-7　防盗文书

苗民而非帮扶。"两江地区"一些史志编纂者就曾批评过："各军卫徙自中原，因沿故习，用夏变夷等此焉，恃彼至愚无知者，或及见变于夷，重以江右、川、湖，虽商、流徙、罢役、捕逃，多为奸诈，诱群酋而长其机智，而淳朴浸以散矣。"①

在中央官治进入"两江地区"后，当地的文书类别中开始出现了官文、告示、批文等形式。对清水江地区的治理逐渐采用了官方的律法，如清朝时期的《大清律例》，这样的文书也尚存许多。

（实录）光绪十八年天柱县督催各寨业户将白契赴辕投税文书：

钦赐花翎即补清军府署镇远府天柱县正堂金

为札饬督催赶办事，案据该绅守等以再恳酌减等情公禀到县，除原禀叙入告示，饬差各处张贴，并通饬各里绅首一体督催赶办外，合亟札敕，为此札仰该团绅等遵照，札到立即督催各寨业户，务将买田房白契赶紧赴辕投税，切勿仍前观望，隐匿其有税价。本县俯从该绅首之请，格外轸恤民艰，定章减为每千收钱十三文，外加本署纸、笔、房费等钱二文，团绅经手盘费钱三文，绝不格外索取，抑且随到

_____

① 《中国地方志集成·贵州府县志辑》第 1 辑（嘉靖）《贵州志》卷三，第 266 页。

图 3-8　官方告示

随印，并不稽迟时日。倘各业户敢隐匿抗延，准该绅首指名具禀，以凭提究。该绅等务须，实心赶办，勿稍徇延，切切，特札。

右札仰循礼上团绅姜恩成、刘荣邦、龙露森、姜登泮、姜超贵
准此
光绪十八年十一月廿一日　札

2. 以林业为主的综合经营

"两江地区"在明清以前，森林资源只是人们稻作生计方式外的一种补充，供人们狩猎、采摘之用，对木材最大的消费就是造房建舍，因此活立木的存储量非常之庞大，材质也非常精良。直至明朝永乐年间，朝廷派"皇商"和征办到"两江地区"大量征集修建皇宫的"皇木"，使清水江上向外输送的木材越来越多。因为"皇木"的向外流通带到了民商的兴盛，除了官方征办以外，各地商帮也纷纷进入清水江核心区域进行木材贸易，包括营林、砍伐、运输、林粮兼作等，用工量增大，因为外来人口也越来越多，不仅有"两江地区"的居民流动，还有湖南、江西、福建人等也纷纷来到清水江地区生产、贸易，甚至安家落户。因为贸易量的加大，资金流通也加快，林地、土地的利益分配和产权变更也变得越发频繁，故出现了大量的林权、地权买卖、转让、佃山造林等契约文书，目前

锦屏县统计发现的就多达 10 万份。① 林、地权变卖、租赁等契约文书中，中人是一个核心人物，是在日后凭据等物证丢失后可提供的人证，是契约签订的见证，也是中间的裁判者，在契约文书中会以"凭中、度中"等词加以注明。

　　嘉庆七年文斗上寨龙香蔼卖田文书
　　立断卖田约人上寨龙香蔼，为因要银用度，无出，自愿将先年买得本房姜光周之田一块，地名鸠休，姜士昌下坎，请中出断与下寨姜映辉名下承买为业。凭中议定价银十一两整，亲手领用。其田任凭买主耕种管业，卖主房族弟兄并外人不得异言。如有来历不明，卖主理落，不干买主之事。恐后无凭，立此断约存照。
　　凭中：吴映陆
　　代笔：姜廷魁
　　嘉庆七年六月初三日　立

　　除了买卖契约文书外，林、地的租赁、典当凭据也很多。典当是一种介于买卖和借贷之间的交易。买卖是卖方对所有财产以终止性所属交付与买方，但典当的指向性较为模糊，也就是卖方转让出财产一定时间后，可以向新的产权人提出找价或者赎回的要求。

　　乾隆四十三年（1778 年）姜起相典田文书：
　　立典田约人姜起相，为因家下无银用处，自请中问到姜士朝名下承典为业，其田坐落土名大风坡，凭中议定典价银二十七两整，约和二百余□，不拘远近相赎。每年即已愿和收一百七十□整。其田自典之后，任从银主耕管种栽，族□远房不得异言。如有异言，任从典主向前讲理，不与典主何干。恐口言信不凭，立此典字为照。
　　内吊（掉）五字
　　凭中：龙因保
　　亲笔　姜起相书
　　乾隆四十三年五月初二日　立

　　对清水江文书考古还能发现当地林业综合经营的一些实证。营林的

---

① 王宗勋：《锦屏民间林业契约征集情况》，《贵州档案》2003 年第 3 期。

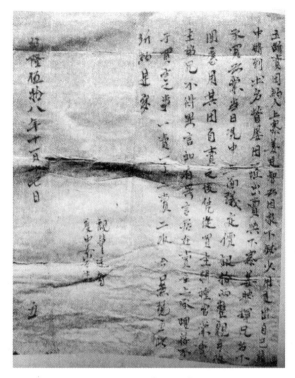

图 3-9 典田文书

经济产品不似稻作产品单一，除了主营的活立木以外，林副产品、天然动植物产品、野生药材、人工种植的药材等收益也十分可观。所以，在清水江文书中，就可以看见诸多的"种栗栽杉、种地栽杉"的综合经营的字样。

　　嘉庆十七年杨文泰佃山分股文书：
　　立合同字人，本寨合龙，为因年，招会同县杨文泰到江道冲上坎，原议定种地栽杉，地主姜合龙，姜生龙名下三股，合同名下一股半。今礼杉木承林二，此各立合同二纸，各收一纸存照。
　　凭中　姜生龙
　　代笔　姜氏爵
　　(半字) 合同为据
　　嘉庆十七年七月二十六日　立

图 3-10　分股文书

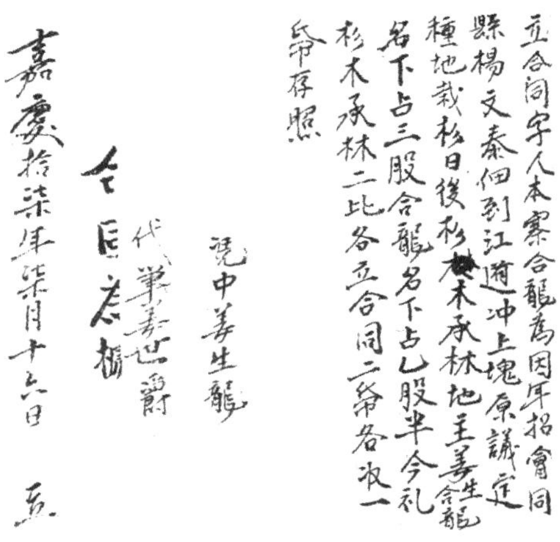

图 3-11　合股文书

3. 清水江文书中的族群关系

"两江地区"的族群主要有两大类：一类是当地的世居少数民族，另一类为外来民族。外来民族从其迁入的时间和类别又可以分为两类：一类是明朝时期南下屯兵的以汉族为主的外来族群；另一类是清朝时期由于木商经济繁荣，一批批外来的以经商或到当地垦荒、植树、造林的族群，前者因为本着"征服者"的身份，以镇压苗民①叛乱为目的来到"两江地区"，故对当地世居少数民族是百般歧视，以高压、暴力的方式与当地少数民族进行交往，所以当地人对这一类人群普遍有逆反心理，在交往中表现出规避、防备等行为；后者是到当地经商、佃山造林的外来人口，因为这类人群地位低下，而且能为当地经济发展起到促进的作用，当地人对他们的包容度很高，但是因为这类"来人"（意为外地讨食而来的穷人）地位低下，拥有的资源不多，所以常被地主剥削。因为人群类别不一样，故族群关系也表现出不一样的特点，这在当地的一些机构和清水江文书中能明显地看出来。

首先，外来民族与世居民族的关系——互不交往。

恭城书院坐落于清水江下游湖南通道县境内，原是宋朝所建的"罗蒙书院"，后来被大火所毁，直至清乾隆年间，才重建并更名为"恭城书院"。虽说在清水江文书中恭城书院的记载不多，但是却能很好地证明外来民族与世居民族互不往来的关系。恭城书院虽然只是一个教育机构，但这样一个教育机构却能反映出一个时期在特定地区的经济、文化、人口等特点。通过调查与考古发现，恭城书院为木质结构三进五间的中原建筑风格，与通道地区的苗族、侗族民居有明显的差异，从恭城书院柱子、墙壁上的对联、标语可发现在历史上所进行的教育是为科举服务，按结构功能理论分析，当以外来文化作为教育内容时，受文化影响，当地传统特点消融的程度应该比其他地区要快得多。但是，在当地，直至今日，当地侗族文化特色保持得非常完好，人们日常交流还是侗语，仍普遍着少数民族服装，仍操持着传统的生产生计方式。尽管在恭城书院不远的地方有火车线，曾向外输送了大量的木材，产生过大量的资金、物资的交流，但对当地的经济、人口、文化并未造成太大影响。由此可以发现：恭城书院的服务对象是外来的族群，而且外来人口对当地的教育、经济实行的是独裁管理，当地少数民族无法参与到教育、经济之中。此外，外来人口与当地世居少数民族的关系一直是不相往来，甚至还是一种镇压与臣服的关系，这种关系在清水江中游的锦屏县隆里所也可以看得出来。隆里的明兵南下屯兵的驻地，城墙内有着十分明显的汉族文化特色，人们说的是汉语、住的

---

① 苗民，在历史上是一种泛指，包括苗族、侗族等当地世居少数民族的统称，与现在的苗族概念不能相提并论。

是土楼、着中原服饰，城墙内有祠堂、书院、戏楼，节庆时人们舞龙、做花灯等，但是在附近的村寨少数民族文化特色却十分明显。可见，外来民族与世居民族关系十分紧张，而且而不来往。这样的族群关系主要发生发明朝初期。

图 3-12　恭城书院

　　进入清朝时期，外来族群与当地世居少数民族关系出现了缓和，交往也逐渐频繁，出现了雇佣、租、佃的经济关系。从清水江文书中的借贷、租、佃条款中发现，本地人租、佃山林，与山主一般按照对半分成，最差也不过主三佃二。但是与外来人员签订的文书中却可以明显地看出对外来人口的剥削，在分配时按照主三佃二、主八佃二、主九佃一甚至于佃户只享受林业生产中的杂粮和副产品，对所营林木"毫无系分"。此外，在与外来人员签订的文书中还会附加一些其他条款，如不许随意放火，不许停留面生歹人等，此类条款在与本地人所签订的文书中却少有出现。

　　其次，世居民族之间的关系——宗族制。

　　从贵州古代史和清水江契约文书中可以看出当地从康熙到乾隆年间，还处于自然氏族向宗族制度转化的过程之中，因此世居民族之间的关系十分融洽、和谐，在文书中出现"均分"等字眼，如乾隆五十一年平鳌、扒洞两寨姜氏房族分山时的文书就记载有："因祖山一所，地名岭九桑。自祖以来尚未分开，至今众等同心合意，遂将此山均分。"① 宗族制度下

---

　　①　唐立、杨有耕、［日］武内房司：《清水江文书汇编》，东京外国语大学，2003 年。

世居民族关系还体现在政治、经济地位的平等，即祖上留下来的产业不论男女"人人有份"。但是随着林地商品化，封建商品经济带来了世居族群之间的两极分化。在商品经济的运行与竞争中，有些家族越来越发达，不断地买进土地、山林，扩大自家产业。如嘉庆年间文斗的姜仕朝，因为从事木材贸易有道，发迹成为"黄白冠千家"的巨富。而有些家族经营不善，只能变卖土地，转让山林，最后家道败落，只能给人佃种山林。如同时期文斗的姜济歧，原是中上等人家，可是在木材买卖时遇到了洪水，所有木材全部被冲走，血本无归，只能变卖土地、山林，最后成为佃户，受尽富者的压榨。

再次，外来族群之间的关系——集群。

外来民族进入"两江地区"都本着一个共同的目标，就是在这里谋生。他们来到这里的方式或单独，或结伴。来到这里后，因为对当地陌生的环境以及世居少数民族与外来人口不相来往的习惯，使这些外来族群要与其他外来人口一起团结、相互协作，相互依靠，从而形成新的族群。在清水江文书中可以看出，山主佃出的山林靠村寨、靠水边的都是给本地人，外来人员佃到的都是较偏远的，而且林况不是十分精良的山林。垦山造林难度大，单凭一家或几家之力很难完成，另外当地少数民族以血缘为纽带的群居方式对外来人口入族、入寨也有诸多的规约和禁忌，于是外来人口就开始集群，到所佃山林中集体搭棚定居，形成新的村寨，并开荒、种地，开始积累自己的基础资产。道光十三年（1833年），湖南黔阳县蒋景明、蒋仲华与贵州天柱县龙文光、龙文瑜、龙宋生、龙光渭、罗绍荣、林昌秀就联合佃栽文斗下寨姜映辉等鸠奇、污奇两大片山场①，并在山场筑家生活，形成相对独立的劳动协作、经济分配、教育、防卫等组织和制度。

自明清以来，清水江的族群关系就一直处于冲突与整合的变化之中。以汉族为主的外来人口迁居于此后，带来了中原地区较为先进的封建文化，加快了"两江地区"封建制度化进程。汉族地区先进的贸易、经济、教育意识与手段对当地产生了深刻的影响，并促进了当地社会的改革。如顺治十一年，姜春黎从铜鼓迁入文斗后，就用铜鼓等地受汉文化影响而产生的制度对文斗尚未开化的苗民进行改造，实行"求婚令请媒妁，迎亲令抬乘舆，丧令致哀，必设祭奠，葬须择地，不使抛悬"②。汉文化影响

———
① 唐立、杨有耕、[日]武内房司：《清水江文书汇编》，东京外国语大学，2003年。
② 乾隆文斗寨《姜氏族谱》。

当地少数民族文化的同时也受到少数民族文化的影响，明朝屯兵的军户，其生活资源需要依赖当地少数民族。此外咸丰、同治时期的农民起义运动，在胡林翼清理户籍、推行团防保甲制度下，汉族与当地少数民族有了通婚。一些零星的外来人口也依附于当地的大姓，通过入族、改姓，从而"久居夷地，受其所染，易其服，从其俗，习其语，成为夷也"①。

（三）水上木坞——木材交易的水上流通渠道

"坞"其本意有小型堡垒、水边建筑的停船或修造船只的地方。用一个"坞"字形容"两江地区"的木材向外输送量，再贴切不过。水路运输是"两江地区"木材向外运输的唯一方式。山上的树木砍下来抬到江边，在码头堆集等待扎排。将木材堆放到江边的优势是便于贸易和运输，个人所有的木材量或者区域的木材量便于整合外销，但是也存在风险，"两江地区"极端天气频繁，洪涝灾害时有发生，木材堆放江边极易被突发的洪水冲走，造成不可挽回的损失。在清水江文书中就有大量关于木材被冲走而破产的案例，原来的山主因灾破产而沦为佃户的记录常见于文书中。

1．"水上丝绸之路"

"丝绸之路"几大明显的特征：（1）形成了明显的带状贸易版图；（2）有核心的贸易产品；（3）带出了一个经济体。"两江地区"以木材贸易为主的经济，具备了"丝绸之路"的几大特征，故可称为"水上丝绸之路"。

图3-13　"水上丝绸之路"——人们利用江上运输向外输送木材（单洪根供图）

"两江地区"是森林覆盖面极广且木材蕴藏量极为丰富的地区，清水江畅通的河道为木材向外流通提供了运输的通道。"两江地区"少数民族

①　贵州省锦屏县志编纂委员会：《锦屏县志》，贵州人民出版社1995年版。

属山地稻作少数民族，在木材贸易兴起之前人们过着自给自足的生活，当地的吃、穿、住都可以通过传统手工技术得以实现。但是，冶炼、锻铸、陶瓷等工业和技术基本处于空白，生产工具、盐、糖、香料、煤油等物质匮乏。木材贸易使"两江地区"各个码头、临江村寨成为木材的集散地，大量的客商、政要、军队等云集于此，沿路驻扎。王寨、挂治、茅坪组成的"内三江"成为经济文化的中心，本地木材向外输送的同时也催生了其他商品的向内引进，如盐、铁器、生活小商品等。以木材为主的经济流通带动了资金、技术、理念的流通，从而也带动了行业和商人间的整合，各地商人纷纷建立会馆，如德山会馆、江西会馆、福建会馆、徽商会馆、湖南洪江会馆等，以此为基地打造并管理集团化的"贸易王国"，不单进行木材贸易，还开设银号、典当铺、杂货铺、茶馆、旅馆、书院等，实行多样化的经营。

清水江、都柳江不只是木商贸易的流通渠道，还是连接贵州与江淮地区的大动脉。自明清以来，尤其在明朝时期，中央集权为了控制西南，在贵州设立行省，使贵州成为完整的军事与政治单元，确立了与中央王朝的隶属关系。为了军事与政治需要，官府抽调大量人力劳力修筑道路、码头，设置驿站，疏通河道。虽然官府投入的主要目的是为了战时的军粮运输，但是河道畅通为木材经济的发展提供了便利，清水江江上物资流通也象征着财富，成为整个流域以及全国的财富梦想，成就了木商文化，也带动了沿岸的文明和进步。

2. 当江——水上木材贸易下独特的社会制度

由于"皇木"征办，带动了"两江地区"木材贸易的兴起，官府征办人员、大量的外地木商都齐聚清水江，形成了木材贸易的繁荣景象。但是，由于早期的木商都是来自外地，文化差异和语言障碍使贸易过程困难重重，甚至发生流血事件，给木材贸易带来了诸多困难。在这样一种条件下，有头脑的商人就开始在封治、王寨、茅坪"内三江"地区寻找一些通晓苗语和汉语的中间人从中进行沟通和协调，并支付相应的费用。"内三江"地区处清水江腹地，临江，有着极为便利的地理条件。"中间人"介入贸易当中，不单提供语言方面的协调，还为往来客商提供食宿，雇请当地劳工搬运、看守、扎排，还联络买家和卖家等，有效化解了因习俗、语言带来的冲突，形成了早期的木行，从而使交易量大增，"内三江"地区人民的收入也因此有了大幅度的提高。为了调和村寨间的矛盾、避免冲突，"内三江"三寨实施"当江"轮值制度，规定逢子、卯、午、酉年由茅坪当江；丑、辰、未、戌年王寨当江；寅、巳、申、亥年卦治当江。只有值当江的村寨才能开行接客揽买卖，其他不当江的村寨和个人不得私自开行，如有违约，将按民间习惯法进行严惩。

图3-14　水上扎排好的木坞

　　木材贸易带动下，"江利"也越发明显，没有山林和木材资源的村寨和人员于是开始"争江"，都想在木材贸易的附属产品上获得一杯羹，于是引发了当地旷日持久的江利争夺。到嘉庆六年，"争江"越发激烈，惊动了贵州、湖南、江西、湖北、江苏、安徽、陕西、福建、浙江九省巡抚，以致嘉庆皇帝亲自出面裁定。长期的冲突严重影响了当地的经济贸易和日常生活，人们不堪斗争之扰，最早实行当江制度的"内三江"封治、茅坪、王寨率先进行"让江"，即退出江上贸易中的核心经济体，开始进行其他生产和经营。

　　"当江"制度是经济发展到一定程度的产物，有学者认为"当江制度源于贵州巡抚张广泗的批准"①，将"当江"的权利与当地人提供"夫役"的义务作为制度设计上的统一体。但笔者认为不然，虽然木材贸易之前国家力量就已涉入其中，但"当江"是木材经济中的次生经济，是以服务为最原始出发点的经济行为，这种行为受制于木材贸易，是随木材贸易出现而出现，也因木材贸易繁盛而兴旺，最终也因木材贸易消亡而消亡。"内三江"的"当江"轮值制使这一附属经济具有合法性，集团内部保证了区域的财产权、经营权，当然也对服务、生态等方面的义务进行了

① 管志鹏：《清代清水江木行制度的变迁——清水江流域文化研究》，民族出版社2015年版，第569页。

规定，有效确保了木材贸易的良性发展。"争江"后政府的介入，使"当江"这一经济行为上升到国家区域制度层面，使木材贸易中的信息、资本风险降低，有效保证了木商的利益安全。

第四节　新中国成立前后的手工制作技艺

自第一次世界大战后，帝国主义者与封建军阀勾结，进一步扩大了经济侵略，他们深入到地方，倾销商品、掠夺资源，特别是到了抗日战争前夕，帝国主义者为了扩充军备，大肆地收购战略物资，在这种几乎近于疯狂的掠夺之下，侗族地区也未能幸免于难，仅当时的桐油在帝国主义者的抢购下，价格比原价增加了若干倍，广西三江侗族地区当时的桐油售价每担（约50公斤）就高达40多元。对物质的大量需求刺激了当时手工业的发展，但从事手工制作的人生活在水生火热当中，手工业技术的向前进步并未带来侗族地区经济的发展和人们生活水平的改善和提高。

一　新民主主义时期的手工艺发展

在抗日战争爆发后，沿海一带城市一步步沦陷，战争带来的社会不稳定和经济萧条使大批的难民开始往贵州、湖南还有广西等内陆地区迁移。与此同时，一些民族工商企业和工厂也同时迁入，带来了包括卷烟厂、汽车运输商行、发电厂和皮革、印刷等130多家企业，人口数量的增加带动了侗族地区手工业产品的内需，同时内迁工厂极大地带动了侗族地区手工业的发展。仅就纺织业一项，在1937年前，湖南晃县侗族地区只有30多架织布机，两年时间里，就增加了200多架。沿海民族工商企业进驻侗族地区，为侗族的手工业发展提供技术支持，扩大了手工生产的产品产量及销售规模，同样，侗族地区丰富的自然资源和充沛的劳动力也为民族产业的发展提供原料和生产力。在这样的运行之下，侗族地区的商业发展也越来越繁荣。武汉、长沙、衡阳、邵阳等地的部分商业资本也开始大规模地往侗族地区转移，1936年，晃县共有大鱼塘、波州、禾滩、扶罗、凉伞、中寨等15个乡村集市，经营商业者达到644户，仅龙溪口镇就有424家从事绸缎、布匹、花纱、百货、粮食、油行、南货、国药、文具、金号、牙行等行业，晃县当时成了湘、黔、桂三省的商品转运站。①

---

① 《新晃侗族自治县概况》（征求意见稿），打印本。

（一）以"四大家族"为首的官僚资本对侗族手工业发展的刺激

自 1936 年来，以蒋介石为首的四大家族封建买办统治集团也进入侗族地区，他们凭借政治特权垄断工商业和矿业资本，通过强买专卖来控制主要出口物资及生活日用品，他们在侗族聚居的湖南晃县、广西三江县和贵州榕江县设立植物收购站和植物油贸易处，通过建设手工工厂低薪聘请当地的人们对收购回来的植物进行加工，如作为出口商品销往香港和美国的桐油、五倍子、牛皮等。此外，"四大家族"直接控制的"资源委员会"夺取了侗族地区大部分的矿产所有权，命令当地群众进行大规模的开采，并将所有的生产资料据为己有，对当地人民进行的是一种敲骨吸髓的剥削。

"四大家族"进入侗族地区，进行的是一种黑暗的剥削和统治。但是，虽然在官僚资本的残酷剥削下，人民生活痛苦不堪，但不能否认的是，侗族人民长期在这种压榨之下也积累了较为丰富的先进手工技能，尤其是商业意识也渐渐置入侗族人头脑之中，以至于在官僚资本撤出侗族地区后，一些侗族人民也开始进行自己的手工业生产和加工，并逐步形成了地方手工产业和传统工商业，促进了侗族地区经济的复苏。

（二）国民党统治下的侗族手工艺

1935 年间，国民党中央政权进入贵州，取代了地方军阀统治的时代，在政治上实行的是"用新政、用新人"的政策，凡县级以上地方行政长官，均是从"中央系统"调派，而农村则是利用地主和一些在地方拥有一定产业和经济影响力的人担任区长以及后来的保长和乡长。

在国民党统治期间，在侗族地区林业关卡，苛捐杂税多如牛毛，官府肆意地搜刮民脂民膏。据新晃县志记载，在国民党统治期间，本县内的"正税"就有 20 多种，其他的还有诸如"土地改良税""食物税""牙税""当税""娱乐捐"等闻所未闻的税费。此外国民党和地主阶层还向农民摊派各种捐款，致使广大侗族同胞一年辛苦到头，却终究食不果腹。

到了国民党统治后期，统治集团为了维护其摇摇欲坠的政权，大量地发行货币，引发了恶性的通货膨胀，布匹、油盐、粮食价格一日数涨，农民挑一担柴卖，上午可以买米一升、中午就只能买半升，到了第二天却只能买到一筒米。货币在人民群众中完全失去了信用，使得人们被迫采取了以物换物的交易方法。

广大侗族农民均是无产阶级阶层，没有生产资料，为了能够换得仅够生存的粮食，他们被迫到山上取一些自然资源制成劳动工具和日常生活消费品到地主家或商行里换取少量的粮食。当然，手工越精湛、制作越精细的物品，在进行物物交换时也许还能为农民多分得一口粮食。在这样一种社会背景下，农民的生产技术支撑都来自于统治阶级，对于先进技术和用具的创造也是一种被动状态。劳动产品归统治阶级所有的分配形式极大地挫伤了农民生产的积极性，此时的传统技术及用具的更新发展十分缓慢。

二　新中国成立初期手工业的社会主义改造

新中国成立后，都柳江流域经过土地改革消灭了封建土地所有制，解放了农村生产力和城镇手工业从业者，人们的生产积极性得到了空前的提高，农业、手工业开始复苏，但是受长期分散守旧的小农经济限制，广大的农民和手工业从业者开始组织起来进行改革，试图走工业化的生产路线。最为明显的是手工业、小商贩以及木船水上运输业开始寻求合作，在党的领导下逐渐实现合作化。

（一）手工业生产合作化对工具变迁的影响

新中国成立初期都柳江地区的手工业主要有铁器、木器、竹器、砖瓦、陶器和粮油加工等，这些行业多集中在城镇，分散在农村的多系家庭副业，一般由农业社进行统一安排。①

1953 年，城镇手工业开始组织成立加工组和代销组，依托国营商业和供销社购买统一销售。至 1956 年，这些最早成立起来的手工业组织随着社会主义改造也得以扩大升级，建立了专门的生产合作社和供销生产合作社，至 1957 年，都柳江流域侗族地区基本实现了手工业的社会主义改造，手工业从者业占全体从业者的 88%。以各种形式组织起来的手工业和团体得以快速成长，得益于国营经济的扶持，包括为生产合作提供技术指导和改进设备、提供周转资金、帮助其扩大生产范围。

新中国成立初期，由于手工业生产资料为集体所有，又同时得到国家银行贷款支持，因此生产工具、设备充实力度较大，工具的更新也促进了旧技术的升级与新技术的引进，新的技术与设备又促进了生产中的个人能力与水平的提升，大大提高了生产效率。1956 年，天柱县城关缝纫生产合作社改进剪裁方法并调整工序，当年即为国家节约棉布 1200 尺；丹寨县三区陶器生产合作社试制瓦酒甑，并用来取代锡酒甑，出酒率提高了 12%；黔东南苗族侗族自治州 1997 年铁业、木业生产合作社发动社会创新材料与技术，寻找代用品和利用废料，年节省 10 万元原材料成本，仅

① 《侗族通史》，贵州人民出版社 2015 年版，第 410 页。

黎平县的两个铁业生产组每架炉的镰刀日产量就比单干时提高了 30% 以上，废品率从 12% 降低到了 4%。[①] 手工业集体所有的合作化改变了传统的用当地原材料生产改进工具，一些现代化的、自动化的大型工具得以引进并全面投入生产。1956 年黔东南州各缝纫合作社一年就添置了近百架缝纫机，7 个铁业社分别添置了 1 台机床，共 7 台机床同时运行，极大地扩大生产的同时也促进了工具的更新。基础设备的更新带动了人们认识水平和创造能力的提升，为生产技术的创新变革打下了牢固基础。

（二）手工业发展资本化促生产技术变革

木商经济带的繁荣，江上木材贸易带动了下游的小商品向都柳江流动，外来的商贩将小商品引入了沿江各个商埠、码头和广大农村，通过游乡走寨远购深销，极大地促进了都柳江流域少数民族地区与外界的商品贸易流通。小商品的进入，为都柳江流域少数民族地区传统生产的元素与要素升级起到了带动的作用，技术的变革开始向资本化转型。为了更好地规范生产与贸易市场，引导国民经济走向社会主义道路，在改善资本主义商业的同时，也对零散的小商贩进行了规范改造。

新中国成立初期的资本改造打破了种姓和地域的约束，实行资本化整合。外来小商贩对都柳江流域以外的市场了解较多，有较为畅通的货源与销售渠道。在进行本土资本化改造时，允许并邀请外来小商贩参加合作小组或合作商店，实行资金、技术入股，由合作社统一经营核算，共负盈亏。于零散的小商贩而言，加入合作社成为国营商店设立的一个分店，解决了他们游乡远卖的人力资源不足、销售量小而且资本得不到保证的困境。同时还扩大了资金、货源、销售的保障与发展，使零碎的经营走向规模化、规范化的商品市场，扩大的销售量也促进了对生产量的需求，从而也对技术的提高提出了更高要求，促进了技术的变革。

手工业资本化发展，商品流通的频率也得到了提高，运输业和运输技术的改进成为新时期的新要求，故也创生了都柳江、清水江、浔江和舞阳河江上运输业和航运技术、航运工具的发展。木商贸易时代，大宗的木材都是通过水上扎排的方式向湖广地区运输，这种运输的好处是节省了运输费用。但是，水上运输依赖于气候，需要视江水流速和气候条件允许才能放排运送木材，有时一批木材需要等待几个月都无法运出，有时因为恶劣的天气发洪水将存放在江边等待运输的木材全部冲走，人们的贸易和财产都得不到保障。手工业资本化发展也对江上从事运输业的零散个人组织起

---

① 《侗族通史》，贵州人民出版社 2015 年版，第 410 页。

来，成立了江上运输合作社，根据船只质量、吨位、年限评价入社并参与分成。运输合作社的成立，促进了都柳江、清水江、浔水和舞阳河航运技术的发展。江上运输从业者整合入社后，就能全面地投入到航运技术的提升和航运量的扩容上，不仅在航运护卫方面形成了合力，也改变了传统运输因为恶性竞争导致的效率低下的问题。1956 年，榕江县前进、缸星两个船运合作社入社后三天就可完成原来五天的货运量，劳动力也较之以前节约了 1/3，技术提升后，木船的载重量也增加了 55%，航运周转率提高了一倍，入社后的分成也较之以前提高了 27.6%。

第四章 都柳江流域传统建造技术及其变迁

第一节 传统建造技术及工具变迁

建造技术的发展，总是与建筑物的发展相适应，建筑物的外观装饰和内在功能的复杂性，决定了建造技术的变革与发展。社会在进步，民族在发展，侗族的人口和建筑物的功能也在发展。当旧的建造技术已不能满足当下的材料与技术需求后，传统技术势必会在原有基础上进行变革。技术的变革，使建筑外观更为精美、功能更完善；除了建筑物本身对建筑技术的影响外，经济水平、审美意识、建筑材料、建筑工具、民族迁徙等都会对侗族建筑技术的使用和发展造成影响。

一 都柳江流域传统建筑技术溯源

（一）传统建筑特点

侗族社会的发展经历了一个漫长的历史进化过程，侗族建筑的进化过程承载了侗族社会进步和发展的文明史缩影，它是侗族人智慧和才能的见证。

侗族没有文字，有关侗族建筑的文字记载也难见到，甚至在大批的实物遗存以及新建的建筑中，难得看到有文字的标识，侗族建筑技术的传承仅仅通过血缘系统（父传子模式）传承和师徒口传心授的模式经历了数千年的发展，其工艺不断发展，其功能不断得到完善。

有关侗族建筑的起源，在一首侗族古歌当中是这样唱的："我们的祖先住在岩洞里，全部像野兽一样，树皮当衣穿，兽肉当饭吃……"① 这首古歌中，我们可以清楚地看到，侗族古代先民，其建筑起源可以追溯到原

---

① 吴军：《上善若水——侗族传统道德教育启示》，新华出版社 2005 年版，第 267 页。

始社会时期。在这个时期中，人类社会还处于一种蒙昧的阶段，社会分工尚未出现，人类还处于群居的社会形态当中，在典籍当中也证明了侗族先民原始的穴居形态：据《隋书·南蛮》载："南蛮杂类，与华错居，曰僚、曰仡，俱无君长，随山洞而居。"在当今侗族多数地区的地名仍以"洞"为名，如"贯洞""述洞""岩洞""新洞"等。

原始"穴居"习惯并不能代表侗族建造技术，那归根结底是一种生存的本能。没有材料选择，也没有技术加工，更没有体现民族符号特点。但在随后的一些流传的古歌中，我们能看到侗族居住习惯的一些变迁记录。贵州省从江县高仟寨流传的古歌《侗族祖宗歌》唱道："从前我们的祖先真正苦，住在山洞像野兽。岩洞冒水常潮湿，蛇常出没蚂蚁多。洞难得住上树搭棚居，摘来树叶遮雨淋。在那树上不方便，才又砍树造屋棚。"① 这首古歌记录了侗族祖先从穴居、巢居到楼居的进化过程。经过这样的居住条件变迁，形成了侗族早期的建造技术风格与特点，在当下的一些遗迹和侗族生产生活的用具依然保持穴居、巢居的遗风。

当然，从洞穴里走出来以后，最初上树搭棚便出现了最早的巢居方式。故张华所著的《博物志》这样写道："南越巢居，北朔穴居，避寒暑也。"南越自然是指中国西南一带的越人。越人这种巢居方式保持了相当长的历史时期，并在这基础上发展成为后来的"干栏式"建筑。史籍中对这种巢居的记载很多。

（二）建造技术及其变迁

在侗族建筑历史上，一共经历了三个阶段，第一是穴居阶段，第二是巢居阶段，最后是现在一直在使用的"干栏式"居住阶段。"干栏式"建筑在都柳江仍在广泛地应用，并形成了这一地区独特的建筑居所标志。除此之外，持续了较长时间的是巢居的建筑风格，因为在这一时期中，有大量的文字作品记录了这一建筑风格。如《庄子·盗跖篇》曰："古者禽兽多而人民少，于是民皆巢居以避之，昼拾橡栗，暮栖木上，故命之有巢氏之民。"《韩非子·五蠹》写道："上古之世，人民少而禽兽众，人民不胜禽兽虫蛇，有圣人作，构木为巢，以避群害，而民悦之，使王天下，号曰有'巢氏'之民。"

有关"巢"的解释，我们可以从建造技术上分解成两个方面：一种是"依树积木"。"依"从字本身的含义上可以知道是"依靠、以……为基础"的意思，这个字反映出这一类型的建筑只是选址的变化，其加工

---

① 邓敏文、吴浩：《没有国王的王国》，中国社会科学出版社 1995 年版，第 14 页。

技术类型还是模仿其他巢居动物，此时的建造技术水平仍处于低级的原始状态。另一种是"构木为巢"。这种"巢"的制作，在"依"字上发生了"构"的含意变化，故在"巢"的加工中人的思维参与其中，加工程序进一步得到了深化，工序也逐渐复杂化。巢居结构的变化，体现的是一个原始建筑进化的过程，居住方式的特点证明了此时侗族先民的生活仍以集体狩猎和采摘为生。

随着族群人口的增长和自然环境的变化，仅靠狩猎和采摘的方式已不能满足人们的生活需求，人们被迫从树上走到地上，辅之以捕鱼捞虾获取生活资源。经济生活方式的改变迫使人们改变居住条件，慢慢地人们脱离了巢居，到适合捕捞的河边安家。为了适应新的环境，克服水边潮湿对人体健康的影响，同时还要避免虫蛇猛兽的侵害，于是人们在潮湿的水边用土石砌平台，用木桩在水面上构筑基面。最为突出的是在这段时期，用铁器制成的工具广泛地应用到建造当中，工具变化不只使侗族传统建筑结构上更为坚实、牢固，而且外观和工艺也更为精美。

二　都柳江流域传统建造材料

少数民族建筑是本民族重要标志性符号，具有民族性、地域性和历史性特点。纵观侗族传统建筑，虽然建筑工具和外部装饰有了一定的变化外，建造材料的变化程度并不大。建筑的主要材料仍然以木材为主，辅材随着环境和技术的变化发生了一些改变，但从侗族建筑的总体风格上来看，影响并不是十分明显。

侗族人的生活离不开水，他们会择水而居，以水为生产生活的中心。但是，水资源丰富的地方，其前提必然是有较充裕的森林资源。侗族人以山地稻作为主要经济生活类型，辅之以捕猎和采摘手段，这些生计方式都离不开森林资源。所以，侗族的建筑材料取自丰富的森林和矿产，归根结底是地域的优势。总体来说侗族建筑的传统材料包括以下几个主要部分。

（一）木材

侗族建筑的最大特点就是它是纯框架结构，不用一钉一铆，通过柱、枋、榫、槽结构建成，木材是建筑主体的主要材料，这不仅是因为侗族聚居的地区盛产木材，取材方便且价格低廉，更为突出的是木材框架结构中的承重能力。材质相同的木材，它对纵向力的承受要远大于横向力，故木材有"直木顶千斤"的说法。所以，传统建筑充分利用这一特性，采取柱子的排、扇布局，通过两排中柱，多根辅柱形成的框架分担整个建筑的重量，这有效回避了来自横向力的反弹和弯曲问题。此外，不同木材其密度和韧性也各不相同，因为需要与其他材料配合使用，参照中国传统建筑"五行"的"金克木、土克水、水克火、火克金"的说法，充分认识木材的易燃性、吸水性、腐蚀性等特点，在建筑过程中，也会扬长避短，从而延长使用年限，实现最大利用。

木材的品质选择上会把杉木作为首选。在侗族的民族记忆中，杉树被认为是能给人们带来庇佑的神树。所以，自古以来，侗族人对杉树特别钟爱，也尤具感情，就连鼓楼的外观造型也是以杉树为参照模型。此外，都柳江的生活习俗与杉树也有密切的联系。南部侗族地区在小孩子生下来的当年就会栽上"十八杉"，一则是祈孩子与树一般生命旺盛；二则是当年种下的十八杉，在孩子成长以至可独立门户时，此时的杉树可以作为建房的材料。杉树为多年生的针叶树种，生长速度快，有较高的经济效益，只需20—30年的生长期，便可成为建房的佳木良材。杉木树干直，丈杆长，木质良好，花纹明显，质轻而耐用，缩水性小，耐腐性强，不易变形。所以，不管是公共建筑物还是私人修建的民居，不论建筑物的柱子和瓜料还是长短的枋片和板子，都是以杉木为主要材料。

侗族地区森林资源丰富，天然林占地广，树种丰富。除杉树外，还有其他的树种，如松材、香椿木、樟木、梓木、椎木、毽栗木、金枫木等。这些树种也会成为建材用的一些补充材料，如用作地板，通常用量不会太大。

（二）木皮、茅草、树叶、青瓦

木皮、茅草、树叶、青瓦等材料主要用于房屋的覆盖，按传统建筑的时间变迁顺序，都柳江建筑的覆盖材料主要经过了以下变迁：树叶—茅草—树皮—青瓦。这几种材料的变迁因素多来自内在，即建筑使用主体，他们会根据建筑物的使用需求和经济状况决定，往往后者的影响更大一些。因此，都柳江流域少数民族地区贫富差距仍然存在，一些贫困家庭至今依旧使用树皮或者茅草作为覆盖材料。

覆盖材料置于建筑物的顶层面，其功能是御风遮雨、防晒挡雪等，同时还起到保护建筑经久耐用、确保建筑物内人和物的安全。

通过几种覆盖材料的性能对比，我们可以发现其共性和特性。共性是它们都有遮雨防晒的作用。此外，这些材料质量轻，使用上简单易操作，没有载重压力的威胁，人们使用的安全系数较高。它们的不同点是：从自然界获取的树叶、茅草、树皮易枯、易落、易腐、易烂、不耐用。虽具遮雨挡风的功能，但效果不佳。虽易获取，但弊多利少，基本只在原始社会得到广泛使用，进入封建社会后很快就被淘汰了。茅草的耐用性比树叶要强得多，因侗族传统建筑物顶层具有一定的坡度，覆盖的效果相对还是较好的，但是茅草的最大弊端的极不防火，稍微一点火星，就会引发火灾。但是，因为茅草在都柳江流域地区随处可见，取材方便，即便到了现代，侗族地区一些简单的建筑，如工棚、粮仓、牲口棚等不需要用火的建筑仍使用茅草覆盖。树皮的使用比茅草又前进一步，一般以杉木皮为主，因为一方面是对杉树这类建筑材料的充分利用，此外它挡风遮雨的效果比茅草要强很多，耐用性也比较强，相对于茅草，杉树皮还大大降低了火灾发生的隐患，其使用年限也比茅草要高出几倍。杉树皮除了可用作覆盖材料外，因其韧性大、挡风效果好，人们还用它作为建筑的围壁材料。

图4-1　放置野外自然风干的用作覆盖材料的杉木皮

　　小青瓦的发明使用，是从陶瓷上得到的启迪，至今大约已有两千多年的历史。其制作流程是：将黄土拍碎浸水，用人工或畜力踩至黏稠状，用木质圆柱体模型制成两片弧形土坯，等阴干后放入土窑高温烧制，进行灼化，密封窑门并从窑顶旁边钻眼引水入窑内，对窑内的瓦片进行冷却，便成了具有一定硬度的青瓦。这种青瓦既不漏水，质量也轻，既不怕风吹雨打，也不怕冰雪冻破。弧形的设计既美观，排水效果也强，使用寿命还长，是建筑物最为理想的覆盖材料。因此，几千年来，小青瓦一直深受人民群众的青睐，到现在小青瓦已成为侗族建筑的一种标志。

　　（三）岩石

　　侗族聚居于中国西南一带，属云贵高原，雨水充沛，空气湿度大，特殊的地理条件决定了侗族建筑需要有一个非常坚固的基脚。基脚是建筑物的基础和承载部分，是建筑物与地表接触的部位。基脚的牢固程度直接影响到建筑物的稳定性。因此，这个部位的建筑材料必须是坚实的、不易腐

图 4-2　为新屋铺青瓦

烂变形的材料。

　　侗族聚居的"两江地区"属喀斯特地貌，有充裕的石材资源，种类有青石岩、页片岩、花岗岩、红岩、石灰岩、卵石……可实现就地开采，就地利用，不需要长途运输，成本低廉，取之不尽，用之不竭。在使用时，可按所需择大小、轻重、形状采取，是建筑基脚的最佳材料。

　　因为岩石具有较高的硬度和韧度，所以对风、雨、雪、冰有着较强的抗击能力，最为突出的是它的抗腐蚀性能，用来铺建筑物基层的地面，不易垮塌，不易凹陷，从而使建筑物基层的活动空间得到加固，使用的安全性得到增强。用石敦垫柱脚是最为普遍的方法，因为它硬度大，承重力强，又具有防腐蚀的性能，可以有效保护柱脚不易腐烂。

　　因为侗族地区没有检验的仪器，在选择石材时只能凭借建造师自己的经验。岩石蕴藏量大，开发利用历史悠久，在建造中的广泛使用使得采石、加工石材已形成了一种专门行业，从事这种行业的人叫石匠，这一技术以家族的方式世代传承。石匠制作的岩石制品多样，有建筑中使用的各种式样的磉岩，用以垫柱脚；有岩板，用来铺道和整平建筑活动范围的地面；有的还加工成大小不同的石砖，用来垒砌桥墩和防火墙；还有的加工成面积较大的岩板，用来作为横架于溪沟之上的石板桥等。当然，也有一些石材不经加工，建造师以高超的技术直接用来垒砌保坎，从而防止人工地基泥土崩塌而流失，保护建筑物活动基层的地面。此外，还有一些从河滩上捡来的各种形状的卵石，用来嵌映在行走的、鼓楼的公坪上，萨坛的地面，起到一种美化和装饰的效果。

　　综合上述，一幢建筑物按其结构的需求，所使用的材料顶有覆盖材

图 4-3　用作基脚石的石墩

料，中有框架材料，下有基脚材料，三种材料相辅相成，缺一不可。因为三种材料性能不同，作用不同，加工制作上的技术也不相同，于是出现了专门从事这三种行业的专业人员，即瓦匠、木匠、石匠。一幢建筑物的竣工，是三匠的辛苦付出，也是三匠的智慧和心血的结晶。因此，在大厦落成庆典的礼仪上，往往张贴有这样的一副对联："高楼建树六亲力，大厦落成百匠功。"这个"百匠"大概是以这"三匠"为代表吧。

（四）其他

除了以上三大类建筑材料以外，还有一些其他的材料，因为这些材料零星杂乱，用量不突出，使用部位不被人注重而往往被忽视。但在传统的建筑中还很大程度地使用了这类物质，即：石灰、楠竹、桐油、黄土。

石灰主要用作公共建筑物和民居建筑物的瓦脚、屋梁、屋脊、屋角的扳翘，以及墙面的粉刷等，其目的是起到防湿、美观的效果。同时，用石灰和细沙、泥土按比例拌制黏性较强的"三合泥"，作为浆液勾在人工地基的垒砌保坎的岩缝里，还用石灰和纸舂烂拌匀，塑饰各种各样动植物的优美姿态、形象，作为艺术品装饰在各种建筑物重要显眼的部位，使建筑物的艺术性得到更好彰显。

楠竹在侗族传统建筑中是离不开的。没有楠竹，掌墨师就无法下手。众所周知，侗族建筑物从古到今都没有设计图。掌墨师和主家协商后，一

图 4-4　鼓楼檐上用石灰制成的各种动物形象

幢建筑物的水面、水步、空间尺寸、柱眼方位、升山高矮等都靠半边长长的楠竹来记载。这半边楠竹叫"丈杆"，侗话叫"响干"，有人把它说成是"设计尺"。另外，掌墨师还用楠竹锯成一定长短，削成一块块三分宽窄的竹签，用来记载各个柱眼长、宽、中线等的数据，以便准确地画出各个榫头尺寸的墨线，使榫与眼的衔接严密无隙。除此以外，由于侗族聚居区的一些村寨，房前屋后，遍山遍岭都是楠竹。为了发挥楠竹的利用价值，就地取材，把它运用在建筑物上，依照傣族模式便出现竹楼、竹壁、竹窗、竹门、竹瓦等，既凸显了山寨的气息，又展示了民族的特色。

图 4-5　侗族建筑中的标尺——丈杆

　　桐油是侗族地区盛产的一种植物果实提炼的油。这种植物油虽然不能食用，但在还没有电灯的年代，它是传统照明的主要材料。在建筑中用它配合其他原料熬制成光油，这种光油就如现在装修中用的清漆一样清澈透亮，用来漆家具、农具、建筑物表面和装饰品，不仅美观，而且还有防潮、防蛀的功能。

黄泥在建筑中的普遍使用是在新中国成立以前，侗族社会有用黄泥巴筑墙，在墙壁上搁放"人"字架，"人"字架上摆檩子、钉椽皮、盖青瓦，从而筑成土屋。另外，有的建筑物其框架都是纯木构造，其左右后三方都是用板条横竖捆扎，再用黄泥巴拍碎泡水，把稻草剁成六七寸长掺入，用脚将草和泥踩匀成稠状相黏的浆粑，再糊上四周板条捆扎的面上，变成了以草为"筋"的"泥筋壁"。这种壁一直封到顶上的山头或檐口。有的留有窗孔，有的不留。这种墙壁有原始遗风，在新中国成立以前，土墙在侗寨的建筑中随处可见。因它既有防火的功能，还有冬暖夏凉的作用。

三 建造工具

（一）建筑工具的种类

侗族传统建筑，按制作的过程可分为两个阶段：一是建造阶段，包括主材加工，基础夯实；二是装饰阶段，包括绘画、雕刻和刷漆。因为侗族建筑以木质材料为主，木料加工对工具的要求比较高，因此智慧的少数民族工匠创造了一整套包括处理面、线、点的建造工具。根据工具的用途不同，建造工具主要分为以下几类：一是切割工具，如斧、锯等；二是抛光、找平工具，如刨类；三是凿孔工具，如凿、锥等；四是测量工具，如尺、杆等。此外还有一些其他的辅助工具，如墨斗等。

1. 切割工具

斧：斧是建造中最为普遍使用的工具，不仅木匠要用，石匠、瓦匠也经常会用到。斧的主要用途是砍、削、啄、劈等。在使用过程中，因加工的对象不同，斧的应用类型也会不一样。根据斧的刃口分，有"中钢斧"和"边钢斧"两种类型，"边钢斧"又分为"左边钢斧"和"右边钢斧"，这样的设计主要是基于木匠在加工时着力的需求不同。当用于砍、劈时，所要求的力量较大，此时应选择重量大，刃口宽的斧，这样可以有效节省人力。当用来削和雕时，就应该选择叶片较长、重量较轻而且刃口稍窄一点的斧，以便巧用力精加工。用于凿柱眼的时候，还会选择长页片、刃两面铸成略弯形状的啄斧，这类形状的斧能充分满足使用过程中"挖"的需要，其弧状设计也更便于工作时"吐"出碎木屑。斧的页片通常是平的，虽然重量不一样，但基本都能满足砍、削的需要，用于精加工的斧，如啄斧、雕斧其功能比较单一。

锯：切割工具的另一类型，可用于横切、顺切、弧形或根据需要切成花纹图案等。锯是尖齿的金属钢片或钢条。通常由手柄、锯架和锯片构成，也有一些锯只有锯片和手柄。常用的带锯架的锯，有一个木质的"工"字形主体框架，两侧分别装锯片和绳索，绳索的中间有木枋杆支撑，目的是为了把锯片绷紧，使锯片更加牢固。此类锯操作时可两人合作，也可一个人独立操作。这种锯一般用于加工小料，也叫作"手锯"；没有锯架的锯，只有手柄和锯片，这种锯片横切面较宽，很薄，主要是用于大型木料的切割，在进行此类锯的操作时，必须由两人合力完成。

锯的种类很多，根据所加工的木料的形状不同，锯又可以分为鲤鱼锯、弯弓锯、刀把锯。鲤鱼锯片较宽，中间大两头小，由其外形似即将产籽的鲤鱼而得名，鲤鱼锯两端有手柄，主要用于横切大树。弯弓锯的外形、功能与鲤鱼锯很相似，只是锯齿的尺寸有所区别，这两种锯是新中国成立后60年代前后的产品。锯的出现，改变了人们用斧砍树的历史，不但省力，而且效率比斧高很多，因而成为普遍使用的伐树工具。刀把锯形状很像柴刀，由一截锯片和一根木质手柄组成。这种锯最大的好处就是使用灵活，一个人就可以自如操作。但这种锯的弊端是不省力，如果要对大型的材料进行加工的时候，还是有较大的局限性。

2. 抛光、找平工具

刨：刨的功能主要是对加工材料表面抛光、推平。刨由刨铁、刨床、刨桥、刨把组成，现代改良的刨还加上铁盖。除刨铁、盖板外，其他部件均由材质和密度都较高的、坚韧的细叶青棡杂木制作而成。根据加工木料的效果不同，刨可分为五种，即平刨、线刨、圆刨、槽刨、刮刨。这五种刨在外观上形状、大小、长短、体积都各不相同，最长的清刨尺寸在一尺八至二尺二之间，最短的线刨只有三寸左右。

平刨的作用是刨平、刨光、刨直，分清刨、粗刨、光刨三种类型。清刨刨床在35厘米左右，其功能是在刨平的基础上刨直；粗刨的刨床25厘米左右，功能是为刨平刨直刨光滑打下基础。光刨的刨床在17厘米左右，其刨铁和刨床的角度比清刨、粗刨略陡。使用时产生的刨花微薄而伸直，因其加工过的木料格外光滑而得名；槽刨是将建筑构件所需的枋或板拉槽，拉槽的作用是使板缝的结合部位严密紧凑。槽刨又分"公母槽刨"和"枋槽刨"两种。所谓公母槽刨是两把刨子，拉出的槽与雕刻艺术的技法很相似，母槽能拉出凹下去的阴槽，公槽能拉出凸出来的"埂"，"埂"比"槽"略小，两者相互紧扣但也可灵活调整，形成一阴一阳的组合。"枋槽刨"用于枋片上拉槽，以便置入壁板或榫头。枋槽的宽度和深度在12厘米左右。"槽"和"埂"的宽和高的尺寸在3—5厘米，主要目的是使壁板合缝严密，不透光、不漏风、不掉灰尘。为了保证"槽"和"埂"的位置不易移动，在刨床上的左侧还会加上一种用于调节的木楔装置。线刨是为了美观需要而创造出来的一种拉线的工具，它可以在适当部位上拉出不同形状的线条，线条的形状可以拉成单线，也可以拉成双线，还可以拉成花线（又叫复线）。线条可粗可细，可凸可凹。人们根据形状线条的需要请铁匠铸造成刨床。圆刨主要是对柱子等圆形的或者是带弧度的板进行刨光，它分为内圆刨和外圆刨。从其名称上可看出两种刨的刨铁刃口弧度是相反的。外圆刨的刨口和刨床是向内呈弧形，内圆刨的刨口和刨床是向外鼓出的弧状，弧度的大小约是 90 度的扇形。蚂蟥刨，也称刮刨。刮刨的刨铁两端铸小纤直，置于刨床上，其外形似蚂蟥头尾吸在人的身体之上，故称蚂蟥刨。刮刨刨铁中间刃口的倾斜度与刨床一致，其主要功能是对弯弧形的木料加工，使其更光滑。圆刨和刮刨在施工中的使用频率并不是很高，但仍是不可或缺的工具。

图 4-6 刨光工具——各种刨子

3. 凿孔工具

凿：凿主要用于木料加工时打眼、凿槽、铣柱眼、剞和榫头等。凿根据木料加工的需要，其形状、大小、厚薄也会各有不同。从外形结构看，凿由木柄和凿杆组成，凿杆主体横切面呈正方体，底端是刃口，刃口一面斩平，正对面切割成单侧斜削状，由此形成凿底端锋利的刃口。凿杆另一端是锥形的筒，用于安插木柄，木柄主要作用是固定，同时也是斧脑或钉锤的作用力敲击点。

凿根据页面的形状分为三类：一类是板块形的，如挡头凿和铣凿，挡头凿刃口宽1.4寸左右，其作用主要是将柱眼两端的面剷平铣光滑。柱眼平面视角呈长方形，铣凿（也称板凿）太宽，不适于柱眼四个面的处理，较窄一面只能选择档头凿。铣凿刃口宽通常是2.2—2.4寸，其作用主要是对木料的横切面剷平，如柱眼和大、小榫头的加工等。第二类凿呈条形状，其作用主要是凿尺寸大小各不相同的方槽和方眼，这类凿子刃口宽1寸左右。第三类是圆凿，也称半圆凿，因其刃口和页片呈半圆形而得名。圆凿根据施工所需圆弧的半径不一可分为两分半径、三分半径、五分半径、六分半径不等类型。圆凿按钢所安置的位置不同，又可分为正面钢圆凿和反面钢圆凿两种。正面钢圆凿的钢安在半圆弧形的外侧，凿外侧呈垂直的弧面，弧形内侧的斜切面于是形成锋利的刃口；反面钢圆凿则与正面钢圆凿相反。正面钢的凿主要是用于打各种尺寸的圆眼，只有外直内斜的刃口，才能将圆眼的周边凿平整。反面钢圆凿主要用于车制各种形状的防护栏杆。除以上厚凿外，还有一种薄凿，薄凿的刃口有一字齐头的，也有斜形尖刃口的，刃口尺寸最宽的在一寸以下，最窄的只有0.1寸。薄凿的钢比较特殊，既硬又锋利，用于雕刻各种花纹图案和各类空花板块。

　　锥又称为钻子，是凿眼的工具，根据外形态和操作手法的不同可分为竖钻和横钻。竖钻是垂直钻进木料，由手握带皮条压板的两端作上下运动形成动力，钻头跟随竖杆旋转而打眼。眼的尺寸与钻头的尺寸一致。横钻是为垂直木料钻眼的工具。装置有钻头的钻杆上缠绞着皮条，通过拉杆上下拉，皮条带动钻杆旋转而使钻头钻进木料而成孔。带动钻杆的皮条有两种方向：一种是靠手拉扯拴上皮条的拉杆；另一种是靠脚系着皮条的两端，通过脚踏，皮条带动钻杆旋转，从而钻成孔眼。

　　4. 测量工具

　　尺：在通常的理解下，尺是测量数据的一种工具，但是在侗族传统建筑的建设中，尺似乎与数字无关。侗族的木匠在进行木料加工时，使用的是一种叫"丈杆"的尺，"丈杆"侗话叫"响干"，没有标识，也没有刻度。但无论是鼓楼还是民居，无论建筑物的高度、方向、位置、大小不同的成百上千个柱眼以及屋顶流水面的坡度，建筑物两边各排柱子与地面的垂直距离等，都全部清晰直观地用这根"丈杆"测量。"丈杆"相当于现代建筑中的设计图纸。当然，"丈杆"是专屋专用，一根丈杆尺只适用于一幢建筑，这是侗族传统建筑中的特色。

　　除丈杆外，在侗族建筑中还会使用其他的一些测量工具，如曲尺、对角尺、量度尺、斗尺、活动尺等。

　　曲尺又称弯尺，也称直角尺，其外形最长约一尺左右，最短的仅三四

图4-7 凿孔工具——凿子

寸。它由密度较大、材质较优的青枫木、红稠木、牛筋木等为材料制作成的尺座和尺页构成。通常标准的尺座上会有刻度，但尺页仅仅只是一个薄片，没有刻度，其功能是供画墨线时的依托。曲尺的尺页和尺座用榫头衔接，用生漆固定成90°角。曲尺的功能主要测量和画直角线。

斗尺由长度为8-9寸的小枋片组成，通过榫眼固定成90°角，使其经纬两向的枋片呈"T"字形状。经纬两向枋片均没有刻度。斗尺既不用来量线，也不用来量角，而是测定柱眼的"肥"和"瘦"，又叫"面"和"里"的线位误差。使用的方法是将经向的枋片从柱眼反方向插入，纬向枋片长2/3处朝上，1/3处朝下，移至柱眼内侧，用测柱眼的标尺——竹签从枋外侧插进，将柱眼上下两侧间的尺寸在竹签上做标记，如果标记在同一位置，说明"肥""瘦"适宜，反之即可说明柱眼"肥""瘦"有别。然后将竹签抽出，从柱子往上，使其一端顶着横枋片，把柱子的中线在竹签上做出标记，由此得出中线的位置。值得注意的是，斗尺在使用时，在插入柱眼后经纬的位置会发生转换，因此，柱眼的"肥""瘦"记号一定要分清。

活动尺的构造、外观与曲尺差不多，也是由尺座和尺页通过梳子榫固定而成。不同的是曲尺对制作的材质有严格要求，而活动尺对制作材料的需求不是很高。其次，曲尺中的尺座和尺页是固定90°角，而尺座和尺页是可以活动的，故也称活动尺。活动尺的最大好处是在装板壁中抱柱和楣枋相转角时，能量出组合的另一角度。此外，在制作楼梯时，通过已知尺寸缩小制模得出平行于地面的踏板和楼梯枋的角度后，用活动尺固定角度后以便在其他踏板上直接套用。所以，活动尺也是没有刻度的。

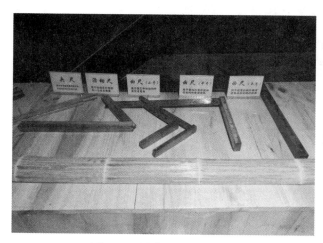

图 4-8　测量工具——工尺

对角尺也是由尺座和尺页组成，同样是由坚硬的杂木制成。尺度和尺页形成的角不是 90°，而是成 45°和 135°的两个角。因为尺座是为 180°，在尺座中间通过尺页把 180°分成 45°和 135°的两个角度。45°是 90°角的 1/2，也就是说，尺页把直角的 90°对半分开，便成了一个正四方形的对角线。在制作侗族建筑的门窗时，门窗枋、框套枋是垂直的 90°角，为了给横竖枋结合部分增加美感，就把这 90°角分成两个 45°角组合而变为"转角"，如图 4-9 所示。

量度尺是测量长度的尺，有两种类型，一是有刻度的，包括尺、寸、分（只刻到 5 分位）刻度，长约三到五尺，三尺长的居多。另一种是没有刻度的水步尺，也称哑巴尺，是一种临时使用的测量工具，只起到一次性作用，用完即废。

5. 其他工具

除了木料加工的主要工具外，还有一些辅助工具在建筑中也广泛使用，如：墨斗、墨签、墨角、钉锤以及錾子等工具。

墨斗是由装墨渣的竹筒和线轴及一块雕着各种龙凤和花纹图案的杂木板构成，缠绕着墨线的转轴固定于竹筒一侧，墨线一端吊着羊角，是吊线弹线的重要工具。墨角是用牛角制作的，牛角内装着墨渣，用布条或布带套在木匠手腕上。墨签由竹片削成，其一端削平成篾丝，似毛笔的毛锋，

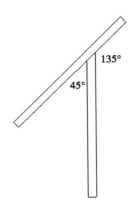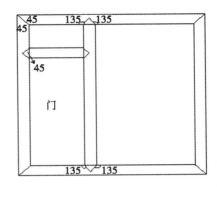

图 4-9 对角尺的使用

能蘸墨汁画线,另一端削成尖形的工具。这种墨签有两种:一种是单片薄嘴形,叫墨签;另一种是双片薄嘴形,中间可夹小木渣使其撑开,双面笔嘴起平行托墨的作用,叫夹笔。

图 4-10 墨斗

锤子主要用于敲打,其外形酷似羊角,故又名羊角锤。其作用既可以敲钉子,又可以拔钉子。石匠用的锤子有很多形象和种类,一般都不呈羊角状,因不需拔钉子的缘故。其形状呈圆球形的,呈扁体形的,呈方体形的,大小均不等。大的为八磅锤敲岩石,中、小型的敲打钢錾,錾字、錾各形状的花纹图案。錾子是钢条炼打成的,其一端为平头,便于锤子敲打,另一端有的是尖锥形的,有的是扁锋形的,有的是尖刀形的,是加工岩石不可缺少的主要工具。

（二）建筑工具的变迁

建筑的三要素中，建造材料是基础，技术是实现手段，功能齐全是目的。技术在建造的整个过程中起决定性的作用。技术包含两个层面，一是依托于人的技艺，即在民族发展史上不断积累起来的生态智慧；二是依托于物的，即为人所操作的工具。

在中国古典哲学史上，最为讲究的是"相生相克"的和谐理论。史书对五行相生相克有这样的记载：金生水、水生木、木生火、火生土、土生金；木克土、土克水、水克火、火克金、金克木。侗族传统建筑材料以木材为主，在工具铸造的材料选择上，根据相生相克的理论，金属铁器是最佳选择。

侗族建筑工具的发展，与人类社会和自然社会的发展一样，是一个由低到高、由简到精、由蒙昧到文明的有规律的发展过程。

根据侗族口述史记载，侗族先民最初的居住地是自然形成的岩洞，因为岩洞的客观自然环境对人体的不利影响，加之又有毒蛇蚂蚁对人体的伤害，于是人们走出岩洞。为了避免猛兽袭击，侗族先民在树上"构木为巢"，居住的环境发生了巨大改变。但是，这一时期的居住环境，还不能称之为"建筑"，因为人们所居住的是自然形成的环境，即便是"巢居"，所选择的材料都极为简陋，使用的工具也只是利用天然锋利的石片和粗糙的木棒，属于低级的建筑工具。

到了夏、商、周以及春秋时期，中国建筑业发生了质的改变，青铜文化的发展促进了青铜工具的广泛使用。这为建筑技术及木构框架技术提供了便利。青铜文化进入侗族地区后，不仅在建筑技术上发生了重大变革，而且极大地促进了侗族先民农耕技术的发展，改变了人们以采集、狩猎为主的经济生活方式，把主要精力投向了农耕。

进入秦朝时后，冶炼技术得到了发展，在青铜器的使用和制造基础上，大量的铁制品出现。铁器的广泛使用极大地促进了农业的发展。同时，建筑业中的铁制工具如斧、刨、锥、锯、凿等相继问世，在侗族地区得到广泛的传播和普遍的使用，侗族木架建筑的结构和质量也大大提高。在此时期，中原成熟的制瓦技术传入侗族地区，发展了侗族传统建筑技术。

以金属制作的工具，如斧、凿、刨、锯、锥等，只能是适应木架结构的加工，侗族传统建筑属木架榫卯结构，木架结构主要靠榫卯衔接，铁器的使用，使榫卯结构制作和工艺装修装饰等在质量上得到了保证。中原铁器传入侗族地区，也带动了侗族地区铁器的制作，这一时期制作的母具，不像当今车床机械的锻造，而完全是通过手工作坊的冶炼，于是在侗族地区又催生了一个新的职业——铁匠。铁器的制作最初肯定粗糙，其使用效果和使用寿命均不太理想。在随后的探索中，铁匠在实践中不断地摸索总结经验，逐渐掌握了铁"久炼成钢"的应用。

进入封建社会后，因为统治阶级保守的管理制度，技术发展十分缓慢，传统的手工作坊式加工手段在这一时间并没有得到明显改善，而是随着封建社会的故步自封一直持续了两千多年，这在落后的侗族地区尤为明显。即便到了民国时期，木匠们使用的建筑工具全然来自于手工作坊，不仅款式十分陈旧，而且效率和使用寿命也较低。

新中国成立之后，特别是改革开放以来，建筑工具的进化速度惊人。大量电气工具的使用，极大地提高了工匠的工作效率，带动了侗族建筑由实用向美观的推进。建筑工具中出现了集锯、钻、刨、拉槽、削榫等多功能为一体的木工平刨机，又有使枋、板厚薄保持一致并两面光滑的压刨机，此外还有带各个尺寸钻头的电钻等。电气工具的全面使用，带来了侗族建筑工具的一场彻底的大革命，显示了新中国的快速发展和社会主义制度的优越性，见证了改革开放政策的正确性和取得的丰硕成果。

总之，建造工具的进化和发展，见证了一个国家和民族的进化和发展，是历史和文明的见证，也是推动社会进步不可缺少的力量。

第二节 鼓楼的建造技术及变迁

鼓楼是侗族的标志性建筑，在侗族社会中有"未立寨，先立楼"的习惯。鼓楼在不同地区，其称谓也不尽相同，有称"百"（侗语 bengc），意为木头堆砌而成的小房子；也有称"楼"（lougc），汉语音译，在祭祖歌中出现；还有称"堂瓦或堂卡"，意思是众人聚会议事的场所。

对鼓楼的记载最早始于明朝时期，但史料中对其称谓与民间却也不尽相同：明万历三年本《尝民册示》中记载："遣村团或百余家，或七八十家，三五十家，竖一高楼，上立一鼓，有事击鼓为号，群起踊跃为要。"①另据《广西通志》记载："峒人，居溪峒中"，"春以巨木埋地作楼，高数丈，歌者夜则缘宿其上，谓之罗汉楼"。②《黔记》载："黑苗在古州（今

① 明万历本：《尝民册示》1575。
② 广西壮族自治区地方志编纂委员会编：《广西通志》，广西人民出版社。

榕江一带）”，“诸寨共于高坦处建一楼，名聚堂，用一木杆，以悬于顶，其上桷题栌之类，心三层”。①

图 4-11　鼓楼

在这些史料中，记载的鼓楼的称谓有别，同时也传递出鼓楼的功能和外形等意向特征。

一　鼓楼的文化意义及功能

（一）向心性

在侗族社会中，至今还保留着原始社会遗风，杉树在侗族地区随处可见，这不仅是因为杉树是人们建房的主要材料，还因为在侗族的迁徙记忆中，杉树已上升为能给人带来庇佑的神树。所以，鼓楼的外形也是以杉树的外形作为参照。侗族鼓楼有一种类型是“独柱鼓楼”，即鼓楼正中央的主心柱由一根巨大的柱子支撑，是力的集中所在，同时也是一切鼓楼内的活动开展的中心轴，如鼓楼议事、鼓楼对歌，人们都会围坐在中柱边上，或主持人或寨老靠在这根中柱上，以示人们对这种中心作用的信服和依赖。这种凝聚了侗族人信仰的中柱，有另一说法是将其与祖先崇拜和生殖崇拜联系起来，侗族社会有“未立寨，先立楼”的习惯，在《祭祖歌》中又唱道：“未置门楼，先置土地。未置门寨门，先置地萨柄。”② 中国古典哲学中的阴阳结合也体现在这种组合中：鼓楼建造层数均为单数，在数字中，单数为阳，所以鼓楼属阳性象征；萨柄是侗族女神“萨岁”的祭祀地，萨岁是女神，是阴性象征，所以鼓楼与萨柄相互对应，也是中国传

---

① 李宗昉：《黔记》，嘉庆。

② 冯祖贻、朱俊明：《侗族文化研究》，贵州人民出版社 1999 年版，第 180 页。

统思想中阴阳结合的体现。鼓楼其外形挺拔、矗立，也有人把它与男根崇拜联想到一起，象征着人们对族群繁衍、壮大的美好愿望，是一种生命符号。但是这一说法在侗族研究学者中引起了颇多的争议。

在鼓楼里另一个明显的标志是"火堂"，但凡在鼓楼里举行的任何活动，开始之前，必须点燃堂火。在许多国家和民族中都有崇拜太阳的习惯和信仰。太阳给人以光明和温暖，是一切事物生存和发展的基本条件。太阳在银河系的中心地位到了人间，就以火这一物质形态出现，所以在很多少数民族方言里有"向火"这一词。"向"是朝向，是向往，是服从，是依赖。鼓楼活动前点燃堂火，意在整个活动过程和结果在火的见证下是庄严的、神圣的，其结果是权威的。

鼓楼的向心性对人们的归属感、认同感、方向感、安全感具有重要的意义，人们往往借助于物化的形态做出心理上的宣示，通过行动、习惯表现出对它的依赖和控制。

（二）标志性

在都柳江地区，但凡有鼓楼的地方都可以确定那就是侗寨，根据村寨中鼓楼的数量，就可以确定这个村寨有几个房族或者几个姓氏。

据统计，至今保存得比较完好的鼓楼有 600 余座，新的鼓楼数量也还在不断地增加。从前是寨子中间建鼓楼，随时代进步，鼓楼也作为一道装饰风景建在寨子外缘或公路沿侧。鼓楼的传统功能还在延续，新的功能也在更新之中，但始终不变的是，鼓楼依然是侗寨的标志。

图 4-12　侗寨全影图

侗族村寨以"斗"（douc）为单位组合。"斗"（douc）是以血缘为纽带的社会组织，通常一个寨子就是一个"斗"（douc），也即一个血缘房族。人口不断扩大后，同一个大的血缘家族又可分为几个"斗"（douc），各自建造鼓楼，如贵州黎平肇兴大寨人们均姓陆，属于一个血缘家庭。这一个寨子又分为五个"斗"（douc），分别称"斗怕""斗闷""斗邓""斗告""斗格"。在当地口头称谓时，一般不会说哪个寨子，往往会以鼓楼的名称取代隶属于这个鼓楼的地区。正因为鼓楼代表的是一个血缘家族，尽管在侗族的婚俗中有"男不外娶，女不外嫁"的习惯，但是在同一鼓楼内的男女是不允许通婚的。

也有一些情况是由不同的几个"斗"（douc）一起共建鼓楼的，因为一些建寨比较早、人口也比较少且经济能力比较弱的，几个"斗"（douc）一起建鼓楼，作为人们的信仰依托。如贵州从江的高增乡，最早占星村共有"斗得""斗全堂""斗务""斗闷"和"斗大"，但整个寨子只有一座鼓楼；此外还有至今年代最久远的、始建于明朝时期的贵州黎平述洞独柱鼓楼，在这一鼓楼内有杨、徐、谢、吴、信、潘、石几大姓，但是很多年来，这里始终都只有一座鼓楼。

"鼓楼"除了是侗寨的标志之外，它还是家族和村寨地位和级别的象征。从村寨的历史和人口以及经济状况来分，侗寨有"腊卡"和"腊更"之分。"蜡卡"（又称爷头）是较早定居的族群，"蜡更"（又称侗崽）是后来迁入的，或者是因多种原因以外姓身份投靠的，他们能享受"蜡卡"给他们无偿的接济和容留的权利，但同时也得履行向"蜡卡"每年送礼，并永尊"蜡卡"为长辈的义务。这在李宗昉《黔记》里也有记载："洞崽苗在古州……居大寨为爷头（即蜡卡），水上寨为侗崽（即蜡更），每听爷头使唤。"清嘉庆年间任古州厅同知的林溥所撰《古州杂记》载："……小寨不能自立，附于大寨，谓之侗崽，尊大寨谓之爷头，凡地方公事均大寨应办，小寨概不与闻，亦不派累，如古附庸之例。"①

（三）工具性

鼓楼，根据"名""物"对应是"鼓"与"楼"并存，侗语对鼓楼称谓的"楼""百""堂卡""堂瓦"等并没有体现出鼓的含义，早期侗族鼓楼中是否在顶部悬挂牛皮鼓，还不能轻易断言。最早有关鼓楼中"鼓"和"楼"同时出现的记载是明万历三年本《尝民册示》，也就是说，鼓楼的工具性到这一时期才真正体现出来。

鼓楼塔顶部悬挂有一个巨大的牛皮鼓，村寨中出现一些紧急事件，诸如失火、外敌入侵、接客送客的时候，都会敲起大鼓传递信号，以便族人能够提前做好准备。

敲鼓并不是人人都能敲，而是有一个被称为"传事"的人专门负责。

---

① 蔡凌：《侗族聚居区的传统村落与建筑》，中国建筑工业出版社 2007 年版，第 185 页。

有些文献中说鼓一般出现紧急事件时要由寨老敲响。虽然寨老在族内具有很高的威望和说服力,但是鼓楼的高度都在三、五、七层以上不等,且鼓楼内没有预留的梯子,完全靠攀爬才能到达顶上,而寨老一般都是年纪比较大的老人,要在有限时间内爬到鼓楼顶上敲响大鼓,显然是难以做到的。"传事"授命于寨老,当出现紧急情况时,在最短的时间内敲响大鼓。鼓声也不是杂乱无章,鼓楼所属的人们通过鼓声来判断事件,如开大会和迎接外寨的客人,就"咚!咚!咚!"三声。发现外敌入侵和失火,要捶得很快,其节奏就是"咚咚咚咚……";开会和失火时,除了鼓声外,人们还需要尽量放开嗓门大喊,辅助鼓声传递信号,但外敌入侵时则不喊,听到鼓声大家的心里就打起鼓来了,感受到了事件的紧急,并尽快做好应对准备。

(四)族性认同

鼓楼在自然崇拜的影响下,以血缘家族为单位的共同生产、生活方式已形成了一种以鼓楼为中心的文化规范,族群的共同价值观和由个人感受所构成的集体认同意识,是人与鼓楼的互动过程。

鼓楼的中心柱是一个寨子的信仰依托和荣辱标志。村寨之间或者鼓楼之间举办的斗牛赛,打输了的牛会被杀了烹食,胜利的寨子会获得牛头奖励,带牛角的牛头骨会挂在中心柱上,以此表达喜悦和自豪之情。在村寨内部和一个款区内,共同决定了的事情和决议,会在鼓楼中心柱上钉入大铁钉,表示永不反悔,是谓板上钉钉。

新生儿的命名和老人的葬礼也会体现对鼓楼的认同。新生儿在满月的时候,会到鼓楼里进行第一次取名,称为奶名。新生儿的奶名不只是对孩子一个人的称呼。侗族亲属称谓制度里有父母冠子女名的习惯,所以奶名的命名非常重要。在孩子长到10岁后,又会在鼓楼里全斗人面前进行第二次取名,这次取名叫作"鼓楼名",只有通过"斗"内取名,新生人口才会被斗内人承认和接纳。按照侗族习惯,凡年满60周岁正常逝去的老人或者未达60岁但在族内甚有威望的正常死者,都可以享受灵柩放在鼓楼和鼓楼坪隆重举行葬礼的待遇,这也是一个人一生圆满的最高认同。

鼓楼内进行的活动和仪式,甚至物化的崇拜标志,都向个体表达了一种集体认同,同时鼓楼也因此而成了传承集体意识,并将这些意识发挥起来的有机体。

二 鼓楼掌墨师与鼓楼的建构技术

(一)掌墨师与鼓楼建造风格

在鼓楼建造中,工匠的创造贯穿于设计和制造的始终。建造中的核心角色就是掌墨师，掌墨师是侗族鼓楼建筑施工时工匠团队的管理者，也是鼓楼建造工程的总设计师和总工程师，同时也是工程质量的保证者和工程进度的监督员，同时他还是代表人与神及代代已过世"掌墨师"进行灵魂沟通的使者。建筑物的生命因为掌墨师通过形而下的对物创造和形而上的祭祀相结合得以彰显。因此，可以说掌墨师不但是建造侗族建筑的核心人物，更是赋予侗族建筑灵魂的人。

并不是技师技艺精湛就可以成为掌墨师，普通的木匠要想从"匠"升级成为"师"，要经过长时间的认证。掌墨师的认证不仅要看他能否熟练使用各种木匠工具，还要看他有无独立完成的作品，如承建的鼓楼、花桥和民居，更为重要的是他是否具有超群的计算能力和记忆力。只有具备了这些基本能力，才能得到上一任掌墨师那里传下来的"建造密码"。"建造密码"是一种无形的东西，有人称之为"咒语"，有人称之为"口诀"，可以理解为一种建造风格，也可以理解为祭祀和下料过程中的"术语"或者是规范，总之是一个极为庞大的体系，只有徒弟与掌墨师能够心意相通了，才能悟出这个"建造密码"的真实意义。这个领悟过程并非将掌墨师的建造技艺在下一个掌墨师或者建筑物上复制，而是将掌墨师的精神传递下来，形成"学统"。传统建筑技术传承，最为普遍的是师徒、父子的传承模式。任何一幢建筑的架构，都要充分考虑地势、地形、地基质量来确定，不会有预先设计的图纸，全靠"掌墨师"凭着自己的经验并结合主人的意愿决定，设计图只存在于掌墨师的脑海中。所以，在传统上，一任掌墨师在长期的实践过程中，会逐渐形成自己的固定风格体系。在侗族传统建筑开工时，都会有一个庄严而肃穆的祭祀仪式，掌墨师是祭祀的主持者，咒语是祭祀中的一个重要部分，通过咒语能与神灵和已逝去的掌墨师祈愿，祈求能给使用者和村庄带来福祉和庇护。掌墨师传承上一代的咒语，就是一种能力的"认证"和衣钵的传承，如果不懂咒语，在工程开工时就无法请神、祭祀鲁班祖师，更无法请到历任已过世掌墨师"来到"施工现场并获得他们的"许可"。

（二）"中心柱型"鼓楼的构造技术与细节

"中心柱型"鼓楼又称独柱鼓楼，目前在侗族地区仅有三座，黎平县岩洞镇有两座，一座位于述洞村，一座位于岩洞村四洲寨，另一座位于广西县三江镇独洞乡独洞村，其中以岩洞镇述洞鼓楼历史最为悠久。

独柱鼓楼以中柱为中心，与多柱鼓楼的力学布局不同，独柱鼓楼的中心柱是整座鼓楼力的支撑点。以中柱为中心，用十字穿枋把横心柱、檐柱、童柱、瓜柱连接组成建筑的构架，内部结构如杉树伞状分布。多柱鼓

图4-13　请"厢"过程中的"斗萨"：建造祭祀

图4-14　述洞独柱鼓楼

楼中心设有火塘，独柱鼓楼的中心柱占据鼓楼核心位置，故火塘设置于左侧。因此，中心柱就取代了多柱鼓楼的向心力、凝聚力的文化承载作用，故其装饰也略有所不同。

鼓楼是一个村寨或者一个血缘家族的集体建筑，也是集体意象、集体荣辱承载的地方，因此中心柱的装饰意义尤为突出。中心柱的装饰是"形"和"意"的统一。"形"强调装饰符号的物质性，能充分反映本民族与自然、社会、人的和谐统一；"意"体现的是情感、文化意蕴与宗教信仰，每一个符号具有自身构成要素的同时，也与其他符号之间相互联系，共同组成一个完整的符号系统。

与鼓楼的外部装饰不同，外部装饰以平面装饰为主，通过塑形和彩绘的方式还原侗族人民生产生活中的不同场景。但是中心柱则是将生活中一些关于信仰的物化物悬置于中心柱上，起着精神依附和荣辱标志的意义。多柱鼓楼在建设的时候会有一个隆重的上梁仪式，会挂着标志吉祥平安的红布悬置于梁上，但独柱鼓楼没有上梁，那标志着平安的红布则系于中心柱的顶端。此外，侗族是稻作民族，祈求风调雨顺和五谷丰登的形态化物质依然会挂在中心柱上，通常是单数量的禾穗。此外，作为集体活动建筑，一些集体荣誉的标志物也会挂到中心柱上，如鼓楼间或村寨之间斗牛比赛，赢了的奖品、牌匾会挂在中心柱或鼓楼内的醒目位置；打输了的牛也会在烹食后将带角的牛头骨悬置于中心柱上，既是将作为图腾的牛的物化标志，也是将荣辱挂在中心柱上以激励鼓楼内部的人。

（三）鼓楼的技术建构类型及变迁

众所周知，侗族不仅鼓楼，所有建筑均为木质，结构形式均由榫眼嵌合，长短枋处合纵连横，整个建筑不用一钉一铆。然而这些只是侗族传统建筑的普适性、概括性的描述。但是建筑外形、结构、地基、力学构造、民事意象之间的融合，在一座建筑物之上又有着多重交叉。就其技术建构类型来说，又可根据具体建筑所处的地基、格局、力学不同而分为抬梁结构、穿斗结构、斜梁结构。鼓楼是结构复杂的建筑，其架、面、顶的多重融合决定了技术建构类型的多样性。

1. 抬梁结构

梁是鼓楼承载力的构件，也是塑造塔身的结构框架，鼓楼的梁是通过对杉木开眼削榫，分置于不同的柱头之上。抬梁是在梁上骑瓜，在瓜头和梁的交叉处放檩条，檩条上放椽皮，从而形成斜顶，其技术原理是用柱支撑梁，由梁抬起斜顶，故称抬梁，其剖面示意图如图 4-15 所示。

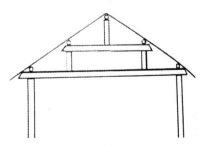

图 4-15　抬梁结构图

抬梁结构的技术要点是抬梁不仅在梁底面开眼，还要在梁的面上开眼，把构成破面架立瓜的瓜脚开榫，插于承重梁上，承重梁无论是底还是面，都不能开榫，目的是保持承重梁的载荷力。

2. 穿斗结构

建筑中的"斗"，通常指的是垫拱的方木，"拱"是建筑物上弧形构析的重叠。所谓"穿斗"重在一个"穿"字，与抬梁结构所不同的是，坡顶结构枋、梁、柱头的衔接、承重都是在柱头处通过凿孔穿榫的方式架设，因此穿斗结构中的枋片相对较薄，但正是各个部件之间合纵连横，柱头、瓜头直接穿孔架设梁、枋。因此，穿斗结构稳定性更强。

穿斗结构是将各个部件之间通过凿孔的方式组合成一个整体，因此，各个部件的加工，以及各个部件之间结合处的形状、尺寸都有着严格的要求，在加工和施工时要注意以下几点。

第一，中柱柱眼与后金柱柱眼间，后金柱柱眼与后檐柱柱眼间，无论是宽面还是窄面都要留有一定空间，施工中枋片要比穿过柱眼出榫方的尺寸小 10 寸，如此的作用是柱眼与榫枋之间形成一个较厚的"肩膀"，施工时要把较厚部分与较薄部分连接处刨平刨光，便于穿枋的同时也能保证榫头的嵌合紧凑。

第二，两个柱眼之间的宽度差距较大，在施工中要以枋的天平线为准。枋穿大柱眼出榫方的尺寸较小，因此在紧临大柱眼下一个柱眼进榫的宽面应留出 2—3 分宽，同样需要将各个部件的头、眼刨光、刨平。

第三，因为柱子要靠枋穿眼连成一个牢固的结构，通常一片枋会串联起大小不同的好多个柱眼，由于枋材料的限制，柱子的结构也会因材料受到一些影响，因此，加工枋时的弹线就变得尤为重要。天平线是加工枋的弹线核心，天平线应选在枋平面的翘起部分，尽量最大化地利用翘起部分，以便节省材料。根据穿过柱眼的最大尺寸，留有 2—3 公分，再弹一根与天平线对应的"地线"，"地线"的作用是通过对应天平线形成相对规范的枋片，即便因为材料的"先天不足"，也可以作机动调整。天平线与"地线"的对应，有效保证了枋片的质量，也可以巧妙地回避材料的缺陷部分。

三　鼓楼的建造过程

（一）商议

鼓楼是侗寨里的公共建筑，修建鼓楼是整个村寨的大事。侗族村寨的结构单位是以血缘为纽带、以"鼓楼"为标志，故修建鼓楼的出资、出力则由鼓楼社会内部的每一个人参与。在新中国成立以前，侗族社会沿用的是"款组织""寨老组织"和"卜拉组织"的管理制度，在组织鼓楼建造商议时，由款首、寨老组织群众商议。新中国成立后，管理体制发生变化，出资的行为方也有了政府作为补充，所以组织商议时则由村支书、村长和老年协会共同协商，群众代表参加。鼓楼的下一级单位"稿斗"要修建鼓楼，不必考虑其上一级组织，由"稿斗"内部成员商议即可。

商议的内容主要是鼓楼建造的规模，包括占地面积多大，层数多高，出资、出料、出力的分配如何，由哪个"厢"来设计和修建等。①

（二）相地

侗族有"未立寨，先立楼"的习惯。鼓楼是一个侗族村寨的标志，也是侗族人心中的"旗帜"。鼓楼建起来后，人们会围绕鼓楼周边建房居住，逐层扩散，形成侗寨。正因为侗寨的结构以鼓楼为中心，为保证村寨的和谐、便利，除了保证本族人生活方便外，风水是极为重要的考虑因素，所以相地是鼓楼建造过程中极为重要的一环。在相地环节，民众的参与度不高，往往由风水师独立完成，选择几个风水较好的地与寨老商议，由寨老带领民族从中选择一方合适的地址。

鼓楼的选址往往位于侗寨的中心，现在的鼓楼通常是在原有的旧址上改造而来，当然也有一些古鼓楼加以修缮而保存至今的，现在侗族村寨不断扩容，需要新建一些鼓楼，也可在村寨中另外选址修建。如今的鼓楼的文化功能不断弱化，但无论"用"的频率如何，在相地时自然会把风水作为考虑的第一要素。

鼓楼的风水通常会参照周边地形将居住地拟物化，如贵州黎平肇兴侗寨就被比作一艘大船，广西三江的八协寨居民将其对门寨比作一条鱼等。参照地形与拟物化的对象，鼓楼在建造时会规避一些相克的元素，在建造时会有所调整。如肇兴侗寨的五座鼓楼，位于"船尾"的鼓楼要建得高些，"船头"鼓楼对应地要建得矮些，"船中"的鼓楼要高过民居，这样才能保证船平稳，载着整个寨内的人畜平安的"大船"才能平稳前行。也有一些村寨物化为动物，在鼓楼建造时选址要落在动物的头部，以示拥有永久活力。

（三）准备材料

鼓楼建造用的材料比较多，其他部分可以由民众捐献，也可以进行集体采购，还有一些材料如枋片、长凳由一些邻寨赠送，表示一种交往互助的形式，为相寨之间的通婚、交往打下良好基础。鼓楼的"中心柱"准备是一个极为庄严的过程，不接受捐赠，也不能在外采购。

---

① "厢"：侗语，即掌墨师。每一个掌墨师都有其独特的建筑风格。一个掌墨师带领的是一个完整的建造队伍，包括石匠、木匠、瓦匠等。

中心柱又称"雷公柱"，是整个鼓楼的力量支撑，因此无论是树的质量，还是砍树的人、仪式都极为慎重。中心柱通常会由寨中德高望重的世袭家庭捐赠，能有捐赠资格也代表一份荣耀，因为这些世袭的老住户通常是由"稿斗"发展起来的，他们是"稿斗"的主体，这种人的主体与鼓楼的主体力量支撑相互契合，成为力量的象征。

中心柱需要到村寨所辖区域内的山坡上寻找三棵相邻的大杉树，从中选出长势最好，树形最高、最直的一棵。砍树的人由村寨内最壮的"喇汗"（lax hanx，侗语，即小伙子）进行砍伐，砍树的人除了强壮以外，还要求父母健在，兄弟姐妹齐全，家中还要没有非正常死亡的亲属。

砍树过程中还有一些技术要求，首先是树要顺山往下倒，不能逆着山往上倒，要保证树倒地时树干不能着地，要尽量由杉树树枝支撑起整个树干，即便树枝够多，也要有一些杂树作为支撑。由"厢"把树剔干净后，再由众人抬到鼓楼坪上待加工。

（四）请"厢"

"厢"（sanh）侗语，译为掌墨师，意思是具有某方面专长的、专门从事某一方面工作的工匠。"厢"还有汉语的"师傅"之意，因为鼓楼技术的传承是师徒传带式，一个"厢"代表的是一个建筑风格类别，有经验的人们或者是年长一点的侗人，只要看到鼓楼的外形，就知道这个鼓楼的"厢"是出自哪一个派别。

每一个"厢"的成长过程都是从最初的工匠开始的，也就是说从做一些辅助的工作开始，"厢"是一种身份的象征，也是一种技术的程度认定。"厢"在鼓楼建造过程中主要承担三部分职责，一是"斗萨"（侗语，指祭祀），二是主持营建，三是弹墨画线。

鼓楼建造的"厢"有两个，一个"主厢"，一个"副厢"。"主厢"负责设计，弹墨画线，标记出各个构件中卯榫开口位置和大小；"副厢"负责制作构件。在设计鼓楼时，"厢"有着自己独有的尺度标尺。主柱由一整根劈开的半竹作为标尺，侗语称"将杆"，一些小尺寸的口、类则由不同的竹签（侗语：xigx，尺子）作为标尺。

（五）下料

在材料大致备齐后，掌墨师开始下料，也就是掌墨师按照其设计的要求，在切割好并打磨光滑的木料上用墨斗弹线，标示出卯、榫、孔的位置、长度、开口大小等。弹好线的木料随后交由负责加工的师傅进行锯、刨、凿等加工。

因为鼓楼是一个村寨的精神寄托，所以建造过程尤为庄重，除了请

图 4-16 掌墨师在 "xigx" 上所作的建造符号

前 后 左 右 上 下 中 天 土 挂 梁 方

图 4-17 常见侗族木工符号

资料来源：胡宝华：《侗族传统建筑技术文化解读》，广西民族大学，2008 年。

图 4-18 掌墨师在下料时进行弹线

"厢"时的祭祀外，建造过程中每弹出一根线，都关系到全寨人畜的平安，建造中不能出现返工、重复加工的情况。

（六）整地基

鼓楼坪是一个重要的场所，是保证集体性活动有效进行的基础保障，除了实用的功能外，鼓楼坪还是重要的文化形式。鼓楼向上伸展，代表阳；鼓楼坪横向延伸，属阴，故为兼顾阴阳平衡，鼓楼坪在整地基时也会用鹅卵石拼成八卦图，天圆地方图，鱼、花、鸟等图腾物和装饰图案。

为了节约成本，也本着实用的目的，近年来新建的一些鼓楼，在整地基时会直接用水泥浆平。从工具角度看，水泥在建造时的效率确实要比花基要节约得多，但是在活动中，其文化的功能仍然存在一定的缺陷，经以当下，新的鼓楼建设时地基的铺设也强调了文化的回归，多选用鹅卵石铺成花基。

（七）立架

立架，意味着鼓楼从平面状态进入立体状态，也从零散状态进入整体状态。

图4-19　完全由人力完成的房屋立架

立架是一个隆重的过程，首先要选择一个良辰吉日进行。立架首先是立中心柱，在立柱之前，要有一个祭祀仪式，主要是祭鲁班祖师。仪式场面不大，主要是参与立架的人参加，在鼓楼坪的中心位置摆上一个祭坛，在最核心的位置摆上木槌，还有装满糯米的升子以及酒、香。仪式由"厢"主持，焚香、洒酒、念祭词后，第一根柱子就踩着吉时竖起来，随后分别竖起四根柱子，形成鼓楼的主要结构和力的支撑后，四周的檐柱先在地上连接好，再送至架子上与主柱相连，由下至上逐层加挑檐枋、架立瓜柱、上大梁直至顶部。

侗族建筑建造过程是纯手工、纯人力的，所以立架时的竖、连、穿、移、锤等全靠人力，因鼓楼的神圣性，参与立架的都是寨子里强壮的年轻人，同时还要符合父母健在、兄弟姐妹齐全和家中无非正常死亡的条件。立架过程中，所有参与者不能喧哗，不能发出与立架无关的声响，"厢"在指挥时完全依靠手势进行。主体框架立起来后，随后是一个热闹的上梁仪式，仪式包括祭梁、上梁、撒梁粑，群众欢欢喜喜抢到梁粑后，鼓楼的立架活动也就结束了。

(八) 装饰

装饰是一个精细的工程，装饰的项目包括泥塑、造型、盖瓦、绘画等等一系列的工作。《营造法式》中提到的营建十三个工种，鼓楼的建造就牵涉到七至九个工种。①

装饰中项目繁多，木工、泥工的塑形主要是增加鼓楼外部线条的柔美感，绘画的内涵最为丰富，除了色彩的把握外，绘画的内容需要精细筛选。因鼓楼外檐部分留作绘画的面积很窄，但是要求在视觉上能看得清楚，还要第一眼就能清楚绘画的内容，所以对画师的要求较高。通常绘画内容为侗族人生产生活中的一些情景，还有一些故事、传说、图腾的动物、植物等。

(九) 庆典

鼓楼落成是整个村寨的大喜事，通常会由主寨主持庆祝三天。第一天

图 4-20　广西罗城龙岸纳冷屯鼓楼落成庆典

是隆重的接 "kgul bas"（侗语：姑姑）的仪式，也就是将本村外嫁的姑娘都接回娘家寨子参与新鼓楼的庆祝，第二天，"kgul bas" 们会给鼓楼捐钱捐物，送牌匾，第三天，吃长桌宴。

庆典过程包括鼓楼唱歌、踩歌堂、吃长桌宴。长桌宴除了串串肉需要集体杀猪宰牛，其他的配菜、糯米饭、米酒都由寨内各家各户集体凑在一起，形成百家宴。在庆典的这段时间，周边的寨子和 "稿斗" 也纷纷挑上米酒、糯米饭和鸡、鸭等贺礼来参加庆贺。

---

① 胡宝华：《侗族传统建筑技术文化解读》，广西民族大学，2008 年。

四　鼓楼的类型

鼓楼的类型、风格主要决定于掌墨师的派系，因掌墨师的设计、建造也是一种人的主观创造，其风格、细节也会随着时代的变化和审美的变迁而改变。但是，不论如何变化，鼓楼的核心要素基本不会变。尽管鼓楼根据造型、功能结构和塔身、檐、尖的不同，鼓楼的类型也多样，但通过分类，根据鼓楼外观、结构功能和技术结构的不同，鼓楼主要分为以下类型。

（一）塔式鼓楼和阁式鼓楼

根据塔身外观，鼓楼可分为塔式鼓楼和阁式鼓楼。顾名思义，塔是立面形似古塔，平面呈正方形，严谨、对称，外形规整。视觉效果挺拔、优美。阁式鼓楼立面与民居相似，造型朴素，鼓楼堂四面围栏，挡风效果好，造型朴素，平面以长方形居多，面上设计较塔式鼓楼更灵活、自由。阁式鼓楼与密檐式结构明显吸收了汉族楼阁和佛塔的建造技术和风格形式，并结合侗族的图腾信仰作进一步改造，形成了侗族独有的建筑风格。

（二）干栏式、厅堂式和密檐式鼓楼

干栏式采用民居建筑的下部架空的构造方式，这一层离地面两尺左右，主要是防潮、防蛀，集会厅设在二楼。厅堂式通过抬梁与穿斗相结合，鼓楼中间的四根柱子升起，用抬梁屋架部抬高屋顶。密檐式最为常见，底面层较大，塔身有7—15层不等的密檐。

（三）抬梁穿斗混合式和穿斗式

根据技术结构的不同，鼓楼又可分为抬梁穿斗混合式和穿斗式两种。其中抬梁穿斗混合式也可以进一步分为"穿型"和"梁型"；"穿斗式"也可以分为"非中心柱型"和"中心柱型"，"中心柱型"又可以细分为独柱鼓楼和"回"型鼓楼。[①]

第三节　风雨桥的建造技术

风雨桥又称花桥，是侗语"jiuc wap"的直译。因为侗族人的栖居地依山傍水，在村寨之间和各个田间地头，为了交通方便，也为了满足生活

---

① 胡宝华：《侗族传统建筑技术文化解读》，广西民族大学，2008年。

与文化需要，人们在河沟之上架设起各种各样的桥。因侗族的风雨桥与鼓楼一样，是侗族的标志性建筑，因此风雨桥不单从用的角度为人们提供休息和避风遮雨的功能，它还在整个侗族文化结构中扮演着重要的角色。

一　风雨桥的功能及其在侗族文化中的结构叙事

（一）风雨桥的功能

侗族风雨桥的功能主要包括"意"的功能和"器"的功能。从"意"的功能上看，侗族百越民族以水为图腾的族性使人们敬水也畏水，因此尤为注重水的流向和村寨的风水。村寨附近的风雨桥通常位于村寨的出水口，也就是寨尾。在中国传统文化中，水通常是财、福的象征，水环流则气脉凝聚，"左右环抱有情，堆金积玉"①。故水入口处往往会是开放

图 4-21　桥面呈平面弧形的风雨桥——回龙桥

的格局，意寓广纳。而出水口处则不然。因"水去处为地户，地户当闭密"。水口"宜有罗水、游鱼、水辰、华表，捍门关拦重叠水砂镇居"②。风雨桥设置在村寨的出水口处，正是出于"保风水、佑村寨"之用。不仅如此，因为侗族人把水脉称为"龙脉"，故把水看成龙，因"龙从上游游到桥边，回头守寨，保护寨子人畜平安"。现湖南通道县一座国家级保护的风雨桥就叫"回龙桥"。

从"器"的层面看，因为侗族人生活的地方与生产的地方相距甚远，人们上山劳动一去就是一整天。加之都柳江地区阴雨天气频繁，为了在山涧间交通方便，人们除了在寨尾架设风雨桥外，在田间地头也建有一些小

---

①　《水龙经》（卷四）。

②　蔡凌：《侗族聚居区的传统村落与建筑》，中国建筑工业出版社 2007 年版，第 239 页。

型风雨桥，为人们提供休息场所和遮风挡雨之用。

（二）风雨桥在侗族文化中的结构叙事

侗族没有文字，有关侗族文化的叙事一方面是通过内容极为广泛的歌谣、故事、理讲、款词等口头方式流传，另一方面则是通过不断变迁的建筑物记录。每一座建筑都完整地呈现了侗族文化结构中的精神、情感，又以艺术、象征的形式呈现了侗族人的生态智慧。风雨桥作为"侗族三宝"之一，其在侗族文化结构中的角色极为丰满。具体表现在。

其一，风雨桥的顺应天时理念。

侗族因为技术发展滞后，人们的衣食住行都依赖于大自然，因此人们对自然保持着敬畏，风雨桥的建造以及建造意象都围绕天时进行。从功能角度说，风雨桥其"意"的功能是保村寨人畜平安和生产丰收之意，其建设的出发点就有着浓浓的天时之意。

其二，风雨桥顺应地利的理念。

风雨桥和侗族其他建筑一样，均不用一钉一铆，既美观又安全，因其横跨在水面之上，故对地势的要求十分严格，不仅要满足桥身承重之需，还要兼顾风向和水流对桥身的冲击。因此，风雨桥的选址不单要满足天时，以确保风水的同时，还要兼顾地利条件。

其三，风雨桥顺应人和的理念。

风雨桥除了保风水外，最直接的功能就是为人们的出行提供便利，其往往建在寨尾或者田间地头，供交通和休息之用。有一些风雨桥建在风口处，没有大山和大树的遮挡，风力特别大，尤其在冬季和雨水频繁之时，大风和大雨就会灌进桥面，既不利于桥体结构安全，也不便于行人之用，故这类风雨桥会采用半封闭式，即靠北的一面全部用木板封闭起来，既挡风又遮雨，以利人们使用。还有一些风雨桥不但要供行人通过，而且一些大型的牲畜也需要通过。早期的风雨桥为纯木质结构，像马匹、耕牛等不能从人行的桥面上过，于是智慧的侗族人便开辟了人畜共用的桥面，即一面走人，另在桥面的一侧开辟一条小道，加设护栏，专供牲口通过。这些设计都显示了风雨桥顺应人和的理念。

其四，风雨桥顺应侗族万物有灵的审美理念。

侗族万物有灵的图腾信仰通过鼓楼、风雨桥等建筑得以释放。不只是在结构、造型上凸显侗族以山水为美、万物有灵的审美情趣，人们还会将故事、传说、信仰、生产生活中的场景刻画到风雨桥的桥体上，这同时也体现了侗族独特的审美情趣。

图 4-22　显示着侗族独特审美情趣的花桥一角

二　风雨桥的结构及技术构造

（一）风雨桥的结构体系

风雨桥是飞跨于水面之上的艺术品，一座比较大型的风雨桥都包括桥基、桥跨和桥屋三大结构体系。

桥基是风雨桥的力学体系。与其他建筑不同的是，风雨桥的承受力来自多面和多向，桥基的材料不同，桥基的承受力也有大小之分。因为桥基直接接触的是水面，为了保证桥的耐用性，根据取材便利和用材承受力的需要，桥基通常以石基为主，随着技术的不断进步，桥基也先后经历木材、石材、土砖、烧砖、钢筋混凝土的材料变化。

桥跨是风雨桥的桥梁结构体系。桥梁的结构体系极为复杂，因为桥梁上承桥屋，下接桥基，在净跨度 20 米的两个桥基之间，依靠桥梁结构来完成。因风雨桥为全木结构，故桥跨的结构体系则依靠伸臂木梁技术来实现。

桥屋是风雨桥的平衡与防护体系。因风雨桥是全木质结构，侗族聚居区为亚热带气候，且其横跨于水面之上，长期的潮湿对桥体极为不利，因此桥屋不单起到平衡的作用，屋面盖青瓦还能防雨水侵蚀，以保护桥体、延长风雨桥的使用寿命。

（二）风雨桥的技术构造

风雨桥经过长期的发展和演变，其结构、构造以及外形等方面已形成了一套成熟的技术体系。侗族风雨桥有大型和小型之分，因其规模的不同，其技术构造也不尽相同，如小型的风雨桥没有桥墩或者只需要简单的桥墩，桥廊从三开间到十几开间不等。大型的风雨桥其桥墩、桥跨和桥屋都十分考究，对技术的要求也极高。

桥基的技术构造：桥基是桥两端抬起的基座，多就自然地形为基础，局部护坡处以青石堆砌形成与水面接触的面，以此减少水流对桥基的冲击力，桥基护坡处通常采用青石护表，内灌石料填充，形成横向8%收分，竖向3%收分，向水、背水处均分68度锐角的六棱柱体。这样设计的最大好处是减少水流对桥基的冲击，以青石作为材料既耐冲刷、又耐腐蚀。

桥跨的技术构造：在早期没有钢筋架构技术，侗族风雨桥的桥跨主要靠伸臂技术得以实现。根据桥身长短和桥孔数不同，伸臂技术分为单向伸臂和双向伸臂两种。单向伸臂是以桥一端的岸壁为着力基点，架设若干层木梁，每一层均比下一层多伸出一定臂长，直到接近桥心处。每两层木梁之间架设起横木，以固定每一层木梁的每一条木枋之间的联系，起到均衡着力的作用，使桥基坚固有力。双向伸臂是在河心墩柱顶叠架的木梁向桥面平行方向两边平衡地伸出墩外，与相邻的桥墩叠架木梁逐渐靠拢，形成多孔连续的伸臂梁桥。[1] 双向伸臂桥始于简易梁桥的柱顶托木。木柱简易木梁桥在柱顶处与木柱榫接的短木托梁，增加了木梁的承重点，可以使梁中拱距稍有减少，同时还可以使木柱在纵向有一定的稳定性。[2] 双向伸臂桥多为多孔桥，桥身相对较长，由于双向伸臂桥的桥墩面较大，所经托木成为平衡伸臂的力的支点，使层层挑出的承重主梁变为既有支撑力又有弹性支点的多点桥梁。

桥屋的技术构造：风雨桥的桥屋为亭、廊结合的形式。长桥为廊、亭结合式，往往在桥墩上方的廊屋中段抬高一段作悬山屋面，装饰攒尖顶或歇山顶，形成屋面亭，与廊屋结合形成多跨的廊、亭结合的长桥。单跨桥为单层廊屋，形式简单且不加装饰。

三　风雨桥的建造技术变迁及其影响因素

(一) 风雨桥构造及其建造技术的变迁

中国的木工技术最早可追溯到春秋时期，木工建筑鼻祖鲁班创造了大量的木工工具，并且将木工的技术、精神经后世的木匠一代代得以传承并进行了改良。风雨桥作为木工建筑的一个类别，其技术和造型与中原古建

---

[1]　蔡凌：《侗族聚居区的传统村落与建筑》，中国建筑工业出版社2007年版，第241页。

[2]　王效青：《中国古建筑术语辞典》，山西人民出版社1996年版，第8页。

图 4-23　廊、亭结合的多孔长风雨桥

筑有诸多相似之处，都可归于廊桥的一个类型。但是即便建造技术和风格
同源，但落户于都柳江独特的地理、气候和文化之中，其技术又有独特之
处。根据其造型的变迁，其技术也随之发生相应变化。

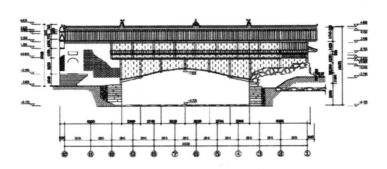

图 4-24　清乾隆时期风雨桥造型剖面图

　　风雨桥建于户外，长期经受风雨和大水的洗礼，很多都破败消失了，
通过对侗族地区风雨桥碑刻和现存风雨桥的考古发现，现存风雨桥年代较
早的多为清乾隆时期修建，因为技术有限，这一时期的桥多系单孔伸臂悬
梁穿斗式木构架廊桥。

　　现湖南通道县境内的普修桥就是始建于乾隆十五年，其造型还保持着
清朝时期典型的廊桥特点。该桥长 31.4 米，桥面宽 3.8 米，单孔净跨
19.8 米，两端桥基各一个半空心石墩，桥基伸臂插在石墩内，每一排伸
臂皆用大卵石压，以保持伸臂的稳定性，直至端伸臂合拢。

　　到了晚清时期，由于人们的信仰空间延伸，逢年过节人们会到桥上或
桥下烧香祝祷，故在桥屋的造型上，改变了单一的廊桥的造型风格，而建

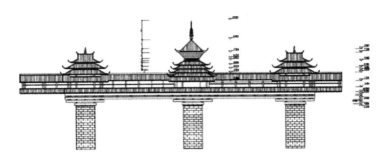

图4-25　晚清时期"桥庙合一"的风雨桥造型

成桥中或桥两端留有庙宇的"桥庙合一"的设计。

（二）影响风雨桥建造技术变迁的因素分析

明清时期，中央政权向西南延伸，也把中原汉文化、技术、信仰等带到了都柳江流域少数民族地区。汉文化的进入，与侗族文化和技术融合，风雨桥的建造技术和建造风格就是因这种融合而悄然发生变化。总体来说，造成风雨桥技术变迁的因素主要包括两类。

一是因为汉文化的不断传播。

中原汉族地区的廊桥建造文化经过900多年的积累和沉淀，已形成了固定的流程和相对稳定的建造仪式。通常，从开工到竣工典礼，至少要经过择日起工、上梁喝彩、取币赏众、踏桥开走、上喜梁福字、圆桥福礼等八道程序。[①] 侗族风雨桥的建造仪式和技术流程与明清时期中原汉族地区的建造仪式和技术流程相同。不仅是建造仪式和技术流程上风雨桥与汉族地区的廊桥一致，其梁以全木制支撑体系和伸臂的拱的力学构造也均来自中原汉族地区的技术。此外，桥面穿斗式构架和重檐歇山、重檐攒尖顶的桥屋造型也以中原官式建筑为参照，审美上侗族风雨桥与中原汉族的重檐廊桥有着极大的相似之处。

二是侗族人的信仰空间的延伸。

风雨桥的桥屋从单层廊桥桥屋到多层廊、亭、屋的结合，再到"桥庙合一"的布局调整，显示了人们信仰空间的扩大和延伸。原始侗族信仰以万物有灵为图腾，桥、水均承载人们的信仰，通常在祭祀时，人们会

---

① 刘洪波：《清中晚期广西三江地区侗族风雨桥建筑造型演变探析》，《西安建筑科技大学学报》（社会科学版）2016年第4期。

在桥头、桥下、水边焚香祷告。单孔廊桥桥面没有祭祀的场所。清后期随着人们信仰空间的扩大和延伸，尤其是中原的信仰传入侗族地区后，一些固定的神龛也会设置在风雨桥上，以便人们供奉。通常在风雨桥上设置的神位有关圣殿、文昌阁、始祖祠，基本都是侗族信仰体系之外的外来神。但是，侗族自身文化体系里的祖母神——萨岁却并不进入风雨桥这一场所。可见，技术带动的文化和信仰在侗族地区开始融合，风雨桥在侗族传统文化和生产、生活中地位突出，也说明中原汉文化对侗族地区产生了深刻的影响，出现了民族融合的多元格局。

第五章　纺制技术及其变迁

在人类众多杰出的发明当中，把棉纤成纱，把纱纺成线，再织线成布，最后制成衣服，这无疑是人类文明最重要的标志之一。在现有史料中，尚无法确定纺织技术源于何时何地。在新石器时代，中国大量出土的陶器上就可见一些纺织的图案，同样在国外的其他文明地区也有诸如此类的历史发现。可以确定的是，中国的"丝绸之路"证明了中国纺织技术在世界上的领先地位，中国的纺织技术带动了全世界纺织技术的发展。因此，除中国外，还有大量的文献从不同的侧面和角度记录了中国的这一技术，这在此之前的其他国家是没有先例。

第一节　纺制技术社会背景及变迁

侗族主要聚居于岭南一带，山高林密，水资源丰富，年均气温14℃—18℃，相对湿度为78%—84%，属亚热带气候区，雨量充沛，光照充足，丰厚肥沃的土层尤为适宜植物的生长。长期以来，侗族人凭借着较为优越的自然条件，操持着自给自足、男耕女织的朴素生活。穿，是侗族人最基本也最重要的一项需求，在此要求下，侗族的纺制和制衣技术发展较快，也独具特色。

一　纺制技术中的女性角色

（一）母系氏族社会遗风中的社会分工

母系氏族社会存在按性别和年龄区别的简单的不稳定分工。青壮年男子外出狩猎、捕鱼。妇女则从事采集果实、看守住所、加工食物、缝制衣服、管理杂务、养护老幼等劳动。因为采集经济比渔猎经济收获稳定，成为氏族成员生活资料的重要来源，所以是维系氏族生活的基本保证。妇女在社会经济生活中的主导地位是崇尚女性的社会基础。因此，在母系社会里，无论是社会角色还是社会分工抑或是社会贡献，妇女都占有着重要的地位。此外，妇女在生育中的特殊作用以及氏族成员的世系均按母系计算，更使妇女在氏族中具有崇高的威望，居于主导的地位。

侗族是一个典型的母系氏族社会，这不仅体现在侗族性别的社会分工上，在图腾信仰和婚姻制度当中更能清晰地验证侗族母系社会的特征。

侗族除了"萨"① 崇拜和"不落夫家"② 的婚姻习俗彰显母系氏族社会特征外，在侗族社会中也有明显的性别角色分工，在农业生产上，侗族有"田间"和"地头"的工作性质分工。从现代劳动的分工看，田地的劳动均属于农业生产劳动，常态下是没有性别之分的。但是在侗族社会，田间主要从事的是水稻、油菜等粮食的生产种植，通常由男性为主导，一年只种植一季，收成仅仅只够维持一家人一年的口粮，女性会在农作物生长时参与护理。旱地种植代表的是一种以女性为文化角色的劳动生产，旱地种植以蔬菜、棉花、蓝靛为主，一年可种多季，旱地种植种类繁多，不仅为侗族人提供日常生活所需的副食品，还是一家人穿衣的主要原料。

从种棉到制成衣，整个过程均是由妇女主导，服装的选材、设计也均是由妇女完成。从这个意义上说，服饰文化代表的是一种女性文化，从制作到加工再到美化均是一种女性文化的创作工程。

（二）女性角色"流变"中的主客体变化与融合

"流"，古作𣹑，从水，从"𠫓"。"𠫓"，段玉裁注"倒子"也，谓其出于内（母体）之形。《诗·大雅·常武》："如山之苞，如水之流。"意为随水漂流，又泛指传布、移动、运行之意。从心理学角度分析"流"，其实就是"强度连续体"（continums díntensité）③，都柳江少数民族传统纺制技术的"流"是女性在传承与创造中流溢出的对美的感受力和创造力的来源，通过"力比多流"（泛指一切身体器官的快感）在技术变迁的断裂中延续的形式产生、释放、升级。

技术与工业是一个协调演进的过程，少数民族传统纺制技术在传统社会突出的是女性的角色，但由于需求的增强和工业化的转型，技术文化也经历了女性角色与男性角色的主客变化与融合。侗族传统纺制从棉到成衣制成，一共需要 24 道工序，是一种程序化的过程，侗族妇女在进行纺制

---

① 萨，侗语，祖母的意思，是侗族人崇拜的女神。

② 即男女双方结婚后，女方并不到男方家生活，而是继续在母家，只在农忙和重大节庆时才会在男方家短住几日，待女方怀孕后直至生产时，才正式到男方家生活。

③ 杨凯麟：《德勒兹思想的一般拓扑学》，《台大文史哲学报》2006 年第 5 期。

时，是按照既定程序进行类似于尼采所说的"差异性重复"。也就是说传统纺制技术是浆、纺、织、染、缝、绣等是必不可少的程序，而这种程序既有制度性质（也就文化性质），还兼有工具性质，在进行技术传承时，各个程序是检验技术传承的重要标准。但纺制是一种手工的创造活动，也是一种美的创造过程，手工创造尽管有程序模式，但是受经验的影响，技术的成果形式也会有所不同。尤其是编制过程中所有的工具均由男性设计建造，男性角色的参与，也使纺制成品有着地区、家族的辨识度。裁剪、染制、刺绣是编制过程中重要的环节，也是文化性和审美的体现。敦煌本《坛经》中慧能曾说："我此法门，从上已来，顿渐皆立无念为宗，无相为体，无往为本。"①《金刚经》注："离一切诸相，即名诸佛。"② "即"是"是""不离开"；"而"是解脱、超越。少数民族服饰被誉为"穿在身上的历史"，其迁徙、发展、变化过程的"即"和"而"都是通过染和刺绣在服装上体现，这使得服饰具有了双重性。"是"，即通过服饰的技术实现了创造、应用、传承；"离"则是个人创造和代际传承有了转化、超越的效果。纺制技术是一种带着浓重阴性美的技术文化，无论从社会性、文化性、工具性各个层面都始终围绕着女性角色的整体性，从视觉表层到潜在的文化内在交织在一起的结果，是通过技术文化实现对女性主义的僭越，是农耕社会中男性主导的树状文化下的二元对立关系的解脱。但是随着工业化进程的加快，女性角色的"流变"又使纺制技术中的主客体进一步出现了融合之势。

　　技术的变迁也是文化变迁的一类，西方学者对文化变迁（culture change）定义为"文化变迁并不是仅仅出现在我们的文化中，在整个人类历史上，随着人们需要的变化，传统的行为和态度不断地被取代或改变着"③。纺制技术中女性角色的"流变"因素诸多，也很复杂，很难具体说是哪个因素在起作用，但归纳下来，不外乎内因和外因两大要素。从内部因素看，由于都柳江流域地域跨度较大，分属不同的流域段以及人口所占最多的侗族分布也很广，因此技术特点的角色参与度也存在一定的差异。苗侗文化生态圈内的侗族上游与苗族、布依族交汇，下游与壮族交汇，虽同是侗族，技术特点也有南北差异。从外部因素看，导致侗族传统

---

①　杨曾文：《敦煌新本六祖坛经》，宗教文化出版社2001年版，第19页。

②　《大正藏》第八卷：750。

③　［美］C. 恩伯、［美］M. 恩伯：《文化的变迁》，辽宁人民出版社1988年版，第531页。

技术文化角色变化的直接原因是工业化的演进，服饰作为一种文化产品逐渐走向市场，因市场需求变化又反推技术角色的演变。从历史上看，纺制技术是一种以女性为主要角色的技术创造，但女性承担的仅仅是传承、应用、创造功能，在服饰作为商品进入市场后，交流的对象、要素不断多样化和复杂化，而侗族女性在传统社会中的角色相对单一，所承担的社会角色也相对简单，与外界的接触较少，因此，在机械化生产和商品市场化后，纺制技术就逐渐转变成男性主导。但是，传统纺制技术的社会性、文化性和传统性依旧离不开女性角色的参与，故在"小传统"与"大市场"的交融中也出现了女性角色的主客体交融。

（三）纺制技术中的崇高与优美的织体分析

"织体"并非纺织体，英文为"Texture"，是音乐的结构空间结构形式之一。它不同于时间结构的"曲式"，是借用视觉印象的概念，将音乐听觉上的同一时间内客体反映的声音的频次经由音乐载体反映到主体的层次关系。正如主体可以在相应时间内分辨出这一时间内的旋律线条是单一的还是添加了和声背景，或是好几种不同旋律的交错、重叠，正是多种旋律的交织，于是有了音乐的空间结构。纺制技术本身是美的创造，也是历史的产物集中于物之上。历史的传承记录着一个民族的迁徙与发展，联系着每一个族群成员的文化基因，因此具有崇高的意义，服饰也会因社会活动、文化象征和生活化的"用"而分为便装与盛装，男装与女装，童装与老年装等，由场域、活动、仪式、性别、身份的不同，在不同主体上所体现的美的意义也不同。辩证法认为："我们所面对着的整个自然界形成一个体系，即各种物体的相互联系的整体……这些物体是相互关联的，也就是说，他们是相互作用的，并且正是这种互相作用构成了社会运动。"①纺制品既是历史的产物，又是美的创造，要分析这一技术，就必须了解其由部分构成的整体及变化的和无变化的整体状态，要摒弃那种将材料、技术、器物、工具视为毫无联系的独立观点，要进入由纺制品这一物为载体的民族、社会、心理、个体内部，观察各个要素相互渗透、交织的关系。

首先，崇高的"织体"分析。

纺制技术的崇高意义是深层次的，是将少数民族的认知、信仰、归属、审美、娱乐通过技术手段表现在服饰上，并在宗教、仪式、舞蹈、美术等相关的创造、活动中得以体现。将人们赖以生存的自然山川、花草虫鱼、天文宇宙融于服饰之上，并通过各种活动的着装习惯来展示人与自

---

① ［德］恩格斯：《自然辩证法》，人民出版社 1971 年版，第 47 页。

然、人与社会、人与人的和谐关系。如逢重大节日、节庆、寨际交往、民俗民事活动时必穿盛装，以示对人、对活动等的尊重，体现出活动的庄重和严肃。

其次，优美的"织体"分析。

侗族纺制技术美的"织体"均来源于其生栖的客观物质世界，通过个体的感知、想象、改造、创新在服饰上综合体现材料、结构、造型、款式、空间布局、功能分类、美术工艺等多种特点，从而形成审美意义上的地域性、文化性、历史性特点。都柳江以侗族为主的少数民族生活于青山绿水之间，独特的自然地理构造与生态植被多样性为当地少数民族提供了丰富的审美资源，人们通过对自然美的取材，将人们对自然的依附、敬畏以及人与自然相辅相生的和谐关系融于服饰之上，即便进入工业社会、信息社会、数字社会，透过纺制技术依然能照见少数民族的性格、心理、情感与审美。

图 5-1　传统刺绣图案

二　历史着装特点

和人类进化的过程一样，侗族人也经历了漫长的进化过程，从单一的生物群体转变成具有侗族特定符号的族群，这过程中包含着侗族人无穷的智慧。

服饰是区分不同族群的主要标志之一，侗族服饰经历了一个从无到有、从单一到华丽的漫长发展过程，仅在材料的演化中就经历了三个阶段：第一是自然阶段，在这一阶段中，人们以草、叶、树皮和羽毛披在身上，以抵御风寒；第二阶段是卉衣阶段，即用草、藤编织衣服；第三阶段是布衣阶段，随着农业生产和手工技术的不断发展和成熟，特别是种棉业的发展，棉制品极大地丰富了侗族服饰的材料并因此带动了纺织技术的发展。

据《旧唐书·流求国传》记载："男女皆以白纻绳缠发，从项后盘至额。其男子用鸟羽为冠，装以珠贝，饰以赤毛，形制不同。妇人以罗纹白布为帽，其形正方。织斗镂皮并杂色纻及杂毛为衣，制裁不一。缀毛垂螺为饰，杂色相间，下垂小贝，其声如珮。缀珰施钏，悬珠于颈。织藤为笠，饰以毛羽。"[1] 很显然，侗族今天的服饰仍保留着大量的历史特点。

侗族无论男女服饰，在不同年龄人群、款式中，都以对襟装为主。宋代以后，当中原服饰逐步走向简单明快、以实用为主时，都柳江流域的一些民族的服装也受此影响而逐步简单化，但生活在贵州大山深处的侗族妇女，却经受住了封建王朝对民间服装的影响和冲击，她们巧妙地将这些影响和冲击作为元素进行再加工，融进服饰中，并沿着本民族发展的轨迹，以较快的速度发展，形成了一种款式繁多、工艺精美，蕴含丰富民族文化的传统服饰。

（一）男士"长裤短衫"着装特点

侗族男装上衣通常有两种款式，一种是起源于宋代对襟旋袄的对襟短款衣，也叫作便衣，侗语称"kugs lav dedv"。这种款式较为简单，根据人体所需尺寸，取一丈布按固定尺寸折叠成四个等分，叠齐从一端剪出腋下部位及肩部，沿布的边沿缝合而成直筒形衣身；同样取布两两对折按固定尺寸剪出直筒形衣袖，衣袖一般齐手腕处。衣领为立领，通常高约3厘米。扣子由制衣所剪下的残布制成，将布剪成1厘米左右，卷成细条打结缝制而成，一件上衣扣子9—11颗不等，均为单数，通常是左襟为扣，右襟套帽。上衣一般对缝两对荷包，一对小荷包缝于左右前胸处，一对大荷包缝于前两襟处。这一款式仍然是今天侗族男装的传统款式。另一款式是大襟式，为直领式长衫，衣身宽松，在民国以前较为盛行，民国后期逐渐减少，在20世纪60年代，基本上只有少量老人穿，现在这一款式在生活中基本已不再见到，只有在一些集体活动中寨老、款师还穿。

男士下装为裤子，由侗族自制的土布缝制而成，根据裁剪的方式称为六片裤，顾名思义，这种裤子由六片布料缝制而成，左右两边各有三片，故也称"三片裤"。这种裤子裤身宽松，裤管肥大，便于下田劳动，同时

---

① 《隋书·流求国传》，中华书局1973年版，第1823页。

也凉爽、方便，裤带与裤身是分离状态，穿的时候先将裤带固定在人的身上，套上裤子将裤头扎进裤带中即可。

图 5-2　侗族男装图

（二）女士"有裙无夸"着装特点

据《三国志·薛宗传》记载："骆越人，椎髻徒跣，贯头左衽。"这里记载的就是侗族历史上其中的一种着装风格，即侗族妇女盘发，平常情况下较少穿鞋，所以至今在汉侗杂居的地方还流行有这样的说法："苗冷头、客冷脚。"① 另据《金坛与宋周瑀挖掘简报》记载，在周墓出土的一件殉葬服中有一种女装为合领对襟衣，宽前开袴，前襟部位有一对缝的带子，带抹胸。这一类服装是南部侗族地区至今还普遍流行的服装款式。

由此可见，侗族在历史上的服装款式就种类繁多，但通常情况下，其服饰的组成均由上衣、百褶裙和绑腿组成，便装通常不配鞋，只有着盛装时才会配鞋。

通过对比整理发现，侗族女装款式主要有右衽大襟、交领左衽和紧身对襟三种。元朝时期，盛行一种对襟长袄款，这一款式至今在湘黔交界处的坪坦、洪州等地仍然保留。从清代开始，在南部侗族地区开始流行一种大襟式上衣，所不同的是扣子的地方有所不同，大襟从右锁骨一侧直下转角及腹部再直下，当地称"琵琶襟"。便装较少有装饰，诸如刺绣和银饰，但盛装却华丽许多。宋代诗人陆游在其《老学庵笔记》中写道："峒人妇女好戴银耳环，多至三五对，以线结于耳根。"

---

① 侗族在大杂居的地方被外民族统称为"苗"，其本意并非指其为苗族，汉族或者其他民族，侗家称"嘎"或者"客"。

侗族妇女裙装为"围腰裙",由多匹布通过细致的折叠缝制而成,长度通常及膝,裙分为裙头和裙身两部分,裙头由双层布构成,宽约 6 厘米,裙身一端嵌入裙头,缝合。因为裙身褶密度较大,所耗布也比较多,所以裙也比较重,约有 2 公斤。

图 5-3 侗族女盛装

第二节 纺织技术及其变迁

侗族服饰所使用的材质主要以侗族自制的土布为主,在新中国成立以前,由于交通闭塞,民族经济发展落后,民族开放和民族之间的往来较少,这一时期侗族的服装均是侗人自己种植棉花、纺纱成布而得,自制的土布是当时唯一的服装制作材料。

一 棉花的种植

侗族地区以山林稻作为主要经济类型,种植种类除了必需的粮油作物外,穿、住的原材料种植也是主要的作物,穿的主要原材料有棉和蓝靛。

(一)棉的生长环境选择

棉的种植一般是选择在谷雨前后,在侗族地区有句俗语叫"谷雨前,好种棉"。在这个时节,温度在 16℃—20℃,降雨量较大,适宜的温度和湿度正是棉的最佳种植季节。棉花是喜阳的植物,种植时要选择坐北朝南或坐西朝东的向阳地,棉的土地最好是连年种植的老地,新的土壤环境其酸碱度对棉的产量有较大的影响。侗族聚居区虽然以山地为主,但棉的种植必须选择平坦的向阳地,一方面是棉的种植需要充足的向光性,另一方面,平坦的地方也便于采收和防虫。

（二）棉的播种和间管

棉的播种必须选在晴天进行，这主要是为了防止土壤板结影响棉的发芽和生长。在播种前，棉的种子需要用温水浸泡 36 小时左右，这主要是为了让棉种充分吸收水分后便于破芽，浸泡完成的棉种还要用火炉灰搅拌，让火炉灰吸干种子表面的水分，有效避免在播撒时种子黏成一团，做到自然分离。植株行距一般以 10×12 厘米左右，每株三到五粒种子为宜，株行间行交错，这主要是为了便于采光，提高棉的整体质量。在播种妥后，第一层浇上一层稀释人畜粪肥，再用土灰或者较干的畜粪肥覆盖表面，一方面是增加土壤的肥料，另一方面也起到保暖的作用，能有效促进棉种发芽。

俗话说："三分栽培，七分管理。"侗族人也常说："田不薅得一半，地不薅不上算。"在五月中旬，也就是春耕季节之前，要对棉进行一次全面的除草、杀虫和施肥的管理。除草时不能单单把草拔掉即可，需用小锄头将草连根轻轻挖起，在彻底铲除草的同时又不能伤到棉的植株，这样一方面能做到全面除草，另一方面，对土壤进行松动既可以增强土壤的呼吸力度，同时还有利于肥料的吸收。在这一阶段的施肥要以淡肥为主，通过将人畜尿兑水 50％ 而成。

棉的生长从播种到收获大致需要六个月，在这期间，人们要不断地作日常间管，做到有草必除、有虫必杀，以此来保证棉的产量。

（三）棉的收获及加工

秋收过后，棉花的生长已完成，当棉地里的棉朵充分绽放时，意味着已进入了捡棉的时节。捡棉需择晴朗的天气进行，最好是在下午太阳开始偏西时，因为棉从早上到这个时候，棉朵上的水分已得到充分照晒，此时的棉花又白又干，不仅质量好，而且利于保管。如果遇上长时间的阴雨天气，妇女们也会择最佳时把棉花从地里捡回来，用焙笼加温火烘干。

捡棉结束后，晒棉是棉收获的最基本的加工阶段，所收回来的棉要拿到烈日下曝晒，一方面是为了尽可能地蒸发水分，另一方面也是利用太阳光杀菌。在侗族地区，人们会用篾编制成一个直径约一米左右的圆形带眼孔的巨筛，然后将从地里捡回的棉均匀地铺在里面，将装有棉的筛置于烈日之下，一些棉虫经不住高温的煎熬，就会从筛眼里爬出，除此之外，将棉铺在大筛里，里面的杂质也一览无余，混在棉里的这些杂质就可以很轻松地剔除掉。经过多次曝晒后，一些尚未完全开透的棉朵也会逐渐松展开来，最后留下洁白、健康的棉花。

因为光照和植物营养以及棉的绽放阶段不同，棉的质量也会分成不同等级，从地里收获时，人们无法进行分类，在对棉进行基本的粗加工时，选棉就是一道极为细致的程序。一般情况下，侗族妇女会根据棉花的色泽、弹性程度和棉纤维的韧性将棉分为上、中、次三个等级，上等棉洁白如雪，棉质松软有弹性，且干净无杂质，主要用来加工细纱，织细布，经过精细加工后一般用来制作侗族盛装；中等棉色泽不够亮，纤维性能较差且韧性不够，用此棉纺出来的纱不够细腻，纺出来的布也主要用于制成便装；次等棉通常是经过人工曝晒才开的棉，其棉球本身的质量因为植株上没有完全生长，因为无论在色泽还是在弹性等方面都比较差，此类的棉无法加工成纱制成布，而是通过弹松软后做成棉被之用。

（四）进入纺纱程序的棉加工

通过人工采摘的方式将棉籽从棉花中分离出去是最原始的脱棉技术，而且这一技术持续了一个较长的历史阶段。到了近代，特别是新中国成立后，随着侗族生产技术水平的提高，一些简单的机械也进入了人们的生产生活领域，脱棉机顺应时代发展而得以创造。脱棉机主要由两个相向作用力转动的辊子组成，朵棉由两个辊子之间相吸而入，像吐丝一般从另一侧吐出，棉籽于是就被卡了下来。

在今天的侗族社会，原始的脱棉机仍然被广泛使用，随着社会交往的不断频繁，年轻一代已经不再使用这种传统的脱棉机，甚至纺纱技术也越来越少有人掌握，但是传统的脱棉机仍是老人们至今广泛使用的脱棉工具。

脱棉机主要部分是上下两个辊子，一般会有一个四边支撑的支架，或者直接将辊子绑在长条凳上。辊子两边的立柱通过榫眼插入木制的底座，两个立柱顶端再横一个梁固定，这就构成了脱棉机的基本框架。在两个辊子中，下端的部分木质坚硬，一般直径约3厘米、长40厘米左右，下端辊子向立柱外延伸的尾部安装有一个木质的曲柄，用来提供动力。工作时，配上手柄的辊子起到转轴的作用。用原始的脱棉机脱籽脱出来的棉质量较高，也少有杂质，但因为全由人力完成，故工作效率较为低下。

在经过脱籽之后，棉的处理已渐入尾声，弹棉这一程序预示着要进入纱的加工阶段了，所以，弹棉的好坏，直接影响纱的质量，棉花弹得好，纺出来的纱也会很细腻、均匀，韧性强。弹棉在新中国成立后较长的一段时间里还完全是由人手工弹制，是用杂木制做成一把巨大的弓，用牛筋加绞制成的弹线作弦，再用木头削制的一个如手榴弹状的棒作槌不断敲打，把棉花弹松。因为弓身比较重，手握比较费力，通常在坐的凳子上会装一根如钓鱼杆一般的竹竿勾住弓，经此来减轻手的重力。

　　棉加工的最后一道程序是搓棉，是把弹松软了的棉卷成空心圆筒的棉条，以备用于纺车上纺制成纱。搓棉的工具有两种，一种是搓板，由杉木制成；另一种是用轴，取一根长约25厘米的高粱秆，将打磨光滑的杉木板放于两膝之上，将棉花均匀地在板上展开，将高粱秆置于铺好的棉之上，将其卷起成筒状，卷紧后将杆取出，即做成了纺纱的初料——空心棉卷。

图5-4　制空心棉图

二　纱的加工技术

　　在侗族社会历史上，纺纱虽说是最为广泛的一种技术手段，但是因为范围小，组织欠佳，纺纱无法发展成一个行业，更无法转变成产业，还一直停留在家庭自给自足的水平。

　　纺纱技术是一个将纤维抽出并圈成连续的线的过程，棉花本身就是一种天然的细丝，在布的制作程序中，纺纱是最基础也是最必要的前提条件。

　　（一）纱的加工工具

　　侗族地区至今仍在使用的纺纱工具是一种辐条络车，有脚踏式和手摇式两种类型，主要用于将棉丝加捻制成纱锭。

　　手摇式纺车均由木质制成，两块厚约5厘米，长分别约75厘米、45厘米的木条拼成一个"T"字形的底座，"T"顶端的两侧立有两条平行的立柱，在立柱中间部分钻孔接入转轴，在转轴上安装2—4条不等的条幅，条幅顶端钻孔缠线成"Z"字形，连接方法是从一组辐条中的一根连向另外一组辐条中最相邻近的一根，这样一来，相连在一起的麻绳就可以提供弹性动力，纱锭在此动力支持下就可以实现转动。转轴一端安装手柄，用来提供动力。在"T"字底端两侧立一根8—10厘米高的立柱，用来固定纱锭，纱锭轴由一根细如铁钉、长约10厘米的两头尖铁棒或木棒制成，两头尖的制作特点是为了能更好地捻出细小的纱。

脚踏式纺车构造跟手摇式纺车运转原理一致，只是具体的构造上略有区别。脚踏式纺车由底座、脚踏板辐络轮和纱锭托架构成。辐条缠绕的方式与手摇式纺车一样，只是在"T"字形底座上不是用来固定纱定轴，而是一根独立的直径约2厘米、高约8厘米的支柱，用于支撑脚踏板，提供动力。脚踏板约3厘米宽，长与"T"字形底座同等，在靠近脚踏板一侧的辐条上钻一个直径约1厘米的孔，用来安装转动的枢轴。

图 5-5　手摇缩纱车

（二）纱的加工流程

由棉到纱的加工一共有九道程序，仅仅是纱的制作，所需时间在天气好的情况下都要耗时近三个月。

1. 纺纱：把棉制成纱的第一步是纺纱，就是利用纺车将事先卷成空心圆筒的棉条纺成如蚕丝般细小的棉纱，这是在侗族制衣过程中耗时最长、工作量最重的一道程序，在纺纱过程中，通过摇转纺车，带动辐条络车轮的动转，在转动轮和纱锭轮之间的车叶连绳带动下，纱锭轴开始运转，整个纺车处于两个转动轴之间连带的动转状态。此时，妇女先从棉卷上拔出少许细棉捻细并固定于纱轴尖端，然后左手轻握棉卷给棉，右手摇动手柄带动转轴的运动，在转轴运动过程中，固定于纱轴上的棉线产生吸引力"咬"住棉筒纤维，人通过给棉捻丝，这样就形成了纱线，在纱锭轴的不断转动中就将拉成的纱卷到纱锭轴之上，最终形成一个中间大两头小的纱锭。纺纱是一种对熟练程度要求较高的技术，如果在给棉的时候不均匀，就容易出现纱疙瘩或者断纱的现象，从而影响纱的质量。

2. 缩纱：由于制棉成纱的工具限制，所纺出来的纱是纱锭，为了加工的需要，还要将纱锭放开成环状的捆状纱，这道工序在侗族社会里叫作缩纱。缩纱时用的工具叫作缩纱架，由缩纱架和纱锭架两部分构成，缩纱架由一根两尺来长的竹竿在其两头相对方向钻孔，再往孔里穿入两根筷子般大小的竹子制作而成；纱锭架是用一块簿铁片制成半圆形，在其一端安装手柄。在缩纱的时候，侗族妇女右手握锭架，左手持缩架，左手缩纱，右手挂纱，由此反复。

图 5-6　缩纱

3. 浆纱：浆纱是利用其他物质加固棉纤维，使棉纱更加紧凑、光滑的过程，经过浆纱后的棉织出来的布更具弹性和韧性，布的质量也更为光

图 5-7　浆纱

滑平整。用来浆纱的原料有米粉浆、黏薯和白芨等，主要是利用植物的黏

性物附着于棉纱之上，以此增加棉的韧性。在侗族地区最常用的是黏薯，是一种多年生草本植物，茎蔓生，其根呈块状圆柱形，其根含有丰富的淀粉和蛋白质，加工后可吃，亦可入药，是一种野生的山药。在浆纱之前，妇女们需到山上挖黏薯，所需的量由浆纱的量决定。黏薯挖来后去皮洗净，加适量禾草一同入碓舂烂成糊状，然后兑水调匀，置于文火中慢熬成黏糊状，倒入一个较大的盆里，放入绾好的棉纱，反复进行揉搓，在完全浸透后捞出，拧去多余浆汁，悬于晾篙之上，将纱绷直，晒干后再反复一次即可。

4. 染纱：由于纱用来制作的用品不一样，如制作衣服，就可以直接在浆纱后进程浣纱程序，但是制作侗锦，则还需要有一道染纱的程序。侗锦是侗布产品中的精品，对纱线的要求极高，为了保证侗锦的质量和提高其审美价值，侗族妇女还需进行染纱。染纱是到山上挖一些带天然色素的植物，经过碾磨、蒸煮、长期浸泡后制成染料，一般有蓝色和青色两种，将纱放入染料桶里浸泡、滤干、再浸泡，如此反复几次，在白纱已全部着色后即可。此外还需上皮保色，用去过毛的牛皮煎煮成胶水，兑少许水稀释后倒入容量较大的盆中，将染好色的纱置入胶水中反复揉搓至匀，取出后晒干即可。

5. 浣纱：浣纱是一道较为简单的程序，是将纱上的一些浆染的渣质洗净的过程。浣纱一般有两种，一种是在浆纱之前，即在绾好纱之后直接拿到河边洗净后再上浆，置于晾篙上晒干即可；另一种是染纱之后拿到河边轻轻搓，去掉杂质后拧干置于竹篙上晒干即可。

6. 绞纱：侗布的编织是一种通过经线和纬线交织的制作过程，为了便于上机，绞线是一个必不可少且非常重要的过程。织布中需要的经纱和纬纱是两种不同的绞纱方法。绞经纱的工具由两个部件组成，一个是套纱把的框架，另一个是穿套纱陀的框架。套纱把的框架是一个木榍竖钉一木齿为旋转中心的底座，在木齿上套着上下方相对而插的小竹竿的一截约两尺的楠竹尾，并用布带或绳索把小竹竿的两端相连，将纱缠绕于布带或绳索上①；套陀螺的框架由地枋和支架构成，在地枋一端钻眼竖一块高约30厘米、厚约5厘米的木桩，在其顶端插一根直径约1厘米、高约15厘米的圆棍作为中轴，再将纱陀螺套于圆棍上，通过手动把纱螺旋转缠于纱陀螺之上，绞成的纱的长度依所需布匹的长度而定，一般为10丈左右为宜，也即一匹布的长度，一匹布的经纱约为10—12个，也就是说，在绞纱时

① 林良斌、吴炳升主编：《服饰大观》，中国国际文艺出版社2008年版，第22页。

图 5-8　浣纱

需要 10—12 个纱陀螺。绞纬线的工具与纺棉纱的工具不同，没有纺锥方面的设置，只有一个可安装直径约 0.5 厘米的细竹筒的设备，所需的竹筒长约 5 厘米，中空无节，在其间穿一根筷子作中转轴，并将筷子两端置于纺车之上，纺车的带动带绕竹筒一周，纺车在转动的过程中就将纱缠绕在竹筒之上，将竹筒放置到梭子中就形成了织布时所需的纬线。

7. 排纱：排纱是上机之前的一道将线安装到杼里，编排经线的过程，因为排纱必须在宽敞的室外进行，所以较大的工作量也需要至少 3 人以上合力才能完成。排纱的工具包括两部分，分别为杆和木齿凳，杆一般人们将其设置为 1.5—1.6 丈，排纱时的一杆到成布约为 1.2—1.3 丈；木齿凳与二人条凳外形相似，只是其骨架要粗大许多，为了保证在排纱时重心稳定，木齿凳多是用木质密度较高的杂木为材料制成。在木齿凳表面固定 7—8 根直径约 2 厘米的圆形木棒，木棒的间距约 5 厘米。此外，排纱时还需一块钻过小眼孔的"引纱片"，引纱片为长 50 厘米、宽 3 厘米的竹片，用竹片的原因是竹质比较光滑，不会在排纱过程中套纱致断。

排纱前，需将引纱片固定于排纱地点一端的墙上或柱子上，将纺好的纱陀螺并排置于引纱片之下，将陀螺上的线穿入与其位置相对应的引纱片中，拉出适当的长度备用，将木齿凳拉开相应距离用杆固牢。在排纱时，先由一人将由引纱片中抽出的纱递与第二人，第二人将纱套入木齿凳的第一个座上再传递给第三人，再由第三人套入另一端的木齿凳的第一个齿座上，如此反复直至将所有经纱排妥为止。

图 5-9　排纱图

8. 梳纱：梳纱是将排过以卷成一捆的棉纱进行梳理、排顺以便上机的过程，梳纱的过程对场地的长度有较高要求，一般为一匹布的长度。梳

图 5-10　梳纱

纱时，将整把棉纱的一端固定在柱子之上，其余的部分铺在干净的地面上，将纱透过从纳布机上取下的杼子穿入卷纱板，由一人紧握梳纱板，用力将棉纱缠紧卷到卷纱板上，另一人在卷纱板前的纱带上轻轻拍打，并用杼子梳顺，当卷到一定距离时，为了保证卷出来的纱不会再次弄乱，不定距离地在卷纱过程中加入小木片，直到整捆棉纱完全梳完为止。

9. 捡纱：捡纱是织布时将经线分为上下交替的两组的过程。在织布机上有一个侗族人称为"gaol"的部件，当提起其中一组纱时，上下两组纱之间会出现一个距离 2—3 厘米的空间，用于穿过梭子引入纬线。捡纱时，把排好的棉纱一根根套入相应的"gaol"中，直至将所有棉纱全部穿完为止。

10. 装纱上机，装机的过程没有太多复杂的程序，只是在侗族地区，人们凡是开头做一件事，都会有一个比较严肃且庄严的启动仪式。在上机好后，会请一些德高望重的老人或技术娴熟且儿女成双的人来织第一纱，之后才可以开始织布了。

三　布的加工

（一）织布工具

在侗族地区，织布用的织布机主要有平式和斜式两种，这样的织布机不仅在侗族地区，而且在全中国也随处可见，其结构与欧洲的手工织布机非常相似。

斜式织布机机身沿枋与地面约呈 25 度角，前高后低，机身两侧分别由一块长 150 厘米、宽 25 厘米左右的杉木板作为框架，于相对操作台的一侧的末端近 60 厘米处卯眼，穿枋作为支架，在支架枋的顶端距机身高约 50 厘米处钻孔，穿一根竹竿，用以固定经纱位置，由此往前近 8 厘米处竖一块板，并于板上部钻双排圆孔，用两条竹竿将两个 "V" 形竹片提纱并穿于孔中。斜式织布机主要是用来织比较精细的侗锦和平布。

图 5-11　织布机

平式织布机，顾名思义是机身与地面呈平行状态，其构建与传统的旧式四脚床相似。从平面看，平式织布机长 150—200 厘米，宽约 90 厘米，距地面高度约 60 厘米，机身的主要结构均为木质，在机身长的两侧的前、中、后端分别槽凿连枋，前枋用于安装 "丁" 字形活动臂架，臂架有如人的胳膊，它能伸到机身中部拉回箅子，用以拍实穿过经纱的纬纱。后枋距末端 30 厘米处钻一圆孔，插入木梢子至沿卡，卡住纱轴。机身下放置两块分别与经纱杆接的脚踏板，踩踏时在丁字臂的作用下将两组经纱分离，用于交换以穿入纬纱。在丁字臂上，装有一个形状像梳子一样的装置，其宽度与机身几乎同宽，其梳齿密度较高，一方面是用来理顺经纱，另一方面也是用来拍打织过的纬纱，以增加布的密度。

（二）布的加工流程

织布是一个十分复杂的过程，不仅要有娴熟的技艺，还要有耐心。在侗族社会，织布不仅是满足侗族人生活的一项技能，它也成为衡量侗族妇女道德的一种手段。

布的加工过程十分繁杂，这不仅是因为织布耗时较长，更是因为织一匹布至可以制衣，还得经过染色、上皮、捶布等多道且反复的工序。

1. 织布：在把纱装上机后，妇女们就开始进入了布的制作程序，织布是耗时最长、也最基础的一道工序，一般情况下，侗族妇女没有专门织布的时间，只有在农闲时及劳作之余进行纺织。

织布的时候，妇女们取一块木板架于织布机一端，坐在上面，双脚各踏一个踏板，脚上的踏板用来交换经线位置，当经线带在踏板的带动下分离开来，双手则需迅速将梭子穿过两组经线中的缝隙，套入一根纬线，此时再用没执梭子的一只手将机身上的梳架用力拉向人的一端，以此来轧平纬线，从而使织出来的布平整、细腻。除了这些成一体的工具外，还有一些小的部件也是织布时所需的工具，如小竹片，需要在织布时因意外事故断纱或乱纱时整平纱线网，还在梳臂力度不够时敲平纬线。

2. 染色：染色是织布程序的最后一个环节，虽说其加工程序排在最后，但染色的工序十分繁杂，考虑到工艺的复杂性，染色的具体工序我们将其作为织布的程序来进行阐述。

侗族人喜爱蓝色和青色，一般服饰及装饰品均以这两种颜色为主，这一方面是因为侗族人审美的习惯，另一方面也是侗族地区盛产可以提炼蓝靛的天然染料植物，侗族人称之为"gaml"，是一年生草本植物，叶子呈圆形，茎叶有辣味，可入药，有解毒、消肿、止痛、止痒等作用。蓼草植株高 60 厘米，墨绿色，花为紫色，一般得经过多年种植才能开花。

制作染料时将蓝靛齐根处割下，留下根以便来年再长，将茎和叶放入大型的庞桶之中，灌上水没过靛草，再用大石头将草全部压于水下，泡2—3 天，待靛草充分发酵即可。在鉴定靛草是否成为有效染料之时还有一个观测的过程，一般叶片呈土黑色后即可，靛草发酵时间太长会导致植株腐烂，不易捞出，捞得太早了颜色的浓度也还达不到。在经过充分发酵后，侗族人会用石灰水来固化染液，使之成为靛浆。操作的方法是，用一碗发过酵的石灰粉兑水后倒入蓝靛桶中，然后用水瓢反复搅拌，直至石灰充分溶解，静置 4 小时左右染液就固化了，轻轻除去染浆上的一层水，用过滤网将水滤去即成为备用的染浆了。

在制成染浆后因其浓度较高，不能直接用来染布，还需要进行一些化学配制才能成为人们所用的染剂。配制方法是：取一侗家常用大容量庞桶，灌满干净的河水或井水，水的位置不宜太高，应占桶总容量的 70% 为宜，放入调制好的染浆，约 1.5 公斤米酒，取一些茎蔓类植物如天蓼、蚊脚草、铺地连等捣碎放入桶中，静置发酵 10 天左右，待搅动中染液漾出青色、紫色等多种波纹里，即可认定为发酵成熟，可用来染布了。

图 5-12　制作蓝靛

3. 刹白：染色的过程需要多次反复，直到白色的布已染成了人们所满意的程度后，就意味着着色的阶段已告一段落。刹白顾名思义，就是去掉白，即将织好的白色土布放到染缸中初染，从而去掉白色、着上一层浅灰色，刹白的时间不宜太长，一般一个昼夜即可，随后捞出来置于染桶上端的架子上，让残留于布上的染滤回到桶里，再拿到通风效果较好的室外晾干，刹白一般只进行一次。

4. 上皮：上皮是对经过刹白后的布上一层黏胶，是为了起到固色的作用，黏胶原料为牛皮，所以人们习惯称上胶为"上皮"。传统的制胶方法是：将一块干牛皮去毛洗净后加水放到文火中慢煎，因为牛皮比较厚且黏性较大，一般温度越高，熬出来的胶也越好，但火又不能太大，太大的火容易将水煎干，所以煎胶时用侗族土制的鼎罐是最佳选择。在胶已经由固态充分溶解成黏稠状液态的时候，去火冷却，用棕片和网纱滤去杂质即可。随着现代工艺的发展，市面上已有现成的胶出售，为侗族妇女减少了不少工作量。

图 5-13　纺织工序之——上皮

上皮一般有三道工序，第一道为初色皮，即将经过刹白后的布卷成筒放到盛放胶液的容器之中，为了充分着胶和不浪费胶液，从布卷的另一端开始卷，让每一寸布都能敷上胶，再拿到室外晾干，如此重复三次；第二道是上深色皮，在经过不断上色布匹由浅灰色变成均匀的深灰色后，就开始上第二道皮，具体操作方法都相同；最后一道是上成色皮，此时的布匹颜色已达到了人们所满意的程度，最后一道皮的作用是固定色彩，使之永久不退。

5. 着莨：着莨的目的是让染出来的布色当更加鲜亮。着莨的原料是薯莨，莨为棕红色，着莨的操作方法跟上皮一样，只是需要反复7—8次，而且着莨时浸泡时间不宜过度，以免脱莨。经过着莨后的侗布，在原色和茛棕红色混合后，呈现出一种蓝棕色，侗家人称这时的布叫"茛布"。

6. 蒸布：侗族人把布当作一种财富，女儿出嫁时是必须的嫁妆之一，新生儿"打三朝"也是重要的贺礼，一卷经过精心加工好的布，往往不会马上用来做衣服，而是要放很长时间。对布进行高温蒸汽处理，其作用一方面是为了杀虫、杀菌以便于长期保存，另一方面也是让布纤维能够更加平整。蒸布时用的是侗族人专用于蒸布的甑子，在甑子内侧铺上一层旧衣服，以便充分吸收水分，同时也是避免在温度过高时损坏布。将布平整地放置于甑子之中，将其放在装有适当水的锅上，慢火蒸，以保持适当的温度，一般这个过程得持续 12 小时左右。在一些地区，人们还会在锅里放入一些辣水草，说是辣水草在经过高温煮后的蒸汽里会释放出一种红色的气体，能增加布的色泽度。但是，如果气体中带有色彩，那布所受色的面将不会均匀，因此，笔者认为在锅里加草实现上色的说法是值得怀疑的。

图 5-14　蒸布

在将布从甑子里取出时，要马上进行抛布，目的是将积于布上的蒸汽抛掉，避免水珠在布上形成水印和污点。抛好布后，拿到室外通风良好的地方晒干即可。

7. 捶布：为了使布更加柔软、平滑，也为弥补在织布时因力不均匀造成布和纱不平的缺点，在经过上皮和着茛后的每一次，都需捶一次布。

捶布的工具是有木质的榔头和青石垫，一般由两人完成，一人也可以独立完成。捶布时忌用铁榔头，一是铁榔头没有弹性，二来铁榔头的力度不好控制，重了会破坏布的纤维组织，轻了又起不到作用。捶布时将布正反折叠成二尺宽的布卷，一般不会直接敲打在布上，会用旧衣服底和面垫一层保护布不会因用力过猛而受到损坏，但熟练的中老年人也会直接在布上敲打。捶布时要保持榔头打在布上时要与石垫呈直角，这样能避免榔头的沿损坏布匹。

捶布是布的制作中的最后一道程序，捶好后将布卷起成筒状收藏。

图 5-15　捶布

第三节　制衣技术及其变迁

服饰被认为是"穿在身上的历史"，是一个民族和部落的标识，透过服装，人们可以洞察一个民族个体的族属、性别、婚姻和社会分工。透过服饰，可以发现其隐含的文化价值。在少数民族服饰上蕴藏着深远的民族文化，同时少数民族的经济生活、地理环境、文化习俗也能透过服饰侧面反映出该民族的文化与技术变迁史。

一　侗族服饰纹样及色彩

（一）服饰纹样工艺及其寓意

都柳江流域少数民族服饰的造型普遍比较朴实，服装结构也简单，这与都柳江特定生境下少数民族的隐秘、内敛、含蓄的文化性格有关，也反映出了都柳江少数民族追求简单、平淡的生活态度。

侗族服饰与侗族的文学、民俗、戏剧等审美情趣紧密相连，因为文化的相似性，各地区的侗族服饰结构大体相同，能将不同侗族地区服饰区别开来的重要标志就是配饰和服饰纹样。在侗族传统的家庭中有着明显的角色分工，每一个家庭中的女子，自小就在祖母和家中其他女性长辈的手工制作环境下长大，各种图案、技法融于她们血液、基因里，因此侗族女子的手工技艺也成为衡量一个女孩贤德与否的标准。侗族服饰色彩比较单一，但会在领、襟、袖、摆等部位绣上各种图案。刺绣的工艺手法分为镶绣、盘绣、辫绣、绞绣、平绣等多种绣法。侗族服饰的刺绣纹样基于侗族人万物有灵自然崇拜的花、鸟、虫、鱼等的抽象化，纹样反映出了侗族社会、文化生活的各个阶段。

在刺绣纹样形成的早期阶段，纹样符号既是记录人们迁徙发展过程中与历史、与族群交流的见证，同时反映早期侗族人图腾、巫术的内在含义。

图 5-16　侗族服饰刺绣常见纹样及技法

侗族刺绣的底布是侗族人自己织出来的侗布，线以前是自己纺出来的丝线，随着侗族历史上几次大的文化交流，刺绣的材料、纹样、工具也有着阶段性的改变。在元朝以前侗族社会，人们保持着原始的刀耕火种的自给自足生活模式，此时服饰上的图案均是通过原始信仰下的审美情感从自然中提炼，所用的底布和丝线也均是自产，但由于自己织出来的线粗细不均匀，加之颜色比较单一，故服饰总体也比较简单。明清时期，木材贸易的流通，都柳江、清水江两江流域的木材向北输送，北方、中原发达地区的小商品、盐、丝绸、小工具等也随船运往两江地区。多彩的布匹配上丝滑的丝线，绣出来的图案活灵活现，给侗族朴素的服饰增添了不少色彩。进入 20 世纪末，机器绣花越来越普遍，而且机床上绣出来的绣品不仅针脚平，而且效率高，很大程度上带动了侗族刺绣工艺和材料改造。但是，因为侗族刺绣由一种工艺已上升为一种社会道德，其文化价值更胜于经济价值，故至今少数民族家庭仍然沿袭古老的刺绣技法，只是材料、图案上增加了不少现代元素。

（二）侗族服饰的色彩

色彩作为服饰的三大要素之一，在都柳江少数民族地区并不代表审美的意义，而是基于色彩情感之上的民族因素、历史与宗教因素的综合。与材料和款式一样，都柳江流域服饰色彩的选择性并不大，因为采用至今仍在使用的靛染方法，故当地少数民族的服饰普遍是黑、青、紫色为主，也有一些地区以棉布的原色为主。

都柳江流域以侗族为代表的少数民族服饰是用当地的一种植物制——蓝靛制作的染料染制而成，服饰制作过程需要经过两次上色，第一次为染纱，第二次为染布，是将纺好的纱和布浸泡在染液里，经人工多次翻动，才能均匀上色。除了种植的蓝靛外，发酵炮制的蓝靛需要加苏打配制，方能着色均匀、固色。因调制的比例不同，侗族服饰的色彩也就有了纯黑色和青紫色。

图 5-17　蓝靛制作材科及工艺

侗族服饰色彩总体上为素雅之色，但是随着几次大的经济发展与社会变革，外来的材料进入都柳江地区，多彩的布料也进入侗族地区，于是人们也逐渐在传统的服饰上加入其他的色彩。其中女装添加的色彩最为普遍，有的只是利用彩色的布作刺绣的底布，将绣出来的栩栩如生的花边缝在领、襟、袖、摆的位置，为素色的衣服增添衣饰色彩。有些是直接用外来的花布料，抛弃了当地手工制作的棉布，因为外来的面料柔软、明亮而且还便宜，所以在都柳江流域地区的推广很快。但是，因为传统侗族服饰色彩以黑、青紫的主色调反映出了宁静、肃穆、含蓄的色彩话语，与都柳江少数民族的生活、族性非常契合，故直至今日，侗族女性常服、老人装、男装还有一些地区的女装依然保持着原始的色调。

80年代侗族女装

黎平洪州平架女装

岩洞女装

百鸟衣

尚重女装

图5-18 变迁中的侗族服饰

（三）侗族服饰配件

侗族服饰是一个结构整体，其配饰并非银饰、刺绣的概念，而是除了衣、裙、裤之外的配件。通常来说，女装配饰主要有围裙、绑腿、肚兜；男装的配饰较为简单，除衣、裤外，仅有一个包头。

男装的变迁并不是十分明显，故男装的配饰变化也并不大，男常服用的包头为着色未上光的布，盛装从衣、裤到包头均为精心制作的亮布。

因侗族社会有着明显的社会性别角色分工，男人负责生产，女人负责家中的事务，因此女性常年围绕在厨房里，故围裙是女装的重要配饰。早期的围裙是为了防止衣物在劳动时弄脏，故色彩较为单一，做工也较为简单。到后来围裙演变为一种配饰，是朴素服饰的一种点缀，因此做工、色彩都有了很大的变化，通常增加的是刺绣、图案，也有些是贴银片等装饰物，变得尤为华丽。

图 5-19　侗族服饰配件——围裙

在都柳江流域少数民族地区，有一俗语："苗冷头，客冷脚。""苗"是指苗族、侗族等少数民族，"客"指的是汉族人。这句俗语的意思说是

图 5-20　侗族服饰配饰——绑腿

少数民族怕头冷，故一年四季都包头、汉族人怕冷脚，常年都穿鞋。穿鞋是相对于少数民族不穿鞋而言的，因为进入冬季，田、地里的作物非常少了，为了满足生活所需，少数民族只能在冬天光脚到溪沟里捕捞，所以不穿鞋。但是尽管他们不穿鞋，为了保暖也为了防护荆棘和蚊虫叮咬，女性都会绑绑腿，因此绑腿成为女装的重要配饰。绑腿有两种，也是技术和社会变迁的产物。早期的绑腿就是一块四方形的布，有些会在布的一个角钉

上一条长带，有些直接用带子和布分开。绑绑腿是一个技术活，技术不熟练可能导致绑得不工整，或者绑得不牢固，抑或是左右两边的带子缠绕方向出错等。随着汉文化有渗入，裤装在侗族地区流行起来，为了改良绑腿，当地人引入了裤装的概念，把绑腿做成一个裤管装，只需穿上时在上端绑上带子，既简便又实用。

二　制衣工艺手法及其变迁

(一) 侗族服饰中的农耕意象

侗族农耕民族的特性决定着侗族的生产生活都会随着农耕技术的变迁而变迁。服饰也一样，也经历着侗族历史上因为材料、工具变迁的三个大历史时期，因此有着明显的特点，也透射出浓浓的农耕意象。

从原始社会时期开始，农耕变迁主要包括三个方面，即品种的变迁、耕作技术的变迁和耕作制度的变迁，每一个因素的变迁都会影响到三者的关系变化。农耕技术与生计方式中产生的文化在不同历史时期的相互作用，在历史上从未停止过。服饰文化与服饰技术作为农耕文化中的一个组成部分，其农耕意象主要表现在服饰的配件和绣纹图案上。从原始社会一直到今天一些交通信息比较落后的村落，人们还有穿草鞋的习惯。草鞋由禾秆编制而成，早期的草鞋是因为没有其他更好的材料制作，于是就利用收获后保留下来的禾秆编制成鞋。到了明清以后，外来文化进入都柳江地区，布匹、制鞋技术也传入都柳江地区，尤其是外来文化与侗族传统的制衣技术结合，千层底布鞋很快在侗族地区推广开来。但是受农耕意象的影响，尽管技术和材料有了变迁，但是布鞋款式还是会保留草鞋的样式。不仅是鞋，侗族男装也透射出浓浓的农耕意象。侗族善歌，一些农耕生产都会与自然的声音联系起来。播种时唱《布谷催春》，用来自大自然的声音提醒人们在最好的时令播种。因此，男装中最为隆重的服饰就是百鸟衣。百鸟衣侗语称"百甲"，与普通男装不同的是，其外套背心为长款，在衣服的下摆处钉有一圈绣花小绶带，每条绶带下吊串珠羽毛，因每串的羽毛来自不同鸟类，故称"百鸟衣"。"百鸟衣"通常是在重大节日才穿，极为隆重，显示出人们对天地、太阳、稻的崇拜。

(二) 侗族服饰文化及其技术变迁

侗族没有文字，最早见关于侗族历史的记载出自《唐书》："黔之大水。环城郭，观察使窦群发，'峒蛮'治城，督促太急，于是辰溆两州蛮张伯靖等反，群讨之不能定。"① 侗族在历史上没有奴隶制社会时期，其发展过程是直接从原始社会进入半殖民地半封建社会。从侗族地区的玉屏、靖州、黔东南、新晃等地的考古发现，侗族地区 5 万—10 万年前就有了人类活动的痕迹；距今 5000 年发现了水稻种植的遗迹；两汉时期又发现了"饭稻羹鱼"的农耕文明。可见，在唐以前，因为侗族地区与外界的来往不多，根据侗族服饰的最常见且保持时间最长的服饰类型，可见侗族开化的历史。侗族地区，尤其是湖南通道地区至今还保留一种妇女头帕，当地称侗锦，也称诸葛锦。以诸葛命名的不只纺织品，还有诸葛井、诸葛石碑等，可见三国时期纺织技术就流传到了侗族地区，只是推广的区域有限而已。不仅是妇女头帕，侗族服饰也受到了极大的影响。现存的最古老最大众化的无领、无扣、包边的斜襟侗衣，其款式、材料、技术就可以追溯到三国时期。

唐朝时期中国对外交往已然十分频繁，这一时期不只中国的传统服饰受到影响，侗族的服饰也受到了深刻的影响。"建国前，60 岁以上男子，还有相当数量穿右衽衣裳，大裤管的便裤，头捆青长布巾，脚穿大圆头布鞋，扎青布腰带，而中年男子着唐装。"② 此时的侗族服饰吸收了唐朝时期的服饰文化要素，以至于后来的学者直接给这一款侗族冠称"唐装"。

唐代及以前，侗族地区与外来民族间的往来不多，而且即便有往来，也是友好的互助关系，大型的战争较少，再则唐王朝对边疆少数民族采取的是羁縻政策（笼络政策），故侗族对外来文化基本持开放的态度。

唐朝以后一直到明清时期，侗族服饰是在融合的唐、宋、元的一些基本要素基础上形成了女装盘云髻，着无领右襟上衣，长至膝盖，前襟、袖口、衣脚都镶有"栏杆"或"滚边"，内着绣花倒三脚肚兜，袖管横绣花边的服饰。因为明、清两朝，汉族人和汉文化进入其初衷是以镇压苗民起义或者掠夺侗族地区的资产，因此，侗族这个时期对外来文化基本持抵抗态度，故服饰上对这两个时期的技术融合不多，至今侗族地区的岩洞、银朝一带仍然保持这种服饰类型。

从民国时期一直到现在，中央政府给了少数民族极为宽松的政策，也积极创造条件保护少数民族文化遗产，侗族服饰在这一时期尽管出于

① 《唐书》，唐元六年。
② 刘芝凤：《中国侗族民俗与稻作文化》，人民出版社 1999 年版，第 208 页。

"用"的服饰变迁也十分明显，如常服会选择柔软、轻便的外来服饰，但是每个人都会保留至少一套盛装和多套便装。老人的服饰变化不大，在一些传统文化保存得较好的地区，老人的服饰基本还是手工制作，但是他们会购买一些打底衫取代肚兜，因为这些购买的衣服不仅柔软、舒服，而且做工也不似侗族服饰那么复杂。

第六章　都柳江流域传统教育技术及其变迁

"教育"与"技术"是一对矛盾体，二者之间的矛盾运动推动着社会向前发展。技术的创造与应用需要教育去实现，而教育同时也是一种创造性的社会活动，教育中的技术发展并非单纯地在教育技术的体系内进行，也并非单一的理性、逻辑和要素，而是一个综合发展的过程。当社会发展到一定水平时，教育活动的创造水平会高于技术传承本身，因此会反推技术的创新与变革。技术是实现社会综合发展的重要因素，技术提升促进社会进步的同时又反受社会环境、条件的制约，因此又会影响教育的内容、方式、思维、变革等。

唐·伊德认为："从遥远的过去开始，遍及世界文化的各个角落，人类的活动总是通过技术加以实现的。"[1] 技术是人与世界的中介，在人类主观能动地改造世界、创造工具的时候起着调节的作用。人在利用技术进行能动改造世界的同时，会受个体教育水平和社会整体水平的制约，因为人的认知水平和教育的水平不同，技术在人与教育、人与社会中间的位置和作用也不尽相同，不同的关系状态显示了教育是技术理想发展的指向，同时教育又是技术改进的后备基础。

第一节　唐代以前的侗族教育

侗族聚居在唐朝以前分别属不同的地区：周朝及以前属荆州南境，春秋战国时期属楚巫黔中郡，秦时属黔中郡和桂林郡，两汉时期分属牂牁、武陵郡和郁林郡管，三国时分属荆州、五陵郡和交州郁林郡，至魏、晋、南北朝及隋以后基本上沿袭旧制，侗族的聚居区基于固定于黔、湘、桂一带。尽管唐代以前侗族地区已有封建王朝建制，但由于侗族择居点地处偏

---

[1]　D. ihde *Bodies in technology*, London：University of Minnesota Press，2002：81.

远、深山地区，封建王朝鞭长莫及，因此封建势力控制呈"入版图者存虚名，充府库者亡实利"①。侗族社会并未因封建王朝的统制而受到影响，因而仍保存"千人团哗，百人合款，纷纷藉藉不相兼统，徒以盟诅要约，终无法制相縻"②的原始氏族社会。

教育作为社会的一个组成部分，受社会发展水平的影响，教育内容与教育形式都与社会形态高度契合。唐代侗族社会开化程度低，基本保持在原始社会水平。故教育也处于原始形态下的以获取生活资料为主的形态。

一　原始形态的教育内容

（一）以获取生活资料为目的的劳动教育

"庠""序"是中国最早关于地方学校的记录，设庠序以化于邑，学子愤慨于庠序，商贾喧噪于廛市。孟子在论井田制时说："设为庠序学校以教之，庠者养也，校者教也，序者射也。"不同时期教育所呈现的内容代表了当时社会发展的水平，其教育内容也有着历史的历时性特点。中国的教育"夏曰校，殷曰序，周曰庠"。"序""庠"皆从"广"，表舍，说明了教育发生于具体的场域地点，"予"和"羊"部分别展示了商、周时期以军事和劳动为内容的教育。

人的"第一需要"决定了劳动教育成为任何时期教育的根本内容。为了满足人们生存中所必需的吃、穿、住等需要，人们在与其所生栖的自然进行创生、互生、共生的体验中，为获取生活资料创造了适宜的工具、技术，这些工具和技术有着明显的地域特征，可以透过这些工具和技术参透当地人所采取的生计方式，通过工具和技术的变迁可发现劳动变迁以及劳动教育的传承模式。

都柳江流域以侗族为核心的文化生态圈属山地稻作民族，长期以来在恶劣的自然环境下，为了在有限的耕地上最大化地产出能满足生存的粮食，人们在积累了丰富的耕作经验基础上不断地进行农耕技术改进，尝试在不同海拔高度、不同土质以及不同水温条件下种植不同品种的水稻，形成了典型的林粮间作以及稻—鸭—鱼立体农业技术。清代吴振棫的《黔语》和《黎平府志》便披露了这一技术模式："种水法：先一二年必树麦，欲其土之疏也。"③这一技术的特点是在苗木育苗前先种玉米和麦子，

---

① 《宋史·西南溪峒蛮上》。
② 刘欣：《渠阳边防考》。
③ 吴军：《侗族教育史》，民族出版社2004年版，第19页。

玉米和麦子成熟后将杆埋于地下，一来可以使土壤疏松，二来也为来年积肥，很大程度提高了土壤的肥力。林粮间作的优点在于能充分利用作物的生长周期，将长周期与短周期作物进行间作，既能促进长周期作物的生长，也能充分利用土地提高产量。有限的土地除了促进人们改进技术和改良工具外，也催生了人们多渠道寻找生活资料的能力，同时也促进了其他技术与工具的创造与利用。都柳江流域少数民族属百越民族，在族性认同上人们以水为图腾，在生产生活上人们以水为生，因此除了山地稻作技术外，渔猎技术也是都柳江流域少数民族劳动教育的重要内容。

　　劳动教育技术除了采用传统的现场教育方法外，歌曲、故事、理词等也是重要的教育内容和手段。通常情况下，男性劳动教育与女性劳动教育有着明显的区别。根据性别角色的不同，男童会由男歌师教授，女童则由女歌师教授，日常劳动中则是由每一个参与者以劳动的方式参与到现场的观摩学习当中，通过个人的实践操作实现教育。农耕民族重大的农耕时节只有两季，而且持续的时间也不长，于是传统劳动教育的内容以及由劳动所折射出来的道德、合作、禁忌等社会问题则由歌曲、故事和理词来实现。如《杉林之源》就唱道：

> ……
> 得了杉树种，得了杉种来侗乡。
> 拿到山冲去种植，栽在岩石旁。
> 根茎像水桶，树干像庞桶，
> 树枝像大腿，杉果像烘炕。
> 再请卜捞去栽杉。卜捞栽杉奶捞来施肥。
> 卜卑施肥杉木长得快，杉木长满山山岭岭尽良材。
> ……①

　　这首古歌反映的是侗族先民种树的劳动内容，杉树的生长环境和土壤需求在歌里有详尽的描述。此外，苗木若要培育成良材，还需要种和管协调，而这种协调的工作由两种人群完成，"卜捞"代表的是男性群体，而不仅仅是指大伯；"奶捞"指的是女性群体，而不单是指"大娘"。劳动教育除了农耕劳动教育内容外，还有一些以手工制作为内容的劳动教育，分为有形的师徒传带式和家族传袭制，在古歌里也有记录，如《吹芦笙

---

① 吴军：《侗族教育史》，民族出版社 2004 年版，第 22 页。

祭词》里叙述道：

> ……
> 现又讲到，
> 芦笙做成，
> 怎样定音？
> 父亲去到瀑布滩脚，
> 瀑布响耶耶，
> 这架定音叫切列；
> 瀑声响沉沉，
> 这架定音叫简伦；
> 瀑声响哟哟，
> 这架定音叫果略；
> 六根竹管，说得成话，
> 六个洞眼，吹得成歌，
> 可惜声音太单调，
> 还是不好听。
> ……①

　　歌中阐明的是侗族传统乐器的制作调音过程。乐器的制作材料为竹子和杉木，以及棕线和马尾为弦，侗族乐器的音以山水为和声，通过改变材料的大小、厚度以及增加共鸣箱来调整音调。这种劳动教育的目的一来可以告知后人传统乐器的制作材料均来自于自然，而且其反映的也是自然的和谐声音。

　　（二）道德教育

　　孔子思想中关于道德的核心思想内容集中于"仁"一词，中国文字历经多次变化，但"仁"从始至终都未曾变化。"仁"从"亻"，从"二"，二人在一起即形成关系，所以才知"亲、善"，故产生道德。马克思认为，道德是社会关系的产物，是在个体与他人交往的过程中产生的。道德作为人类社会的一种重要的意识形态，受制于生产力和生产关系的矛盾运动，随着人类社会的发展而演变。② 侗族传统道德是在特定的自然环

---

① 杨志一、郑国乔、龙玉成、杨通山：《侗歌三百首》，民族出版社 2002 年版，第 8 页。

② 吴军：《上善若水——侗族传统道德教育启示》，新华出版社 2005 年版，第 4 页。

境与人文环境中产生的，受独特外部环境的影响，侗族传统道德具有明显的地域特征和文化特征。侗族道德的产生是对其生存环境的一种回应，自然生态环境是文化、道德产生的前提基础。长期以来，侗族生栖于湘、黔、桂交界的狭长地带，这一带的多道山脉连绵，多条水纵横交错汇流，青山绿水孕育了侗族温婉、和顺的品性，也造就了侗族人善良、坚毅的道德品格，化育出了侗族人与自然、与族群、与社会相融、相合、相近的和谐关系。此外，侗族"有款无官"的社会形态决定了侗族以"款"为习惯法的道德约束机制，通过民间的禁忌、规约维护着社会治安，抵抗外侮以及教化民众。因此，"款"不仅是侗族的习惯法和社会形态，还是重要的道德教育内容。

侗族传统生产生活中形成的道德规范形成于生产生活实践，又为稳定生产生活秩序、维护社会安定团结发挥重要作用。道德教育的内容包罗万象，其教育形式也丰富多彩，通过分类大致可分为关于社会公德的教育内容和个人道德修养品德。

社会公德方面：主要包括五大内容，即集体利益至上，与人为善，平等互助，诚实守信，尊老敬老。侗族是一个以血缘为纽带群居的社会，在族群发展漫长的迁徙过程中，人们面临着诸多的自然灾害与外敌入侵，他们的祖先对集体力量的重要性有着切身的体会，因此深知集体是宗族、个人存在的根基，集体的荣誉至高无上，但凡有任何损害集体利益的个人行为，就以集体名义驱逐出宗族和鼓楼之外，不再同意其参加任何社会、宗族、村寨内部的祭祀、庆典以及礼俗活动。侗族长期以来形成的劳动互助、交换模式，决定了任何一个个体或者个人是无法单独生活在农耕社会之中，因此人们会自觉地维护集体利益，不但集体的建设和活动组织会自发地投工、投力、投资，还会将一些社会公益行为纳入日常行为中。如随时修整桥梁、指路碑、水井等公用设施。此外，风雨桥上和凉亭里常年会备有草鞋，以备有需要的人使用，一旦备用的物品少了、没有了，就会有人自发地补充。此外，人与人的交往本着平等互助的原则，会与人为善，诚实守信。侗族尽管是一个以血缘为纽带的宗族社会，但是当有一些外族人和外姓人因逃荒而来投靠时，人们也会以外姓同族的方式接纳外来人，只要他们交纳一定量的公共产品即可，若有一些集体另立为寨的，但是因无力建鼓楼，经宗族同意，会在鼓楼下面设"斗"，成立一个同宗族下的附属村落，"斗"每年在交一定的粮食、布匹到鼓楼集体中即可。尊老敬老是侗族社会推崇的美德，不单是因为这是全社会普遍推崇的规范，而且侗族是宗族社会，受祖先崇拜的影响，老人在侗族社会中的地位很高。不仅如此，侗族没有文字，生产生活中的历史、技术、道德、规约都需要老人言传身授，故尊重老人成为一种社会规范和道德评价标准，在一些口头传唱的歌里也有记载，如侗歌《Gal Juiv Laox》：

（Miegs dos：）	（女唱：）
Laox bonc daol magc	老人养育
ags wox menh，	要知情
Daol bis nangc sens	咱如笋子
Nyenh ongl baenl，	记竹根
xangk laox bonc banl miegs，	想到老人养育儿女
Nyaemv xih lonh sinp	日夜操心
Maenl lonh weenh	千万遍
Bens souc naenl jeens wul songl	只愁坛上杯子
gogx luih xaenc	掉下遭破损
Nyaemv yac daol yags	夜间饿了
Yemc langc laox dagl	母亲拥怀抱
Ebl sodt biags	嘴吻额
Maenl souc daol yags	白天睡觉
Guags bens wul laic Gueec yaot qaenp.	背在背上
Gueec yaot qaenp.	不嫌沉
Daol bis nangc sens dingv biac	咱们如蕨丛竹笋
Kaok baenl mags，	靠竹长
Xedt yuv guiuv biingc	要将称杆摆平
Aol naenl singc beis aenl.	以情来报恩
（banl dos：）	（男唱：）
……	

（三）原始宗教教育

马克思说："宗教是那些还没有获得自己或再度丧失自己的人的自我意识和自我感觉。"[1] 侗族历史文化形态下的最古老、最深层、保存得最完好的原始宗教，跟其他生产生活中的活动、仪式一样，对传统教育有着

---

[1] 《马克思恩格斯选集》第一卷（上），人民出版社 1972 年版。

深远的影响，并成为教育内容的重要组成部分。侗族传统宗教的全民性、广泛性和集体性深度渗透于人们的思维模式、生活方式以及行为倾向中，强力作用于侗族的原始教育，但也受制于原始教育。

侗族先民把一次自然事物和自然现象都附着上神性色彩，进行顶礼膜拜，形成多神的信仰体系。综合来说，侗族的原始宗教包含三个方面：其一，侗族人相信万物有灵，在原始宗教信仰中以自然崇拜为图腾；其二，侗族人对生死的解释采用自然法则，认为人的死亡只是灵魂离开躯体，而灵魂会以转世的方式再回到人间，因此普遍信仰神灵；其三，侗族是以鼓楼为血缘纽带建立起来的宗族社会，鼓楼内部入册的族人无论生或死均是能为宗族服务，生者创造价值，已逝者能为生者庇佑，故侗族原始宗教中还有祖先崇拜。这些原始宗教信仰在教育中发挥着重要的作用，也传递着侗族的原始文明。

1. 自然崇拜：有学者说过："人类在没有能力与自然抗争的时候，会产生对自然物和自然力的崇拜。"① 费尔巴哈曾经指出："自然界是宗教的原始对象，第一个对象、自然是原本的上帝。"② 侗族先民栖息的湘、黔、桂一带历来极端天气频繁，侗族社会开化程度低、技术落后，因此生活资料的获取也依赖于对自然的敬畏，故他们信仰"万物有灵"。山川、河流、巨石、古树、桥梁、水井、大地、秧苗等都附着神性色性，都可以在某个方面、某种程度上为人们提供庇佑。如婴童多病孱弱或者常常夜哭，是因为有一些"不干净"的东西侵扰，或者是命中"五行"缺少些什么，因而会祭桥破阵改变五行内的形态和环境。

自然崇拜的原始宗教教育是在一些仪式活动中既认识了神性事物的物质层面，也认识了其精神层面。例如以树为图腾，古树附着了神性，人们会主动地去认识树种、认识树的生长环境以及树木的护理，从而形成侗族独有的林木繁育技术；以桥梁为图腾，人们也会通过仪式观察到桥梁架设的场域，水流的走向，材料的选择和力的运用，因而也增长了人们架桥、铺路的技术。

2. 神灵崇拜：侗族宗族社会制度决定了其信仰系统内的神灵信仰。在原始形态的侗族社会，人们对生、死缺乏科学的认识，受万物崇拜和宗族社会的影响，他们普遍认为一个宗族内部的人无论是生或是死，都使群体保持在一个宗族之内，逝去的先辈们也会在另一个世界（通常称为

---

① 吴军：《侗族教育史》，民族出版社2004年版，第31页。
② 《费尔马哈哲学著作选集》（下卷），第526—882页。

"mangvyeml"，指阴间）以另外的方式集结在一起，具有一定的神力，为存在于阳世的宗族子孙提供庇佑。侗族对"神""鬼""魂"只分为两类，神、鬼统称为"jius"，"jius"又分"jius xangp"和"jius lail"，汉语直译为"坏鬼"和"好鬼"，但在侗语体系里，"jius xangp"指的是非正常死亡的人，其阳间的愿望没有了结，会有不甘，因此会以一种"jius"的方式游荡在人间。关于"jius"，侗族普遍流传的是"变婆"的故事，认为人死后因为对家庭、子女太过眷恋，会在三天后，条件成熟时回到人间。"变婆"具有人身，但不会与人对话，回到人间会帮家庭舂米之类。"变婆"转世的条件有多种，其中最令人忌讳的是猫从尸体旁经过或者跳过尸体，道师先生说猫经过时，尸体会坐起来，从而成为"变婆"。当然这都是道师们一代代传下来的话，新一代的道师也无人见过尸体坐起来过，但是侗族人去世入殓前猫不允许进入丧家的禁忌如今依然很严格。"jius"不做坏事，也不会为村寨、宗族带来厄运。魂称为"guaenl"，"jius"指向的是已去世的人或已被人神化的物，"guaenl"指在世人身上依附于肉身又高于肉身的魂魄。侗族丧礼中会有"回煞"的仪式，"回煞"是人去世后，会回到原来的家里来，通常时间由祭师算出为3、5、7、9天不等。丧者的家人在"回煞"时会备一桌丰盛的酒菜，其中会有一个生鸡蛋架一支筷子，因"回煞"时间很短，也是丧者最后一次来家里，一只筷子夹不起生鸡蛋，如此才能更长时间地把刚去世的家人的"guaenl"留下，以表哀思。

神灵崇拜的教育意义在于可以通过仪式、信仰将侗族的善、敬、亲情等高尚品质传给下一代。尤其是神、鬼、魂的分类方法，传递给下一代的教育思想是天下众生皆善，人行善方可圆满，同时也从生命观角度阐明了人的轮回。

3. 祖先崇拜：在侗族社会中，无论是大型的村寨之间的"为也"还是公共建筑的落成，农耕、秋收还是家庭内部的逢年过节、杀鸡宰羊，都会有不同规模、不同形式的祭祀仪式，这个仪式祭祀对象为侗族祖先，也就是"sax mags"，侗语祖母的意思。尽管侗族的"sax mags"祭祀是最重要的祖先崇拜，但不是单指某一个人，而是代表着一种血缘关系，以及凝聚于血缘基础之上的精神信仰。

侗族祖先崇拜中的"sax mags"（萨玛），传说中叫"beixbens"（卑奔），也有称"nyeengxxangc"（杏妮）的。在杏妮尚未出生前，她的父亲吴度能和母亲仰香在一个财主家当奴仆，财主对仰香有非分之想，为逃避财主对仰香的歹心，夫妻二人双双逃到从江生活，后来生下杏妮。虽然逃到远离财主的地方，但依旧逃不开财主的迫害，寨上的田、塘被财主强行霸占了。为了夺回田、塘，吴度能率领村民与财主斗争，不幸身亡。为了报仇，也为了了却父亲未了的心愿，铲除恶霸，杏妮拿起父亲留下的战斗宝刀，与敌人斗争近十年，终于杀死财主，夺回了自己的田、塘。然财主有个儿子在朝廷当官，遂带官兵来报复，最后杏妮终因寡不敌众，壮烈牺牲。杏妮死后，化作仙女，继续率领侗族后人与敌人战斗，最后终于打败邪恶，取得了胜利。为了纪念这位保卫侗族人民财产的女英雄，人们把杏妮奉为侗族的女神，并尊称为"萨"，村村寨寨都建有萨坛祭祀侗族的"萨玛"。

　　萨坛既是侗族的祭坛，也是传统教育中的讲坛，祭师是精神上的引导者，也是传统文化的讲习者，各种仪式、口耳相传的祭词、故事、经典成为侗族人行为规范的教育内容。在祖先崇拜的祭祀仪式中，通过神典、祭词、仪式中的器物向侗族后人传递一个民族的起源、发展以及应对自然与外敌的各种挑战，让一代代人理解祖先创造生活的艰辛，牢记道德规范、宗族传统、生活禁忌，从而更加懂得维护宗族内的荣誉和财产。

　　（四）社会习俗与社会规约教育

　　侗族农耕稻作生计方式及以水为图腾的百越民族族性决定了侗族对习俗和规约与自然、生态相辅相成。故社会习俗与社会规约包含两个方面，即自然的习俗和规约与社会的习俗和规约。但自然规约是通过人的行为和活动得以实现，故二者之间既相互分别于不同的系统，但又同样联系在一个族群的个体与群体行动之上。

　　侗族的自然约束从族群形成之初就有，不仅历史悠久，内容丰富，形式多样，而且自成一体，自然约束使人们把生存、繁衍、发展的机会与自然紧密地联系在一起，对自然充满敬畏，也懂得如何去保护自然生态环境，因为那不仅是侗族人生存资料的来源，还是人们精神信仰的所在。所以侗族在进行教育时，就通过口头的、语言化的形态和身体的、技术的形态对维护自然生态平衡进行了教育。如侗族起源歌中的《风》就唱道：

　　　　当初风公住天上，坤岁上天请他来。
　　　　风公下地四季分，春夏秋冬巧安排。
　　　　当初风公力无比，脑壳尖像黄牛角。
　　　　春天出气天下暖，夏天出气雨降落。
　　　　当初风公力无比，脑壳尖像水牛角。

秋天出气地打霜，冬天出气大雪落。①

　　这首歌虽然字面上只是描述四季气候变化显现出来的自然特点，但是通过这种自然教育，人们就懂得了在农业生产中如何与自然和谐共生，用生态智慧应对自然中的风、雨、雷、电，从而实现创生。在与自然的交流中，人们遵循自然的约束，也在这种约束中利用生态智慧创造了一系列的工具和技术，并在不断的实践中加以改进，从而提高了生产产量，推动了社会整体进步。

　　自然约束强调的则是人的行为与自然的协调性，社会约束则强调整的是人与人、人与群体之间的关系。在原始氏族社会阶段，侗族在以获取生活资料为目的的劳动、生产中形成了相应的社会结构与社会组织，创造并发明了相应的技术、工具，形成了系统内的自然观、价值观。为了能把人们创造的这些财富在一个没有文字的民族中传承下去，技术的家族继承制和师徒传带式的身体化传承以及古歌、故事、传说等语言化传承，甚至仪式、巫术等参与式传承，成为社会习俗和社会规约重要的传承教育模式。"款"是最典型的社会规约教育的材料，它既是侗族的组织制度，也是传统习惯法。"款"分为款坪款、约法款、出征款、英雄款、族源款、创世款、习俗款、祝赞款、祭祀款等。如习俗款词中记载：

　　　　……
　　　　前人置，后人用
　　　　这辈青年兴得不同；
　　　　前人置，后人使，
　　　　这辈人出了新样。
　　　　乾隆十一年后，嘉庆二十五年以前。
　　　　丢下侗族规矩，丢下祖宗款约。
　　　　学习外边，捡了客家。
　　　　唱戏做热闹，舞龙凑高兴。
　　　　白天想敲鼓，夜里想敲锣。
　　　　女的像汉人，男的像丑角。
　　　　舞龙到处跑，唱戏满村游。
　　　　还要蜡烛香纸

---

①　杨志一、郑国乔、龙玉成、杨通山：《侗族三百首》，民族出版社 2002 年版，第 12 页。

　　　　一祷告天地，二祈神灵，
　　　　未见什么好，没见哪样行。
　　　　我们还引"客"进村，引外人进寨。
　　　　田地里无收成，山上没出宝。
　　　　田寨冷淡，家业萧条。
　　　　老人不喜欢，年轻心不宁。
　　　　……
　　　　堵住池塘，鱼不出走，
　　　　堵住田口，水不外流。
　　　　搭傍年成也好，风水复兴
　　　　水转源头，鱼回滩头。
　　　　青年欢喜，姑娘高兴。①
　　　　……

　　这首款词以叙述的方式告诫年轻人要守住自己本民族创造的文化，共同守护本民族创造的财富与文化，不要崇拜外面的文明而丢掉自己的宝贵财富。通过这些行为的、言语的教育材料，使年轻的下一代对人类、对本民族的由来有更为立体的认识，知道在改造自然、创造美好生活的同时也知道珍惜、感恩。

二　教育技术形式中的"位育"

　　"位育"，著名人类学家潘光旦教授做出的解释是"安其所有，遂其所生"，也就是人既要遵守周围环境对生命体的规定，又要主动调整自己，改变环境以适应自己进步。西南大学张诗亚教授提出教育要回归位育之道，就是要从根本上反思怎样发展人性、怎样从人性的本能出发发展完整健全的人。② 原始社会中的侗族教育多是在劳动生产生活中进行，一切教育内容来自于生产劳动，一切教育技术也来源于劳动中的创造和应用。白天，但凡能独立行走的孩童都会以劳动力的角色按性别不同参与到集体的生产中。男孩参与、观摩学习如何耕地、种田、狩猎、捕鱼；女童学习如何采集、纺纱、织布、绣花、烹煮。无论角色的不同还是教育内容的不同，最终教育技术的形式都归类于"言传"和"身授"两类。

---

①　湖南少数民族古籍办公室：《侗款》，岳麓书社 1988 年版，第 481 页。
②　张诗亚：《回归位育——教育行思录》，西南师范大学出版社 2009 年版，第 10 页。

（一）言语化教育形态位育

侗族没有文字，但是语言形态却十分丰富。都柳江流域侗族分南部方言区和北部方言区，每一个方言区的语言系统的形态、智慧、表达都各有特点。但是无论语言口头表达方式如何不同，但表达的内容却是相对统一的。表现在口头化的教育技术形式，主要通过"耶""垒""暖"实现。

"耶"是侗族原始社会中最早的踏歌形式，这一形式在今天的节庆、祭祀、礼俗活动中仍然可见，侗语称"dos yeeh"，汉译为"踩歌堂"，是一种全员参与的群众性活动，所有人围成一圈，由一个人或几个人轮流领唱，其他人附和踏歌，"dos yeeh"形式简单，朗朗上口。由于侗族没有文字，人们在生产生活中产生的经验、规约、禁忌就通过"yeeh"记录下来，并一代代传唱，形成民族内部的规约和法则。但是，社会、技术总是随着时间的推进而不断变化，当新的技术出现时，或者是新的材料、新的思想以及新的族际交往模式发生变化，"yeeh"歌的歌词也会发生相应改变。所以"yeeh"歌背后反映的是不同社会时期的时间和空间信息，与器物通过其材料、形态、图案等方式呈现出不同社会阶段的时间与空间信息一样，只是"yeeh"歌用歌词和曲调记录了社会发展变迁的动态过程，这个过程包括人口、思维、行动、社会结合、经济、教育等一切因素在内。如侗族"yeeh"歌《开春了》就记录着原始农耕的一些技术信息：

> 开春了！
> 燕子翩翩掠上榕江河，好心的燕子把话说：
> 春天来了莫偷懒，叫咱快快去干活。
> 开春了！
> 修好锄头挖田地，修好犁耙开荒坡。
> 春天田地开得好，秋来粮食收得多。①

"yeeh"歌是伴随着侗族传统生产生活变迁的口头记录方式，随着传统技术的变迁，外来元素也不断地渗透到"yeeh"歌的内容中，一些新的词汇和新的表达方式也不断在"yeeh"歌中体现，甚至随着汉文化的普及，侗语传唱的"yeeh"歌有了汉译的表达方式。这看似后人加工的痕迹，但亦是口头化教育形态变化的位育随技术、语言、社会、经济适应融合的过程。

---

① 吴军：《侗族教育史》，民族出版社 2004 年版，第 49 页。

除了"yeeh"的言语化位育之外，"lix"和"nyonc"也是重要的言语化位育模式。"lix"可以音译为"理"，是一种有节奏、有音韵的、只颂不唱的理词，主要用于传统的祭祀活动之中。"nyonc"指的是民间的各种神话、寓言、童话和民间故事，与"lix"不同，"nyonc"的内容相对轻松、诙谐而且范围相对窄一些，主要反映的是侗族先民对天地万物、人类由来的解释，以及人在与自然共处共生的过程中形成的坚强意志、高尚的美德、情操，以及生产生活中形成的智慧和勇气，如《救太阳》《四野挑歌传侗乡》《神牛下界》《燕子和杉树》等。"lix"的教育形式比较严谨，内容因为其严肃性和重要性而呈现出相对稳定的状态，在受教育的人群上也呈现出一种普适的特点。从"lix"的内容上看，显示着自原始社会以来，侗族先民对自然的认识，以及在客观世界改造中形成的经验，如《开天辟地》《人类的来源》《嘎冷顺》等。

（二）身体化教育形态位育

原始社会人类的社会经济和传统技术的转型，都是以从食物采集向食物生产的过渡为标志。少数民族传统技术作为一种零散的、不成理论的、没有文字和图像记载的东西，是如何成为一个民族千百年来的标志和下一代传习的记忆，很多人都免不了会对此发问。都柳江苗侗文化生计圈内的少数民族均没有文字，在对该地区进行长期的调查、梳理与归纳中，我们发现技术化的教育传统是通过真实的生产生活场景、以身体化的教育形态，或有目的的，或潜移默化地将现实生活中的场景与相对应的技术结合，用最恰当的材料、工具应用于生产生活中，通过动手和参与的形式，实现教育传承。具体来说分为四种模式：仪式的陶冶、生产生活的应用教育、节日庆典的熏染、社区活动的参与式交流。

首先，身体化传承的仪式。

都柳江少数民族的仪式基于自然崇拜、农耕祭祀和祖先崇拜。与其他宗教不同的是，都柳江流域的仪式没有宗教典籍、没有阶层化的宗教仪式和教职人员，而是通过全员参与的方式，通过信仰崇拜获得心灵上的慰藉。无论是家族祭祀活动还是村寨的集体祭祀活动，每个人会在庄严的仪式现场表现出对器物、仪式过程、仪式中吟唱的祭词的虔诚，并将仪式中传递出来的生产禁忌、技术要领、生产智慧应用到现实的生产生活当中，将仪式中的一切有形的或无形的要素转变为个人的行为，从而实现教育传承。

其次，生产生活中的技术应用教育。

生产生活中的技术应用模式有两种，一种是家庭代际传承制，另一种是师徒传带式。家庭是人类社会的最小构成单位，人们最初接触到的传统生产生活技术与社会发展总结出的智慧都是在家庭及生活中的各种场所中习得的。除了家庭外，一些相对成体系的专门技术因为有社会技术识别的限制，其技术归属于特定的人群所有。如侗族建筑中每一个"掌墨师"后面是一整个班子的技术人员，随着人员的更替，也会招收一些新的学徒，于是形成了新的打破血缘纽带限制的师徒传带式教育模式。这种教育模式中，学徒没有受教育的过程，而是直接参与生产，从细小的、技术水平较低的杂活干起。因师徒传带式的技术没有标准的规范，技术形态会随着社会的不断进步和材料的变化有所变化，故师傅是一边创造、一边教育，而学徒也是一边学习、一边创造，因此这类教育传承模式更能体现社会进步的发展脉络。

再次，节日庆典的熏染。

少数民族传统节日是民族传统文化的重要组成部分，也是人类生产生活秩序的外显形式，它体现了不同时期的不同生产方式和生活方式下建立起来的人与自然、人与族群、人与人的有序联结。节日庆典是社会组织、价值体系和民族标志的构建与彰显，它将历史上人类积淀的技术创造和生产智慧集中地体现在庆典的各个环节，让每一个成员都能通过参与耳濡目染地接受这一切，从而丰富个体的认识，拓展视野，实现传承。

最后，村寨活动的参与式交流。

少数民族村寨活动是将少数民族的宗教信仰、生存方式、社会组织、生活习惯通过村寨内的婚丧嫁娶、娱乐竞技、生产互助、人际交往等体现出来。在活动中，每一个成员会将他们与自己、与自然、与神灵交织起来的智慧展现在活动中，形成一个村寨集体多元的技能和思维模式，并将这些技能在活动中生动地体现与表达，从而得以扩张和传承。

三　原始形态的侗族教育技术特点

（一）教育内容的广泛性、原生性、民族性

侗族农耕的生计方式决定了侗族原始教育的原生性、广泛性和民族性。农耕社会的教育内容源自于生产劳动和社会生活的方方面面，尽管人们对宇宙、对大千世界的理解很有限，但都柳江流域庞大的自然基因库和围绕农事活动开展的民族文化资源，为原始形态下的侗族教育提供了广泛的内容。通过分类，原始形态下的教育内容分为生产知识与应用技术、社会规约与经验、宗教教育、艺术教育以及以防卫为主的军事教育。因这一时期外来的文化侵入尚没有突破，侗族的教育内容决定了侗族以水为中轴

开展一切农耕和农事活动，水文化孕育之中的侗族的也因此有了独特的文化识别符号，这些符号在侗族长期的生存、繁衍和传承中，具有强烈的辨识度，成为侗族独有的教育内容，因此侗族的教育内容还具有民族性。

（二）教育技术手段的示范性、潜移默化和教育机会的平等性

侗族传统技术的传承通常采用两种传承方式，一种是家庭的代际传承模式，另一种是师徒传带式。但不论是哪一种模式，都没有技术模版、没有固定的内容，也没有专职的教育人员和专门的教育场所，所有的技术教育都是在实际的生产、操作中实现传承。教育活动与自然形态下的生产、生活融为一体，教育随生产开始而开始，也随生产需要改变而随机变化，教育直接潜移默化地为生产劳动和社会生活服务，具有典型的示范性。

侗族教育手段的口耳相传和亲身示范模式有一个教师对一个学生、一个教师对多个学生、多个教师对一个学生以及多个教师对多个学生等。一对一教育形式主要出现在家庭当中，这种教育的优势在于教育具有针对性，因家庭中的长辈对晚辈比较了解，因此教育的针对性比较强，效果也最好。一对众教育形式主要发生于侗族社会中一些比较有明显身份识别的人的教育活动，比如巫师、寨老、族长、歌师等，这些人承担的是一种相对规范的、成体系的教育活动，因其身份的特殊性，这类教育活动比其他教育形式更具有保障。多对一的教育形式主要发生在建筑这类分工比较复杂的体系中。通常一个建筑团队由一个掌墨师带领，分工包括木工、石工、瓦工等，仅木工又分为切割、凿、刨等。这类团队里对学徒的选择比较严格，往往一个学徒需要学会建筑知识各种技术，需要一个一个地向团队内的师傅开始学习，因此就有了多个老师对一个学生的教育形式。多个教师对多个学生的教育模式主要是在仪式中。在侗族传统社会生活中，各种农耕祭祀、建房打井、婚丧嫁娶都会有结构完整的仪式，这些仪式中的程序、器物、禁忌呈现出了侗族的宇宙观、生命观、关系论，因此仪式也是一种程式比较复杂的教育模式。因为仪式活动是群体活动，严肃性的仪式下每一个人既是教育活动的实施者，又是教育的接受者，教与学的关系比较模糊，随活动进行的进程不同人们的角色容易发生易位，故人人参与的仪式也显示出了教育的平等性。

（三）教师、教育场所的神圣性和生活性统一

原始形态下的侗族传统教育尚没有从传统生产和日常生活中分化出来，因此教育活动以分散教学为主，随生产生活的进行而随机开展教育，田间地头、狩猎围猎场、溪沟水塘边、火塘边、屋檐下都可能成为教育的场所，这些教师、教育内容、教育手段与生活高度统一。除此之外，因社

会结构中的角色分工不同，一些人物角色也分离出来，如歌师、款首、寨老、"捕捞"等，在祭祀等仪式活动中充当某种特定角色的同时，他们还是某一个领域内知识的代表，其身份因分工不同而赋予了神圣的色彩。仪式主持者总是与场域、器物、精神形成高度统一，受社会分工的不同，这些人当他们在行使教育的义务时，也会在侗族的标志性建筑里进行，因此侗族鼓楼、寨门、榕树下、水井边也成为神圣的教育场所。

第二节　唐、宋、元时期侗族教育技术及其变迁

在 618—1368 年的唐、宋、元时期，侗族原始氏族社会直接跨越奴隶社会过渡到封建社会，同时这一时期汉文化教育在侗族地区出现并广泛传授推广，在教育上出现了汉族教育与侗族本土教育双轨运行的格局。

一　唐、宋、元时期侗族教育及其特点

（一）社会、经济结构变化导致侗族地区教育变迁

侗族分布的地区，自秦始皇统一中国派兵南征以来，就归入中央王朝版图。但在两汉、三国至隋、唐五代时期，由于中央王朝的统治力量未能完全到位，在侗族社会内部，以地缘为纽带的农村公社组织仍然在起着重要的作用。[①] 随着中央王朝政权不断向侗族地区深入，并对侗族地区实行直接统治，侗族地区的社会格局在封建王朝政治、经济、文化的影响下，发生了巨大的变革，最为明显的就是跨越奴隶社会从原始社会直接进入封建社会。原始社会末期的农村公社所有的土地所有制转变为氏族酋长占有，唐朝时期靖州一带就出现"男丁受田于酋长，不输租而服其役"[②]。到了北宋时期，因封建权力日益加强，侗族地区的封建生产关系又一次发生了变革，主要表现在氏族酋长的权力日益衰落，土地权的酋长所有制转变成封建政权所有。封建政权所有的土地，一部分用于招募"峒丁""弓弩手"，并按人口"授田"，规定"一夫岁输租三斗，无他徭役"和"擅鬻有禁，私易者有罚"，"边陲有警"，须"负弩前驱"。[③] 除了官用的土地外，另一部分余田则用于租佃给苗民耕种，老百姓需要交纳高昂的租金

①　吴军：《侗族教育史》，民族出版社 2005 年版，第 54 页。

②　洪迈：《渠阳蛮语》。

③　吴军：《侗族教育史》，民族出版社 2005 年版，第 55 页。

或上缴耕种所得的大部分产品。还有一部分"民皆转徙而田野荒秽"者，交由当地大姓经营，这些"大姓"在封建时期的侗族地区成了当时的"二地主"。"峒丁""弓弩手"附于土地之上，其身份也由原始社会时期的自由人成为依附于封建土地所有者的依附民，应租者成为佃农，劳役地租也转变成了实物地租。到南宋初期，随着封建土地吏属关系中的立法、防禁、定制不断松弛，土地的私易、私鬻不断出现，而且还有愈演愈烈之势。到嘉定年间，土地已被认可出卖和转让，土地关系由官府所有转变为富户和权贵所有，新兴的地主经济开始形成并快速发展。

社会格局变迁带动的是经济格局的变迁。在唐代，唐王朝为了加强对少数民族的控制，在侗族地区推行州、府、县制，采用"以夷制夷"的羁縻政策，羁縻地区只需按时向官府"奉正朔""贡方物"，就意味着纳入了唐王朝的版图。所以，经济政策相对宽松，侗族地区人民也积极兴修水利，扩大生产。技术的变革催生工具改良、优化育种，所以在这一时期，侗族地区的耕地面积有了很大程度的扩大，农作物品种大幅提高，同时畜牧业也得到了发展。到宋代时期，中原战乱频繁，一些商贾、富豪、技艺匠人也纷纷南下，涌入侗族地区，这些人带来了大量的资金、工具、技术，极大地促进了侗族地区经济的发展。宋人江少虞所著《宋朝事实类苑》记载，在辰州之江南的古锦州地（今湘西南和黔东南北部地区），有"粮田数千万顷"①。到了元朝大德年间，中央王朝采取"诏民耕种"的政策，农民的生产积极性得到了提高，"使蛮疆日渐开拓"。② 不仅耕地面积得到了扩大，采矿业也得到空前发展。在这一时期，矿山由官府主持开采，采矿品种为金矿，朱砂、水银等矿的开采也不断增多。

由于历史、社会和自然条件等原因，在唐、宋、元时期，侗族地区的经济发展极不平衡，在州、县一级地区，由于受到中央王朝的直接管理，当地社会、经济、文化的发展和变迁程度较大，在地广人稀的农村，因为中央王朝的权力介入较少，故依然保持着原始生产，刻木为契、结绳记事。陆游在其《老学庵笔记》里就记载在辰、沅、靖等州的边远山区，人们"皆焚山而耕，所种豆而已。食不足，则猎野兽……啖之"③。袁申儒在其《蜀道征讨比事》也载："沅湘间多山，农家惟种栗，且多在岗阜，每欲种时，则先伐其林木而纵火焚之，俟其灰冷即播种于其间，如是

---

① （宋）江少虞：《宋朝事实类苑》，上海古籍出版社1981年版，第945页。

② 《元史·列传》。

③ （宋）陆游：《老学庵笔记》，中华书局1979年版。

厕所必信，盖史所谓刀耕火种也。"① 这些记载都清晰地记录了唐、宋、元时期社会、经济、文化发展的不平衡性及封建社会和原始社会并存的格局。

（二）汉文化及名人、学者向侗族地区渗透，带动侗族地区教育的发展

唐朝以后随着中央集权向侗族地区的延伸，中原地区先进的理念、技术、工具、人才也不断向侗族地区渗透。唐天宝年间（748 年），"七绝圣手" 王昌龄因作梨花赋，内寓规讽被贬龙标，也就是今天的黔东南州锦屏县隆里。李白为此还赋诗为王昌龄送行："杨花落尽子归啼，闻道龙标过五溪。我寄愁心与明月，随风直到夜郎西。"② 王昌龄被贬龙标后，将中原地区先进的管理理念带到了侗族地区，开始改革民风，创立了龙标书院，为当地的文化、教育事业发展做出了突出的贡献。宝庆元年，魏了翁被贬靖州（今湖南靖县）。当看到当地落后的社会、经济、文化、教育水平后，魏了翁便在州治之北纯福坡建鹤山书院，"招生讲学，甚至有数十里负笈相从者，于是风气大开"③。魏了翁谪居靖州期间，除了亲自办学、讲学外，还著书立说，著有《九经要义》206 卷等。宋朝时期程悼厚被贬靖州，又创办了侍郎书院，将儒学的要义在侗族地区大力地推广。这些文人、学者不仅在侗族地区创办书院，实施教化，还把中原地区先进的思想、理念带到了侗族地区，为侗族地区的文化传播与教育发展做出了杰出的贡献。

随着文化传播的不断深入，道教、佛教和寺院教育开始在侗族地区萌芽。隋唐时期，我国土生土长的道教以及两汉之交传入中国的佛教已经发展成熟。唐统治者利用宗教来巩固自己的统治，提出 "以佛治心，以道治身、以儒治国" 的三教并用政策④。从唐朝开始，侗族地区的寺庙、道观相继建立。在靖州这一汉文化进入得较早的侗族地区，唐代建有景星寺、慧庆寺和园妙观等；在融州，有融县的报恩寺、安灵庙等。唐朝时通慧禅师就曾经在奖州（今贵州玉屏、岑巩）一带从事寺院教育："唐天宝年间，峨山县（注：唐天宝年间，改夜郎县为峨山县）通慧禅师间在当

---

① （宋）袁申儒：《蜀道征讨比事》，巴蜀书社 2000 年版，第 98 页。

② （唐）李白：《闻王昌龄左迁龙标遥有此寄》。

③ （光绪）《湖南通志·艺文志》。

④ 吴军：《侗族教育史》，民族出版社 2005 年版，第 57 页。

地修建鳌山寺，寺院占地 693 平方米，有禅堂和宿舍。庙宇宽敞，建筑宏伟。"① 通过杂文野籍整理发现，通慧禅师精通佛学和医术，因医术高深，还被李隆基诏至京师治病。通慧禅师在寺院讲经诵佛、研习书法外，还带领门徒研究药物和药理知识，亲自传授经、文、弓、算、医等课程。鳌山寺经过几个朝代的发展经营，后毁于民国，但至今遗存仍然保留在岑巩镇的鳌山坡上。元朝时期，为了更为有效管理侗族地区人们的思想，削弱人民的反抗意识，中央王朝对各种宗教采取优待和提倡的政策，道、佛两教便进一步深入侗族地区与侗族的文化发生了更多的交流和碰撞，对侗族地区的文化、教育政策产生了深厚的影响。

图 6-1　寺庙教育的遗址：黎平县南泉寺

二　科举制度对侗族教育及教育技术变迁产生的影响

唐朝时期，随着西南民族地区不断地开化，科举制度在南方已推行开来。公元 815 年，柳宗元被贬为柳州刺史。柳宗元在柳州（今广西三江、融水辖属）兴办学堂，推广汉文化教育。《新唐书·柳宗元传》载："南方为进士者，走数千里从宗游，经指受者，为文辞皆有法。"② 由于柳宗元对教育重视，侗族地区许多有条件的青年开始学习汉文化，汉文化学习蔚然成风，人们也希望通过参加科举考试求得功名走上仕途。自唐以后，各个朝代侗族地区考取功名的人也不少：宋绍兴年间靖州上榜的有进士杨立中、举人陈大林、岁贡杨晟；元朝 1314 年李焘中举人。这些通过科举走向仕途的青年人不但改变了他们自己的命运，也通过他们的成功影响了

①　黔东南苗族侗族自治州志：《教育志》，贵州人民出版社 1994 年版，第 6 页。
②　（宋）欧阳修：《新唐书》，中华书局 1975 年版。

侗族地区的教育观念，使汉文化在侗族地区的广泛推广起到了重要的作用。

（一）受社会形态的影响，侗族本土教育模式与教育技术变迁不明显

汉文化在侗族地区的推广主要是以书院教育为基础和载体。"书院"这一名称正式确立出现在唐朝，书院主要有两种功能，一是由官府设立的主要用于收藏、校勘和整理图书的机构；另一种最为普遍的就是由官办或民办的用于读书、治学的地方。侗族地区的书院功能是后者。侗族地区的外来人口对汉文化是持开放态度，加之书院办学多为官学和富商兴办的社学，这些书院主要接收仕宦、富商子弟。外来人口与当地世居少数民族的关系一直是不相往来，甚至还是一种镇压与臣服的关系，这种关系在锦屏县隆里最为明显。隆里是明兵南下屯兵的驻地，城墙内有着十分明显的汉族文化特色，人们说的是汉语、住的是土楼、着中原服饰，城墙内有祠堂、书院、戏楼，节庆时人们舞龙、做花灯等，但是在附近的村寨少数民族文化特色却十分明显。正因为这种紧张的苗汉关系，侗族本土人群并不能到书院接受教育，因而对汉文化也是持消极抵抗态度。湖南通道的恭城书院也是明显的例证。

恭城书院位于湖南省通道县境内，前身是宋朝所建的"罗蒙书院"，后来被大火所毁，直至清乾隆年间，才重建并更名为"恭城书院"。恭城书院为木质结构三进五间的中原建筑风格，与通道地区的苗族、侗族民居有明显的差异，从恭城书院柱子、墙壁上的对联、标语可发现在历史上所进行的教育是为科举服务。按结构功能理论分析，恭城书院作为一个以传播汉文化为主的教育机构，它总是为一个时期特定的经济、文化、人口服务的。当在侗族这样一个开化程度较低的地区以外来文化作为教育内容时，受文化影响，当地传统特点消融的程度应该比其他地区要快得多。但是通过调查与考古发现，在当地，直至今日，当地侗族文化特色保持得非常完好，人们日常交流还是侗语，仍普遍着当地民族服装，仍操持着传统的生产生计方式。尽管在恭城书院不远的地方有火车线，曾向外输送了大量的木材，产生过大量的资金、物资的交流，但对当地的经济、人口、文化并未造成太大影响。由此可以发现：恭城书院的服务对象是外来的族群，而且由外来人口对当地的教育、经济实行独裁管理，当地少数民族无法参与到教育、经济活动之中。外来民族与世居民族关系十分紧张，彼此之间互不来往。这样的族群关系主要发生在明朝初期，随着官府与民间的交往不断频繁，尤其是屯军与当地苗民开始通婚入姓、入族，侗族本土人群接受书院教育才不断增多，而这个现象直到明清时期才实现。

（二）本土化教育内容从反映人与自然的关系向反映人与人、人与社会关系变迁

随着外来族群向侗族地区深入，中央王朝的封建统治削弱了侗族原始社会形态下的民间自治组织，因而侗族地区的少数民族教育因为汉文化的渗入，内容已然发生改变。因为汉族教育多是为官宦、世家、富商服务，少数民族人群参与度低，故原始形态的教育模式依然存在。但是，因为外来人群的进入，族群关系呈多元化，因此唐、宋、元时期的本土教育尽管仍采用原始社会形态下的"讲款""jenh""裁岩""讲古"等教育形式，但是教育内容已由反映人与自然的关系向反映人与人、人与社会关系变迁。如款词：

> 只因当初没有款，到处作乱。
> 父亲不知对子女慈爱，兄长不知对弟妹忍让。
> 脚趾对着手指，肩膀对着小腿。
> 家里乱家里，自己乱自己。
> 稗草乱禾苗，簸箕乱筛子。
> 饭盆乱淘盆，锄头乱镰刀。
> 死白牛，杀好人。
> 村脚砍树，寨头扯麻。
> 寺方没有管，只因当初无款到处乱。
> ……①

因为外来人群的不断增多，经济掠夺不断频繁，因此冲突也越发频繁，于是在侗族本土教育中，会着重强调团结教育的重要性，不仅在一些口头文学、行为规范中进行强化，还把团结教育写进具有习惯法效力的款词中，如合款后的誓词：

> 讲到咱们这一带地方，
> 都要相抱成团，相围成寨。
> 死同死，生同生，
> 好同好，坏同坏。
> 要像鹅掌连一片，莫像鸡爪脚分杈。

---

① 杨权：《侗族民间文学史》，中央民族学院出版社1992年版。

现在拿酒对天，枪尖肉对地。

如果有谁，

马不愿配鞍，牛不愿犁田，

马尾扫外，软骨头经不起威胁，

引贼进寨，放鬼害人，

咱们侗家不缺他一个，把他赶出地方

……①

第三节　明清时期教育变迁

明洪武三年（1370年），以古州、田州、澧州等处洞蛮常梗化作乱，明太祖朱元璋命卫国公邓愈为征南将军，江南侯周德兴与江阴侯吴良为副，将兵讨之。② 为平苗民作乱，明王朝派兵进驻今黎平、锦屏、从江一带，"稽其土司土官、赋税差役，驻兵防卫"③。以思州宣尉使从军诏谕，恩威并施，对反抗激烈的地方实施威治，如镇远；对顺化的地区实施怀柔政策，如仁怀。正是这种大量的屯兵，外来的人口出现了空前的增长，中央王朝接管侗族地区的幅度也深入到边远村寨中，新的统治理念、技术、材料、工具也带入侗乡腹地。这一时期，侗族地区的政治、经济和社会结构有了很大的变化，较之唐、宋、元时期有了良性的改变，为侗族地区教育、文化发展提供了良好的环境和平台。

一　社会格局变化促使教育技术变迁

（一）中央集权对边疆少数民族的"教化"

在中国历史上，任何一代君王都懂得"乱世用武，治世用文"的道理，即通过武力平定天下，而以文德治天下。在封建社会中期，明太祖朱元璋就将发展文化教育置于国家发展的首要位置。他提出："治天下当先其重其急而后民生遂，教化行而习俗美。足衣食者在于劝农，明教化者在

---

① 杨权：《侗族民间文学史》，中央民族学院出版社1992年版。

② 《明实录》（卷十五）。

③ 《黎平府志》（道光）。

于兴学校。"① 明太祖把发展文教与农桑看得一样重要，在洪武五年（1372年），明太祖就下令："农桑，衣食之本；学校，理道之原。朕尝设置有司，颁降条章，敦笃教化。务欲使民衣食足，理道畅焉。"② 在明朝统治者的积极倡导之下，各级各地的学校教育都相继建立。在侗族地区，教育也得到蓬勃发展，各地大力兴办官学、社学和义学，书院教育均得到了大的发展。

在对待少数民族的教育上，虽说边疆少数民族地区，特别是侗族聚居区，地方统治阶层也接受中央王朝的封号，也向朝廷纳贡称臣，接受统治阶段的管理，但因中央王朝的军事和政治力量并未能进入少数民族地区，在地方管理上却是各司其政。在明朝时期，一方面为了镇压少数民族叛乱，另一方面也是为了对边疆少数民族实施汉军管理，中央政权采取了在军事要塞分级设置卫所，通过"屯兵"的方法往侗族地区引入大量的江西汉人。屯兵不仅带来了大量的先进生产技术和军事力量，还对少数民族进行教育，宣扬朝廷威德，用儒家思想"教化"少数民族，从而实现"以夏变夷"的目的。

为了实现中央王朝对边疆少数民族的"教化"，中央统治阶层还积极利用地方的统治力量，同时加强对地方统治阶层的教育，明文规定"凡土司子弟，都必须送到各级儒学学习，不经过儒学读书习礼者，不准承袭土司职务"③。

明朝时期被派遣到侗族地区的流官、屯兵大部分都留了下来，他们在侗族地区兴办教育，带领和指导侗族人民进行农桑，与少数民族一起生产、生活，和睦相处，他们为侗族地区的社会和经济发展做出了重大的贡献。与此同时，大量的汉族人口还与少数民族通婚，完全融入到少数民族社会中去，早期进入侗族地区的汉族人如今大部分都已成为少数民族的一分子，他们的后裔在新中国成立后的民族识别中已被识别为少数民族，文化认同也与少数民族保持了一致。

（二）科举制度在侗族地区的全面推行

早在唐朝时期，天宝年间王昌龄被贬龙标（今锦屏隆里侗族地区）之后，在侗族地区开办书院，大兴教育。当时的书院教育内容还是以"四书""五经"为主，主要目的还是为科举服务。此举之下，在宋绍兴

---

① 谷应泰：《明史记事本末·补编卷四》，中华书局1977年版，第6页。

② 《明史·选举志》。

③ 吴军：《侗族教育史》，民族出版社2004年版，第87页。

年间，侗族地区就有了杨立中中了进士，陈在有中了举人。此举大大推动了侗族地区向中央文化中心靠近，对侗族地区的教育产生了较大的促进作用。

侗族人口所占比例最多的贵州是明永乐年间才建省，尽管自唐朝以来，学校教育得到了较快的发展，但是因为政治行政区划的限制，侗族地区一直没能自开乡闱，要想进行乡试，士子们需要长途跋涉到外省乡试，这不仅需要耗费大量的时间和财力，同时侗族地区的学校教育和人才的选拔也很大程度上受到了影响。

嘉靖十四年，明统治阶层同意在贵州设闱乡试，科举制度在侗族地区开始全面推行。学子因试及第后同时也带来了功名利禄，这对侗族地区的读书人产生了极大的诱惑，激发了人们读书的积极性；同样这种积极性也刺激了地方行政机构和官员、社会贤达人士出资办学的热情。

科举制度在侗族地区全面推行后，因儒学教育对侗族的教化具有明显的集权政治色彩，一方面，通过科举制度选拔少数民族人才进入政治舞台，同时也利用科举制度来管理人才，实现了统治秩序的稳定。因科举考试的形式是公开公平的竞争，虽说目的是为统治阶级服务，但形式为多数人所接受，这很大程度上缓和了侗族地区的社会矛盾。

二　各级各类学校的兴起与变迁

明朝时期，在中央王朝文化教育政策的推进下，侗族地区的教育空前发展，不仅由官府在府、县、卫、司建立了大批的儒学，还在城镇和乡村地区建设了一批专门为民间子弟创办的社学。官学的发展也带动了官私合办的书院和私人创办的私塾，办学条件和办学规模得到了较快发展，一些成体系成的管理模式也在不同的学校推广开来。

（一）儒学、社学、职业学校等官学的建立与综合发展

儒学、社学、职业学校均属于官办。儒学包括在不同地方行政区划地设立的府学、州学、县学；按军队编制设的都司儒学、行都司儒学、卫儒学；按物资集散地设置的都转运司儒学以及在少数民族地区设立的宣慰司儒学和安抚司儒学。根据设立地方的不同，办学的规模、师资配比、教育的内容也有所不同并有侧重。明成祖上台后，在侗族地区开始设立思州宣慰儒学。《贵州图经新志》（弘治）载："思州府学（思州宣慰儒学在贵州建省后改为府学），永乐十一年知府崔彦俊建，正统间毁于兵。成化八年佥将彭伦、知府王常重建。南徙二百米，俱东向。成化十八年巡抚都御

史陈俨复改建南向。二十一年知府张介重建，中为明伦堂，左右翼以两斋。"①

社学设在城镇和农村地区，依然为官办，以民间子弟为教育对象。明代把社学作为化民成俗的重要手段，故社学的教育内容紧紧围绕传播封建伦理道德为主。明洪武八年，明太祖颁诏天下设立社学，提出："昔成周之世，家有塾，党有庠，故民无不习学。是以教化行而风俗美。今京师及郡县皆有学，而乡社之民未睹教化。宜令有司更置社学，延师儒以教民间子弟，庶可导民善俗也。"② 侗族地区的社学得到重大发展主要是在弘治十八年（1505 年）。据《黔记·学校志》记载，这时期除了思州府、黎平府设有大量的社学外，其下属的各长官司境内也设立了社学，招收苗民子弟入学。③ 至嘉靖年间，侗族地区的古州、朗洞、清江等地也纷纷开设社学，天柱设有兴文社学、宝带桥社学和聚溪社学、钟鼓社学，这些社学除了官府投入财、物外，还为他们设置学田产业，以供社学发展之用。

职业学校主要包括武学、医学和阴阳学。武学在正统中期设立，而且仅在两京创立中央武学，直到崇祯十年，武学才正式成为地方学校。在侗族地区，武学主要设置在中央王朝屯兵的卫、所，能进入武学的也都是军屯子弟。洪武十七年，朱元璋在下令兴办社学的同时，诏令全国要创办医学，培养医师，并规定医学的学官额制："医学，府设正科一人，从九品；州设典科一人，从九品；县设训科一人。"④ 侗族地区医学发展主要是在永乐十九年，官府在思州府、黎平府和新化府分别设置了医学。医学在侗族地区的设立，不但丰富了职业教育的内容，还很大程度上缓解了侗族缺医少药的问题，最为重要的是人们的就医意识有了提高，很大程度上降低了常见病的发病率和死亡率。阴阳学校是以专门培养天文、历算人才的职业学校。教学内容主要为天文、历算、气象知识。明代贵州的府学中，但凡有医学的，必定会设有阴阳学。永乐十九年，思州府、黎平府、新化府就设置有阴阳学。

清初，在王朝更替的乱世下，清廷为了巩固对侗族地区的统治，在加强军事控制的同时，也恢复发展明代在侗族地区推行的各级各类教育和科举考试制度。在官府的支持下，清朝时期的官学恢复得比较快，各级各类

---

① 《贵州图经新志》（弘治）。

② 《明史·职官志》。

③ 郭子章：《黔记·学校志》（弘治）。

④ 《明史·职官志》。

教育的管理和布局基本承袭明制。但是进入清王朝后随着政治格局和经济体系发生变化，官学的办学体系也相应地发生改变。土司制度削弱和消亡，司学被取消，再经卫改县后，卫学也被取消。但是直隶厅的建立，厅学在清朝时期得以建立。

（二）书院教育的管理与变迁

明初，朱元璋为了巩固政权，强化集权君主制，他一方面大力提倡举荐人才，另一方面下诏在全国各地发展地方官学，侗族地区的官学，尤其是书院教育得到发展，都是在这一时期。到了明中叶，朝政腐败，宦官专权，士林道德沦丧。一些乡野大夫便设立书院，在讲经教学的同时，也借机嘲讽朝政。因此，书院教育受主观和客观原因影响，发展一度呈停滞状态。

为了实行文化专治，明王朝极力推崇程朱理学。随着科举制度的推行，一方面八股取士的制度日臻完善，另一方面由于宦官势力扩张，科场舞弊现象严重，科举得志者多是无德、无学的庸才，士子对官方提倡的程朱理学产生了抵触抗拒的心理，并进行了大肆地批判。至成化以后，一些有识之士为了挽救士林的道德危机，开始创办书院讲学，以弥补学术空疏和八股颓废的状态。在全国的带动下，侗族地区的官员和一些民间的有识之士也大力聚合本地的人才、物力和财力创办书院，使书院教育在侗族地区再一次有了发展。通过文献整理发现，侗族地区的书院除了龙标书院和鹤山书院分别在唐朝和宋朝设立之外，其他的如天香书院、平溪书院、开化书院、思州书院、文清书院等均建于明嘉靖年间和万历年间。

明代侗族地区的书院管理沿袭的是中原地区的管理模式。书院的山长通常由创办者担任，或者由县令任命，主讲通常是当地的饱学之士，往往是秀才、举人，侗族地区的进士非常少，所以书院中讲学的进士为数不多。书院的生源为两类，一类是已中秀才，为了应乡试定期来听先生讲学，送个人的诗、词、歌、赋等文章来给先生点评、指导；另一类是官员子弟和民间的俊秀。书院的课程内容受朝廷文教政策的影响，主要为儒家经典和八股文。实施开放的教学方法，听讲才不受身份、地位、地域和学派的限制，除了正式注册的学生外，还为一些临时的学生提供学习的机会。书院制定有严格的"教约"和"学规"，与官学教育相比，明朝中后期侗族地区建立的书院更强调道德修养和治学的方法，加强身心修养并躬行实践。

清初，清王朝政权初得，但清廷的政权还不稳，为了防止汉族知识分子利用书院聚众反对清王朝的统治，清廷对书院采取了抑制政策。顺治九年颁令："各提学官督率教官生儒，务将平日所习经书义理，着实讲求，躬实实践。不许别创书院，群聚党徒，及号召地方游食无行之徒，空谈废业。"① 至雍正十一年，清政权稳固，于是放宽并鼓励书院建设，发出上谕着令各省设立书院。除了由官府设立书院外，也放手让地方创设书院。据《清会典》记载："其余各省府、州、县书院，或绅士出资创立，或地方官拨公款经理，俱申报该管官查核。"② 此后，各地的官吏、乡绅、有识之士纷纷修复并创立新的书院。清朝的书院在雍正后期得以复兴，在乾隆、嘉庆年间达到鼎盛。侗族地区的书院自雍正五年张广泗请设黎平考棚后，书院教育得到了空前发展。据不完全统计，清代侗族地区的书院有近百所，嘉庆二十五年黎平知府陈熙一年内就创办和恢复了双江、双樟、龙溪、上林和清泉五所书院。

（三）以蒙学为主的私塾教育及其变迁

明清时期的官学、社学、义学均是为科举和乡绅服务，在各个府、州、县、卫、司开办的学校都不包含蒙学。尽管有一些官办的社学也招收部分蒙童，但数量非常有限，无法满足广大蒙童的就学需求。在日益增长的教育需求下，官学不能满足人们的学习要求，于是私塾开始建立，并得到重视快速发展起来。私塾主要招收 13 岁以下的蒙童进行启蒙教育，因其建设地点的弹性较大，既可以设在府、州、县、卫，也可以设在乡村，因此推广和发展较快，成为侗族地区教育的重要组成部分。

嘉靖以后，由于侗族地区教育的发展及科举制度的深入推进，侗族地区考中进士、举人、秀才的人越来越多，侗族人看到了金榜题名后的功名利禄对教育有了另一层的感受，也极大地调动了人们的求学和办学热情。侗族地区书院教育的发展也为私塾教育的师资提供了良好的条件。侗族地区的私塾在永乐年间仅在土司治地开坛讲学，到弘治以后，就向周边的长官治地发展；到了嘉靖以后，新化府所辖的中林、湖耳、亮寨、新化、赤溪都办起了私塾；到了明崇祯年间，司头、漂寨、岑戈等小村寨也都有了私塾。汉文化通过私塾向侗族地区深处渗透，今天保留下来的碑记文辞严谨、官体规范，都可以证明当时的汉文化起到了重要的作用。

由于侗族聚居区山高林密，明朝到清朝更替的战乱对侗族县以下的地区影响不是很大，因此官学遭到极大破坏而私塾依然保存较为完好。据《黔东南教育志》记载：清朝时期，私塾遍及黔东南地区的天柱、黎平、

① 《清通考》卷 70。
② 《清会典》卷 33。

古州、思州等府县。至清代末年，黔东南著名的私塾有思州府的后坪、凯本凯阳、天马杜麻、水尾大树林、天星灵庄等。私塾发展带动的是侗族地区人才的涌现，从嘉庆十四年到清末，黎平县竹坪的吴应堂创办的私塾就有 7 人考中秀才。

由于私塾的办学条件弹性较大，而且收费低廉，教学形式多样，对学生和地区的适应性强，与清朝时期侗族地区的政治、经济发展比较协调，生长得也比较快，因此成了农村地区最普遍也是最基本的办学形式，为侗族地区的蒙学教育提供了更多的机会和空间，也为侗族地区培养人才、传播汉文化起到了重要的作用。

三　传统教育技术变迁的影响与表现

(一) 英雄主义与伦理教育的内容日趋明显

清朝末年，中国内忧外患，侗族地区也同样经历着这样的悲惨历史过程。对外，由于西方列强的入侵，侗族地区的半殖民地半封建社会的性质也逐渐明显；对内由于官府和土司的横征暴敛，加之地主对人民的盘剥，导致侗族地区的农民反抗、起义不断，战乱不止。在这样的时代背景下，侗族地区的教育呈现出了两个明显的特点：一方面，因为外来的影响因素增多，在与外界进行战争的同时，汉文化在侗族地区的影响也进一步深入，侗族文化与汉文化之间的碰撞、交融也更频繁，在传统文化中，出现了汉字记录的文化形式；另一方面，人们饱受战争带来的疾苦，对于带领人民与外敌对抗的英雄人物更是越发敬佩与尊崇，在传统文化中也增添了英雄主义的教育内容。用汉字记录传统文化的典型代表便是侗戏。

侗戏起源于清代，随着汉文化的传播深入，汉族地区的各种剧种也传入侗族地区。侗族没有文字，因为汉文化的传入，加之教育的助推作用，侗族地区的人们对汉字的应用也更为广泛，因此侗戏鼻祖吴文彩（1798—1845，黎平县腊洞村人）用汉戏的表现形式，用汉文记录并创作了以反映侗族伦理、习俗、道德风尚的叙事性剧目。由于侗戏既有反映汉族文化的内容，又有反映侗族文化的题材，加之把传统的侗族诗歌、念词、音乐、舞蹈以及民间故事融于一体，所以一出现便表现出很强的故事性和教育性。① 以侗戏为代表的汉文侗族典籍在侗族地区的推广，扩大了汉文化在侗族地区的传播和影响，也对侗族地区的传统教育带来了影响。

由于战争对侗族地区带来了巨大的伤害，人们对战争的憎恶和对英雄

---

① 吴军：《侗族教育史》，民族出版社 2004 年版，第 225 页。

的崇拜也越来越盛，在传统的以约束社会公德和规约的款中增加了《出征款》和《英雄款》。出征款主要是款组织集结款众出征抵御外敌的出征宣誓款，内容主要是鼓舞士气，号召人们团结起来保村护寨，英勇抗敌。英雄款主要是歌颂和缅怀英雄人物，现保存最为完好的是《吴勉王款》：

> ……
> Wuc mieenh wangc
> Doih naih weex nyenc kuenp nyenc
> Weex singv kuenp singv
> Liangc weih jebl jebl
> Touk maenl labl
> Liangc xeih jingv jingv
> Touk geel huc yongc jeml jingh
> Maenl liangc lis xebc tinp
> Nyaemv liangc lis beds weenh
> Yeeul jenl lis qak
> Las banx lis xic
> Wangc qic dah unv
> Saoh qic dah lenc
> Sas touk nup
> Sac touk Ngox angl jul
> ……①

款词大意为：

> ……
> 吴勉王
> 白天邀集七千兵
> 夜晚集合八万人
> 兵马杀上古州城
> 古州无获空回兵
> 回身杀到哪里？

---

① 侗族古籍：《侗款》，岳麓书社 1988 年版，第 251 页。

打到武冈州、武阳村

水牛典牛得若干。

……

（二）"改土归流"社会形态变迁中的文教政策变迁对传统教育的影响

清朝中期，在侗族地区农民大起义后，清政府为了巩固政权，慑于农民革命的力量，不得已采取让步措施，以整治战争伤害为由恢复生产，以缓和社会矛盾。同治末年，贵州巡抚布告各地，不允许官吏、土司苛派徭役赋税；光绪七年，明令诏流亡返乡，将咸丰庚申年政府强占古州、黎平一带的七万亩屯田悉数退还原主耕种。① 不只如此，清政府还加强了文教政策的改良。

尽管清朝时期教育制度并没有大的改变，但是经过鸦片战争，中国人看到西方用先进的科技、文化、教育打开了中国的大门后，也深刻反省中国的教育腐化、病态的景象，认识到了学校教育作为科举的附庸，于社会进步而言有名无实，仕林腐败，考试作弊已严重影响了清朝时期的社会、经济发展。除此之外，教学内容、教学方法陈旧，严重脱离中国社会现实，要求学生死记硬背的"四书""五经"和文字狱迫使知识分子压抑自我，不敢有所创新，中国的教育对自然科学、技术进步没起到实质性的推动作用。基于此，中国教育改革派的运动也对侗族地区的教育产生了影响。从大的趋势上看，在民众的要求和朝野的推动下，清政府颁布了新的学制和教育管理法规，最为重要的是废除了科举制度，建立了教育行政制度。在侗族地区，由于清政府允许地方、团体和私人办学，与全国一样也掀起了"废书院、立学堂"的热潮。1907 年，各府州县设立了劝学堂，总理各地的学务。劝学堂内的劝学员也到各地开展劝学、兴学、筹款行动，侗族地区各级各类书院改良成兼习中西学的中、小学堂，新式的学校在侗族地区建立并快速蓬勃发展起来。

（三）义学的免费教育模式让广大侗族同胞接受了正规化的汉文化教育

清末，在清政府的文教政策支持下，各级各类学校开始设立并迅速发展起来。这一时期侗族地区的教育主要以官办为主，即由书院、社学转化而来，实行的是"官费、公费"办学的"常年经费"制。由于经费同一

---

① 《古州厅志》卷三。

来源，又是地方官办，因此招收的学生主要是官员、士绅以及富人子女，尽管贫民学子也有一定的招收比例，但供求关系过于紧张，官办学校仍无法满足大多数人的就学需求。清政府的文教政策允许地方或私人创办新式学堂，侗族不少有识之士也纷纷创设私立学堂，以满足侗族地区不断增长的学习需求。彭汝畴、周伯良等就在黎平府所在地创办了私立初、高小学堂，还有一些府以下的乡绅一方面捐资创办小学堂，一方面改良私塾。尽管这些义学的规模都不大，但是因为其免费性，很大程度上解决了侗族地区人们的学习需求，也缓解了地方政府的办学压力，推动了侗族地区教育的发展。

清末侗族地区义学的管理按照癸卯学制，开设的必修课在初等小学堂除修身、读经外，还开设有文学、算术、地理、历史、格物、体操八课；在高等学堂同样除《孝经》《礼记》、"四书"几门小、高学堂必读书外，还常设中国文学、算术、中国历史、格致、图画、体操等课，还追设手工、农业、商业等选修课。教学内容的改革也带动了教学方法的变革。新学堂在教学中实行分年级分班的授课制，在具体教学时引用了西方先进的教学手段和方法，对沿袭了数千年的侗族传统教学法进行了变革。

第四节　新中国成立之初都柳江流域教育及其变迁

随着辛亥革命的胜利，中国结束了封建统治，都柳江少数民族地区也随着中国社会主义一起踏上了新历程。新中国的成立，百废待举，教育方面也制定了相应的方针、政策、法规。新的文化、教育政策制定，对都柳江少数民族地区的教育产生了重大的影响。

一　民国成立之初的文教政策对侗族地区教育的影响和制约

（一）以"养成共和国之健全人格"为目标的五育教育政策

新中国成立之前的民国时期，资产阶级掌握了政权，开始行使管理国家的权利和职责。就教育政策上，南京临时政府废除了清朝的封建教育制度，废除学部而成立了教育部，由蔡元培任首位教育总长。1912 年，作为新任教育总长的蔡元培发表了著名的《对于新教育之意见》，其中就新的教育方针提出了新的构想。蔡元培认为"忠君与共和政体不符，尊礼与信教自由相违"，即旧封建帝制的教育政策与人民当家作主的共和国的教育已格格不入。为防止中国在历史上出现的凌辱，须用军国民教育和社会主义教育来提高中国人的防卫能力和生存能力。在新的社会需求下，蔡元培认为要"以养成共和国之健全人格"为目标造就既有中国建设所需的科学思想，又要有人民当家作主的资产阶级思想的人。新的教育方针应是军国民教育、公民道德教育、世界观教育、实利主义教育、美感教育五育并举，并且强调这五育是"今日之教育不可偏废者也"[①]。他具体提出了教育应分为普通教育和专门教育，普通教育是顺应时事，养成共和国之健全人格；专门教育是养成学问神圣之风气。蔡元培提出的教育新政在1912 年 7 月召开的全国临时教育会议中得以通过并于同年 9 月 2 日颁布实施。在学校的教学管理上也进行了改革，具体为废除了封建贵胄学校的等级制，改学堂为学校，发布《普通教育暂行办法》和《普通教育暂行课程标准》。新的教育政策颁布，改变了少数民族地区，尤其是贫困家庭教育的边缘地位，侗族地区也响应全国号召大力办学，都柳江少数民族地区教育实现了一次大的飞跃。

（二）民国成立之初的少数民族教育政策及其对侗族地区教育的影响

民国成立之初，中央政府颁布的文化、教育政策中，也有专门针对少数民族地区的教育政策，称为"边胞政策"，后来又改称为"边疆教育"。在民国时期，民国政府就主张每一个公民都是国家的主人，都有享受教育的权力。在政府的领导下，随着共和国普及教育和教育平等的推进以及在发展少数民族教育思想的政策影响下，民国成立之初侗族地区的教育有了很大的发展。

但是由于都柳江少数民族地区属边远、落后、贫困地区，加之连续的战争使都柳江地区教育经历了较长时期的衰退和停滞，尤其贵州的政治、经济与其他省尚有一定差距，因此，新中国成立之初都柳江流域少数民族教育的发展并不均衡。

二　新中国成立后侗族本土化教育的变迁

新中国成立后，侗族地区的社会、经济、教育发生着深刻的变化，受辛亥革命的影响，侗族的一些先进青年也踏上了革命的道路。其中龙大道、王天培、李世荣参加革命并加入中国共产党，成为早期领导者之一，革命的思想便在侗族地区快速地传播开来。另外红军长征经过都柳江流域的黎平、锦屏、剑河等地，他们不但在侗族地区宣传革命，还带领组织侗

---

① 　蔡元培：《对新教育方针之意见》（手稿）。

族人民与土豪劣绅作斗争，对当地少数民族同胞的思想产生了深刻影响。

（一）传统教育内容反映人们对黑势力的反抗、斗争愿望和颂扬红军、正义

尽管都柳江少数民族地区经历了汉文化的传播与实施，但是少数民族的参与度低，故在教育模式上，少数民族仍然采用沿袭了几百年的口传身授的传统教育模式。教育方式虽不变，教育内容却发生了很大的变化。侗族最常用的歌谣、戏剧、故事、款词、叙事文学等在传统的教育内容外，也开始加入新文化，宣传革命思想，号召大家团结起来反对封建、反抗剥削和压迫。如黎平的秀才解鸿犹编的《辛亥革命歌》就唱到了鼓楼里，逢年过节反复被人传唱：

> ……
> 提到宣统不成体统，文武百官更不行。
> 从此种地菜不长，从此种田无收成。
> 六月无雨天地旱，耕牛瘟死倒满村。
> 山冲种麻难成活，塘边种豆无花信。
> 人种辣椒不结果，人种椮子无收成。
> 整年薅茶不收籽，整年锄地无棉痕。
> 山林无鸟笼无鸡，稻田池塘鱼苗尽。
> 山尽水尽国运尽，年成不好岁月贫。
> ……①

红军经过侗族地区时不仅会救济民众，还带领大家起来反抗，打倒土豪。红军纪律严明，深得侗族人民的爱戴，因此侗族传统教育中的新编歌谣就包含了大量称赞红军的内容，如《当兵就要当红军》：

> 当兵就要当红军
> 手拿刀枪杀敌人
> 打倒土豪分田地
> 工农翻身享太平
>
> 当兵就要当红军

---

① 《辛亥革命歌》（手抄本），兰春标收集，陈春园译。

建设政权工农来掌政

男女平等都一样

没有人来剥削人。

……①

（二）蒙童教育仍沿袭原始教育的模式，但是教育内容多反映美好的事物与关系

　　都柳江流域以侗族为代表的少数民族社会，因为没有文字，故幼儿从出生起，就在歌谣中成长起来。因此，父母、祖辈、歌师是他们人生中重要的启蒙老师。因为受侗族社会、文化的影响，学歌成为侗族孩童的"必修课"。侗族儿歌的内容十分广泛，很多歌谣保持传统的模式，具体内容仍是即兴创编，如：

小时吃饭妈妈喂

上坡下地妈妈背

我们幸福妈辛苦

长大定要把情赔

　　这首歌曲就是培养蒙童要懂得孝敬父母长辈。每一首歌谣的内容不同，但总体来说蒙童所传唱的歌谣均语言朴实，形象鲜明，节奏明快，蒙童在传唱时也能寓教于乐。

　　新中国成立后，各阶层、各族人的关系变得和谐，侗族蒙童的教育内容也因势增加了团结教育的内容：

Deic banc gaeml banc gax

遵循侗族习俗，追求汉族风尚

Gaeml gueec lav, gax gueec siup

侗族的东西不破，汉族的东西不错

Dos gal gaeml, jaeml doih map

唱侗歌，邀伴来

Weh lix gaeml, xaeml lix gax

讲侗话，杂汉话

---

① 《侗语课本》（第二册）。

Miax nanc liic bagl, gaeml nanc lic gax

刀不离鞘，侗不离汉

Kuaot nanc liic songl, keep nanc liic caems

酒不离坛，梳不离簪①

　　总之，都柳江少数民族地区的教育总是伴随着政权、社会、经济、文化的发展而发展。因为都柳江流域特殊的地理位置和在历史上受到的影响以及长期以来影响着人们的文化，使都柳江流域少数民族地区的教育也呈现出独特的特点。但是文化是都柳江流域少数民族最为典型的标志，文化在各个历史时期呈现出的方式也不同，教育作为文化的一个部分，一方面传承着文化，但因为教育与文化的相互促进和影响，教育也呈现出历史的分期特点，成为中国灿烂文化中重要的部分。

---

① 杨志一、郑国乔、成玉成、杨通山：《侗歌三百首》，民族出版社 2002 年版，第 198 页。

第七章 都柳江流域少数民族传统
技术考古的当代价值

少数民族传统技术是本民族历史、文化的存续，是人与自然、人与社会、人与人自生、互生、创生的集中体现。进行都柳江流域少数民族传统技术考古，可发现区域内不同民族的生命旨趣和历史定位以及把握和观察区域内生命、生态、生产的多样性主题。互联网技术高速发展的当下，在生态脱贫目标下进行都柳江流域少数民族传统技术的价值实现，需尊重并引导少数民族传统技术的现代性变革，以发展工匠的生产创新能力为先导，促产业多元整合循环发展，从而实现传统技术的文化价值与经济价值并举。

第一节　少数民族传统技术考古的价值本真追溯

"本真"是海德格尔《存在与时间》里的一个哲学范畴。所谓"本真"，就是指技术以及技术创造的器物不单有其工具性价值，还因其在不同场域不同仪式中，因人的参与及在仪式中的"意"相互作用，而呈现出多样化的价值。①

少数民族生存的地域性决定了人在独特天地系统之间与自然、社会、文化的自生、互生、创生发展，独特的天地系统，生成了独特的人类文明。都柳江流域立体的自然生态系统与为适应该系统的人文创造的技术形态交相辉映，相辅相成，生成了立体的高山游耕与水乡稻作为主的立体生态文明。生于斯、长于斯的都柳江流域"侗族文化生态圈"的少数民族为适应其生栖的天地系统，以满足生活需要为前提创造了绚丽多彩的、极

---

① ［德］马丁·海德格尔：《存在与时间》，生活·读书·新知三联书店 2014 年版，第 9 页。

具特色的技术文化。从工具性视角看，这些人为创造的技术文化可以满足特定时期人们的生物需要；从文化视角看，都柳江流域少数民族崇尚自然，以万物崇拜为图腾，技术创造的器物在人与自然长期的协作中已上升为礼器，在祭祀、交往和各种礼俗中成为神性的化身。所以透过少数民族传统技术创造的器物，不单可以发现特定历史时期的社会结构，还能透视少数民族特定历史时期的心理结构，并能分析出人们的行动理性。都柳江流域少数民族传统技术变迁是多重主体的结合，分别指向不同的独立的"类"，能够立体地呈现都柳江流域少数民族在独特天地系统的技术、文化、社会、心理、社会行动的演变。

一　少数民族传统技术考古开拓了新的考古探究领域

人们通常认为考古活动有三种含义：（1）指考古研究所得的历史知识，有时候还可以引申为记述这种知识的书籍；（2）借以获得这种知识的考古方法和技术，包括收集和保存资料，审定和考证资料，编排和整理资料的方法和技术；（3）指理论性的研究和解释，用以阐明包含在各种考古资料中的因果关系，论证存在于古代社会历史发展过程中的规律。①少数民族传统技术是一种带有古典神话进化特点的人类活动，其演变和发展是一个历史性的过程。在整个少数民族发展进程中，器物带有明显的神性色彩，器物的技术创造过程、内容、形式都反映出了人与神之间、人与天地系统之间以及人与人之间的互文（context）、互疏（interpretation）、互动（interaction），在社会总体结构和社会组织中具有指示性功能。然而，考古多指向消失于历史中的遗存，仍存于当下的器物、知识、技术多被归类于民族学、人类学、历史学范畴。但是少数民族技术是通过器物的象征功能来释放特定民族某一知识系统的符码，语言和象征作为人类文化的基本特征，可定位于人类作为动物性方面的语用符号与物质能力指示，人作为少数民族传统技术中的行为主体，其行动被技术创造的场域、需求、程序、规则所影响，与此同时其创造的发明也附着了特定时空、特定对象、特定情境中的符号意义。技术考古背后的创造、应用发挥着社会和人类进步的能动作用，构建出了一个完整的结构叙事，成为考古学新的研究领域。

---

① ［美］罗泰：《宗子维城——从考古材料的角度看公元前 1000 至前 250 年的中国社会》，吴长青、张莉、彭鹏译，上海古籍出版社 2017 年版，第 6 页。

二 少数民族传统技术考古可发现区域内的
不同民族的生命旨趣和历史定位

历史证明，自石器时代以来的每一个文明中，技术起到了基本推动力的作用，成为塑造和维持人类社会的决定性因素。社会是一个动态发展的过程，人类一方面在研究历史，另一方面同时也在创造历史，只要人类还存在，人类就会不断地利用他们所掌握的技术，并在原有基础上创新技术去改造他们所赖以生存的世界。透过技术及技术造物文化看人类的过去、现在和未来，能发现不同时期的时间与空间信息，并能对未来进行预测。技术对人类发展做出了突出的贡献，于是引出了另一个命题，那就是技术本身将会如何。技术是人为创造，也是历史的产物，它陈述的是人类理性和关于自然界的叙事。显然，但凡自然哲学都是一种社会智识的活动，技术本身就将永远不停地做应用、革新、发明、消亡的循环，科学史的研究揭示了一个铁的事实，即目前任何一种关于技术、科学的事实都会因时代的发展而被抛弃，也会被更好地创造所替代。

事实上，技术是世俗化的自然哲学的延续，它的创造、革新是人们与世界互生、创生、共生的偶然，当今的科学至上主义总想用科学传统去破解技术的符号，甚至想跳出自然的限制去使技术转向，那样技术的历史叙事就会出现片面性和局限性。哲学家桑塔亚那（George Santayana）曾说过："忘记过去，将会重蹈覆辙。"[①] 研究技术的过去，是为了给社会的进步过程找到例证，用批判的眼光观察人类的发展脉络，能够规避一些历史上走过的弯路，并能为未来生存的技术维持提供参照。在人类认识水平低下的远古时期和当下一些贫困落后的地区，对自然造物不能理解也会将其认为是"神造"，于是产生崇拜心理，遂给满足于生存所创的器物蒙上了一层"神性"的神秘面纱。人的生物性决定了人必定是一个生态环境下的、特定历史时期的存在，而生态系统和器物的工艺以及材料的历史阶段性更为明显，在特定历史、特定生态环境下的人和环境的影响下，生态模式、工艺水平、器物形态、材料形态也具有明显的地域性和历史时代性，成为识别历史进程中的标志和枢纽。

---

① ［西班牙］乔治·桑塔亚那：《美国的民族性格与信念》，史津海、徐琳译，中国社会科学出版社 2008 年版，第 5 页。

三 透过少数民族传统技术考古可把握和观察区域内生命、生态、生产的多样性主题

技术创造包含两个层面，一是物质层面，即技术创造的"用"，也就是技术创造的普适性的"大传统"；二是技术创造的意识层面，也就是技术创造的"饰"，是关乎仪式和审美的"小传统"。物质形态的技术"大传统"是人类为了满足生存需要而进行的发明，均为就地取材，无论是技术结构、外形、功能、空间利用都反映出了人们对自然生态的感知、想象、应用的智慧和能力。少数民族技术创造的生态资源与煤矿、碳石、石油等物质资源不同，尽管后者就其功能来说也是为了满足特定生境下的族群生存所需，但是这些资源无法形成技术创造的"小传统"，在人们的仪式意象和审美情趣中不能发挥作用。

中国55个少数民族其生活的环境具有非常高的辨识度，都柳江流域少数民族生栖的绿水青山是当地人仪式意象与审美情趣的物质载体。从人类迁徙至此开始，少数民族先民就顺应时令，直接依赖大自然生存下来。人们敬畏自然、也懂得自然生态结构的优化，并将人们对自然恩赐的感恩、敬畏延伸到仪式和审美中，与自然保持着朴素的和谐关系。技术"小传统"层面的仪式和审美是为了满足人们的心理归属、信仰、认知并与神话、传说、哲学、习惯等紧密相连。透过器物，可以探见少数民族的生命观、宇宙观、爱情观、幸福观等。

独特的族群结构下的劳动合作机制、村寨建筑布局与生产的关系以及服饰、文学艺术、仪式和信仰等折射出少数民族传统技术的生产性。人在与农耕环境之间相互适应的基础上所产生的游动性、有限性和互偿性，形成的文化基础是不断游动和变迁的生计方式，随着生产中的作物、材料、工具的变迁，技术也会不断地做出调适，故而演化出新的生产特点，这种特点又成为历史的识别符号。

第二节 少数民族技术考古发现对认识都柳江流域少数民族文明的价值

一 可从遗迹和遗存背后的技术考古线索认识都柳江流域少数民族的族源和族群

都柳江发源于贵州省独山县，流经三都县、榕江县、从江县，入广西

三江县寻江（古宜河）口，进入柳江干流融江段。居住着侗、苗、水、布依、仫佬等民族，以侗族人口最多。由于生计方式相同，衍生出来的文化也大体相同，并有不断融合的趋势。因此，谈都柳江少数民族族源，重点为侗族族源。

　　侗族自称 gaem（更）或 jeml（金），据侗族有关史书文献记载和民间口传历史，以及人类学、考古学的考察研究，学界普遍认为侗族源自我国南方古百越民族中的骆越一支，经"僚"发展分化而来。僚族由百越民族中以骆越为主体发展而来，在张华的《博物志·异俗》、陈寿的《三国志·蜀书·霍峻传》等书中就有关于僚族的记载，证明蜀汉时期便有僚。此后僚作为人类共同体的称呼便常见诸史籍。《隋书·南蛮传》记载："南蛮杂类，与华人错居，曰蜓、曰獽、曰俚、曰僚、曰笆，俱无君长，随山洞而居，古先所谓的百越是也。"① 越族从夏、商、西周时期开始就是一个他称，是指使用"戉"这种生产工具（或兵器）的人们共同体。班固《汉书·地理志》记载："自交趾至会稽七八千里，百越杂处，各有种姓。"② 言越人分布极广，支系繁多，故称"百越"。而随着民族族群间经济文化交流的增多，主客观生活环境的改变，发展的不平衡，内部出现分化，越民族群体出现了具有不同个性特征的民族分支，见于史籍中的越人分支主要有于越、扬越、闽越、南越、骆越、瓯越、滇越、东瓯、西瓯等。史书记载，骆越也称"雒"越，《史记》称为雒或骆。在中国古代韵书中，雒、骆发音相同，二字互通。《逸周书·王会解》载："卜人以丹砂，路人以大竹。"③ 路人亦即骆越。这条史料是关于骆越的首次记录。至于何以称骆越，《水经·叶榆水注》引《交州外域记》有解释："交趾昔未有郡县之时，土地有雒田，其田从潮水上下，民垦食其田，因名为雒民……"④ 可见骆名乃由生产方式而定，与水密切相关，加之其为越民族中的一部分，故称骆越。亦可看出，骆越生计方式主要凭借渔猎为生的同时，也从事稻作。《旧唐书·窦群传》载："（观察使窦群）复筑其城，征督溪峒诸蛮。" 此时的溪峒蛮尽管未专指峒族，但峒族是其中的主要部分。而到了宋元时期，居住在溪洞山涧间的僚族开始向现代峒族分化，到了元明时期，逐渐形成了民族共同体的族称——峒族，明代以后已形成一

---

① 《隋书·南蛮传》，中华书局 1973 年版，第 1831 页。

② 班固：《汉书·地理志》。

③ 《逸周书·王会解》，见《汉魏丛书 96 种》，上海大通书局 1911 年版，第 22 页。

④ 《水经注》，上海古籍出版社 1990 年版，第 694 页。

个单一民族，即今天的侗族。如《元史·世祖本纪》载："至元二十九年（1292）正月，……从葛蛮军民安抚使宋子贤请招谕未附平伐、大瓮眼、紫江、皮陵、谭溪、九堡等处诸洞苗蛮。"① 到了清代以后，"峒人""洞人""洞蛮"等就专指侗族了。

二　技术考古中的器物形态、器物的礼用奠定都柳江流域少数民族社会、文化的"三元格局"

从目前的遗迹、遗存考古和民族志分析可发现，都柳江流域少数民族文化精彩纷呈，但是一切的文化都是基于生产、技术、劳动分工与合作衍化出来的。通过资源、技术与人的三元关系，构筑了都柳江流域少数民族文化独有的"三元格局"：以生产为基础的耕作文化、以血缘为纽带群居的劳动合作、分工的宗族文化和以基于自然生态系统之下万物有灵图腾的宗教文化，这三种文化存在于都柳江少数民族生产生活中的各个方面。

耕作文化：美国人类学家威廉·A.哈维兰认为："在社会的谋生方式中起作用的文化因素被称为文化核心（文化核心指对特定人类文化与环境之间的互动研究）。它包括社会对于利用资源的生产技术和知识。它也包括涉及把这种技术应用于地方环境的劳动方式。"② 山地稻作是百越民族典型的耕作方式，稻作文化源远流长。侗族作为百越后裔，稻作依然是他们长期以来选择和固守的生产方式，稻作文化是侗族以水为中心文化的重要组成部分。智者普罗泰哥拉曾有句名言："人是万物的尺度，是存在者如何存在的尺度，也是不存在者如何不存在的尺度。"③ 侗族人千百年传承下来的稻作技术不仅是侗族人在特定地理与自然气候环境中的必然选择，也是侗族将稻作作为主要生产方式的重要依据。侗族的生产技术是侗族水文化的主要成分之一，在漫长的发展过程中，侗族稻作技术日臻成熟，形成了相应的技术体系，特殊环境下的农耕通过对水的利用形成了侗族最具代表性的技术文化形式，如水车灌溉技术、架枧引水技术、池塘蓄水技术等，这些技术都是选择稻作生产方式的重要条件。从生产的游动性和有限性看，尽管都柳江流域以侗族为主的少数民族大规模的游动已没有，但是为了追求生产的丰收，人们总在寻求和扩大生产范围，会沿河而

① 《隋书·南蛮传》，中华书局1973年版，第1831页。
② ［美］威廉·A.哈维兰：《文化人类学》，瞿铁鹏、张钰译，上海社会科学院出版社2006年版，第168页。
③ 吴国盛：《科学与人文》，中国社会科学出版社2001年版，第3页。

上，从平坝到山腰，再扩大到山顶。从水耕模式扩大到连片的梯田开垦。生产方式的扩大由生产工具、农作物类别得以体现，同时生产方式经由以水为核心的信仰也扩大到以山林为依托的崇拜，在古歌、习俗中会留下变迁的烙印。生产的游动性和有限性从生产角度又催生了生计方式的互偿性，从迁徙耕作到采集狩猎，形成了人与环境之间的对话式互偿关系，但是都柳江流域少数民族聚居区有限的土地、山林随着不断增加的人员和不断增长的物质生活需求，曾经人与自然的平等对话随着掠夺性生产而演变出了人与自然的关系失调，故而对环境产生破坏，于是生态恢复的改造技术形成，这同时成为技术变迁中的重要识别符号。

宗族文化：侗族村寨是以一种称为"斗"（douc）的单位组成，"斗"（douc）是以血缘为纽带的社会组织，每个"斗"（douc）都建造有鼓楼，并且围绕鼓楼建造房子。通常一个寨子就是一个"斗"（douc），也就是一个血缘家族。在人口不断扩大后，一个大的血缘家族又可为几个"斗"（douc），在侗族的口头称谓上，一般不会说哪个寨子，当指向哪个具体村寨的时候，往往会以鼓楼的名称代替隶属于这个鼓楼的所有人群。"鼓楼"是侗族的标志，也是家族和村寨地位和级别的象征。从村寨的历史和人口以及经济状况来分，侗寨有"腊卡"和"腊更"之分，"蜡卡"是较早定居的族群，"蜡更"是后来迁入，或者是因为多种原因，以外姓身份来投靠"蜡卡"，他们能享受"蜡卡"给他们无偿的接济和容留的权利，但同时也得履行向"蜡卡"每年送礼，并永尊"蜡卡"为长辈的义务。这在李宗昉《黔记》里也有记载："洞崽苗在古州……居大寨为爷头（即蜡卡），水上寨为侗崽（即蜡更），每听爷头使唤。"[1] 清嘉庆年间任古州厅同知的林溥所撰《古州杂记》载"……小寨不能自立，附于大寨，谓之侗崽，尊大寨谓之爷头，凡地方公事均大寨应办，小寨概不与闻，亦不派累，如古附庸之例。"[2] 侗族以"斗"（douc）或称"鼓楼"为单位的宗族群居方式，不单形成了"卜拉"社会管理制度，还形成了宗族内部的劳动交换、劳动分工与合作模式。因宗族内部的规模总是在不断地扩大，因此，居住格局也相应地扩大延伸，从平坝区域不断上升，扩展到山坡上、溪水边。因居住环境变迁，人们的生计方式，尤其是辅助的生计方式也不断地改进，技术、工具也因此而改变。透过宗族社会的文化变迁，可以发现宗族文化背后的传统技术的支撑，因而为技术的变迁从宗族的发

① 李宗昉：《黔记》。

② 蔡凌：《侗族聚居区的传统村落与建筑》，中国建筑工业出版社 2007 年版，第 185 页。

展脉络找到了另外一个证明的线索。

宗教文化：马克思说："宗教是那些还没有获得自己或再度丧失自己的人的自我意识和自我感觉。"① 侗族历史文化形态下的最古老、最深层、保存得最完好的原始宗教，跟其他生产生活中的行动、仪式一样，对传统教育有着深远的影响并成为教育内容的重要组成部分。侗族传统宗教的全民性、广泛性和集体性深度渗透于人们的思维模式、生活方式以及行为倾向中，强力作用于农耕中的生产与技术变革、生活中的行为模式以及原始的教育传承模式。侗族先民把每一自然事物和自然现象都附着上神性色彩，进行顶礼膜拜，形成多神的信仰体系。以万物有灵的崇拜信仰，体现出了人对自然的敬畏，也因此会约束、修正人们对自然的开发、利用和改造，技术在人类对自然的探索与交流中充当了重要的作用，但同时自然生态系统的有限性又通过宗教文化引导技术的变革。这些原始宗教信仰在技术的创造、应用、变革中发挥着重要的作用，也记录并传递着侗族的原始文明。

三 器物变迁层面的社会进步脉络发现

技术是自然、社会、个体有机合成的产物，是立体天地系统结构中的动力和联结。技术这一看似无形的系统，其背后蕴含的是器物、技术、制度、伦理、教育、精神，是一个多元的统一体。《史记·货殖列传》就有载："医方诸食技术之人，焦神极能，为重糈也。"② 技术最初的创立是以"用"为目的的，但是一种技术的产生总是要经过不断的打磨、适应、变化才能形成固定的技术形态，而这个过程势必是一个长期的、漫长的过程。少数民族技术的载体最为明显的就是器物，也是技术的器物层面，同时也充分显示了技术的第一层"实用"功能。人类最初创造器物的初衷是以实现生活所需而产生，同时也为了满足人类的生理和心理、物质与精神的需要，每一次造物的过程，都是在有意或无意地探询人性之根本。器物的设计与使用，不仅关乎民生日用，也关乎整个社会的政治、经济以及道德风尚的取向。器物，英文为"artifacts"，与物品"objects"和物性"thingness"不同的是，物品除了用的功能外，还有创造过程中的人文要素和艺术要素。一切以"用"为目的的技术创造，都始终围绕在生活化的语境里，阿多诺《棱镜》（Prisms）中"瓦莱里·普鲁斯特·博物馆"

---

① 《马克思恩格斯选集》第一卷（上），人民出版社1972年版。

② 司马迁：《史记·货殖列传》，三秦出版社2008年版，第1页。

里对器物有这样一段描述："观察者与物品之间再无生动联系，并且物品正步入死亡。它们之所以得以保存，更多是出于对历史的尊重，而不仅仅为现实的需要。"① 所以，技术的生命是其创造出来的器物在时境中与人的互动，也就是通过"用"体现出来，是建立在主体与客体、理性与感性统一的基础之上。技术既然是一种人为创造，依靠人的主观能动性和审美情趣，而人是社会的最小单位，其能动性和审美情趣因人生长的时代、地域、民族不同也呈现出巨大差异，所以说技术更应该赋予其生命而称为"技艺"，而不应该是"科学"。当然，技术总是在不断地进化、变迁和创新中，除了宏观的历史、社会、文化的要素外，微观的内生需求和要素供给因素、自然因素和人文因素的诱发性变革，也导致了诱发性技术的创新，从而使技术本身更具辨识度。

器物是技术的外显形式，也是精神凝聚的物化形态，而这种精神在少数民族传统祭祀、仪式等不同活动中得以强化，人们在仪式中通过物品、行动、名称等一系列符码清单来理解器物所承载的精神，在每个"清单"中认识他们的民族发展所走过的曲折道路，从而认识他们民族在探索自然规律和推进社会进步时不畏艰险、睿智进取的艰难历程，从而增加了他们的民族情感，使人们对器物、技术的理解超越了物质层面和理论层面，人们的世界观、人生观、自然观得以升华。

第三节　生态扶贫视域下少数民族传统技术的价值实现机制

当下，世界一体化发展，信息化、数据化、电气化成为这个时代明显的标志，少数民族传统技术在今天的时代背景下显现出了滞后性、陈旧性的特征。然而，科学和技术是各个独立系统的历史产物，科技具有普适性，而技术，尤其是少数民族传统技术却有着明显的地域性和针对性。研究少数民族传统技术的变迁不单是对少数民族匠人创造的独立传统的历史尊重，更为重要的是在世界一体化、中国大脱贫背景下将传统技术创造的特色、传统与现代化、全球化、国际化接轨。中国大扶贫背景下的技术开发如果脱离了传统、特色，带来的后果往浅了说会事倍功半，往深了说会

---

① ［英］罗兰：《器物之用——物质性的人类学探究》，汤芸、张力生译，《民族学刊》2015 年第 5 期。

彻底毁灭少数民族的文化特征，使其在茫茫的历史发展长河中失去自己的特色而变成时代的边缘，从而加剧民族地区的贫困。故研究少数民族传统技术的变迁是从都柳江流域活的实际出发，从当地少数民族存在的现实出发，去认识技术背后的生产、生活、语言、文字、宗教信仰、风俗等，以期通过研究跨越少数民族在现代发展中横亘在传统与现代之间因理解的差异而难以消除的障碍，助推少数民族科学发展，并实现全面发展。

一 尊重与引导并举，变少数民族传统技术古为今用，促都柳江流域生态脱贫

都柳江流域山高林密，自然气候恶劣，灾难性天气频繁，独特的地理环境和气候对传统农耕技术依赖较大，畜力、刀耕火种是适应该生态环境下最适合的生产手段，人、畜有机肥，立体农业是农耕民族最为典型的且长期保持的农耕模式。少数民族地区依托独特生态环境创造了一套与生态、人口、资源平衡、协调发展的生计方式，少数民族对由生计方式创造出来的信仰、祭祀、节庆、交往等文化具有较强的依赖性，生产既是满足生活需要，也是精神依托所在，在生产过程中遵循相应的规约、禁忌。民间以生产、合作、交换、责罚机制建立的民族社区自组织，对民族地区的正常运转发挥着较大作用。[①] 少数民族传统技术下的生产模式，以低投入、零污染，实现生态良性循环，能有效留住地方特色优良品种，留住循环生态耕作文化，低资源耗费的生产模式能留住民族地区的青山绿水。与地区、民族、文化紧密相连的生产习俗能留得住一片乡愁。生产出的多样化高端优质农产品，有利带动更多地方农业物种的收集与保存，成为天然的地方农业物种基因库和示范种养基地，也吸引了大量城市人群定购农产品，并到民族地区旅游、度假、进行农耕体验。

都柳江流域少数民族地区传统的贸易，从根本上说就是简单的物—物交换。人们将农特产品拿到集市上销售，并从集市买回另一物品。将这种行为定义为贸易，只是在以物换物的过程中用了货币作为中介而已。这种传统的贸易方式忽略了生产的机会成本，也缺乏贸易的专业化，所呈现的均是原始产品，没有包装也没有营销。在基本的生活需求之下，人们也只关注贸易中商品的边际价值。互联网经济下，产品销售模式通过互联网进行线上的订购和结算，这实际形成了一种线上的契约，明确了生产量、产

---

① 石玉昌、张诗亚：《"互联网+"创业模式对西南民族地区创新创业教育的启示——以"有牛米"合作社为例》，《中国民族教育》2017 年第 5 期。

品类型，于农户而言就形成了指导性生产，从传统的"以产定销"模式转变为"以需定产"，线上的交易与线下的流通相结合，按照销售需求进行有计划、有步骤地生产。互联网金融和第三方资金托管的交易平台，为经济资本有效回收做好了基础保障。① 在互联网经济高速发展的当下，少数民族地区可摆脱长期制约他们的投资、技术、流通等限制，将传统的小农经济向互联网经济转变，将少数民族地区传统技术下生产的绿色、健康的农产品推到互联网上，变都柳江流域的特色农产品为商品。互联网技术与少数民族传统技术的结合，可实现都柳江流域少数民族地区小农经济向现代经济转变，传统生产模式下被认为陈旧、落后的传统技术在互联网的支持下凸显出了其新的价值，成为新时期少数民族脱贫的核心要素。

少数民族传统技术是都柳江流域独特生境下的少数民族生产、生活的所需，跟互联网经济和互联网技术进行有机结合，可以扩大农村、农业、农民的生产和增收，对于有着庞大贫困人口基数、高返贫率的都柳江民族地区，无疑是实现该地区生态脱贫的有效手段。

二　推少数民族传统技术的主体化合作机制，促产业多元循环发展

基于技术的主体化合作指的是以技术为先导的经济活动所创造出来的新产品、新工艺，在市场需求和文化需求下进行的以传统技术为核心的生产要素重新组合，从而实现市场化的成功。技术是一个系统工程，它反映出了一个地区的资源、材料、人文、景观以及经济、社会、文化发展水平，技术是这一系列要素的照应和联系。技术是一种产品的创造过程，而产品与需求息息相关，产品的市场流速是检验产品转变为商品的效率和效益的重要筹码，而技术的革新又是推动产品产业化的核心助力。

少数民族传统技术的主体化合作机制是指农户、技术团队、合作社用创新、合作、共享的新理念与新技术，以新的生产方式和经营管理方式提高产品的质量和应用范围，并以创新和服务为宗旨，主动地去开发并占据市场并实现市场价值。长期以来受计划经济和农村小农经济的影响，都柳江少数民族地区的技术、经济是"单打独斗"的分散制、无计划的运营模式，技术创新的推动力度弱，技术团队主动开发市场、开发产品的积极性和创造性严重滞后。同时受保守的文化心理影响，人们对外来的技术、思想的接纳水平较低，因此技术创新和产业重组非常被动，现有水平的技

---

① 石玉昌、张诗亚：《互联网经济下清水江流域生态脱贫的教育突围》，《民族教育研究》2015 年第 12 期。

术创新和产业变革仅仅限于产品生产过程中的单个要素改变，如设备更新、工艺的改造，产品的数量、质量提升并不明显。在都柳江流域少数民族地区，传统技术处于农耕社会体系当中，以农业生产和以生计方式衍生出来的少数民族文化构建的诗意栖居方式在互联网经济时代因透明化的宣传、信息、人员和财富的快速流动，其经济价值得到了空前的凸显，都柳江以传统技术为核心的农耕文明正为高压力、快节奏的城市人群构筑了一个可以获得心灵宁静、亲近自然、返璞归真的理想世界。

以旅游消费为先导的少数民族地区产业随着人员流动的频繁也带动了信息、资源、财富的流动，多元消费又反促进了以餐饮、民宿为代表的服务业、农产品加工、新能源开发、互联网金融以及物流行业等发展。互联网消费时代到来，少数民族地区要实现经济增长，就必须发展与互联网经济相适应的电子商务、物流、金融等相关产业。线上的推广、交易、结算是为线下的产品服务，故将传统技术进行现代性改造，将传统农业生产生活中的技术、产品、器物、仪式活动等包装成为商品，如自然观光与人文旅游路线产品、生态农耕体验式度假、传统技术示范体验、休闲娱乐等融为一体，成为线下的商品保证。线上的推广、交易与线下的生产、服务相结合，形成一虚一实的经济生态链，打破了都柳江少数民族地区受交通、信息、资金匮乏的限制，形成了产业多元化发展的格局。在互联网技术的支持下，一度被认为是落后的、陈旧的少数民族传统技术因为多元产业的整合升级，因原生性、适应性和独特性成为民族地区的标志性文化，因此成为经济生态链上的重要一环，可有效带动民族地区经济的发展。

三　以发展人的生产创新能力为先导，促少数民族传统技术的经济价值实现

人是自然的存在，因此促少数民族传统技术的经济价值实现，首先就应该从生态哲学的意义上去关注人的本体存在。特定生境中的人生态智慧是人类精神的外显形式，体现着人类哲学化的存在本性。"智慧既可以构建生存论的知识话语体系，还可以促成人们进行现实、有效的生存体验。智慧不是虚设的、神秘的，它通过'人'与'自然之天'的一种有形的构造，并经由相互间的'和'与'化'，而激励人们对生命之'在'的永久追索。"① 当人类察悟了个体生命智慧，则需要进一步明晰天地、自然万物与人类个体生存的哲学意义，用哲学视角审视生态的问题，从而科

---

① 盖光：《生态境域中人的生存问题》，人民出版社2013年版，第268页。

学地思考人的生存与发展，继而科学地把握特定生态系统中人的生存问题。生态张力是基于个体生态智慧下的共生最大化，即对生态、生命、生存的自我实现、多样性、共生性的逻辑推演。个体生命生态的平衡前提是自然生态与社会生态平衡的基础，可进行后二者平衡的再平衡，人作为能动的存在，需要自然、社会结构与认同心理进行平衡的同时还能发挥调适、引导掌控的能动作用。

都柳江流域是少数民族聚居区，也是贫困人口最为集中的地区，自然条件恶劣，扶贫开发成本高且效果不突出。国家精准扶贫需要正确处理的几对关系，一是短时脱贫和高速返贫，二是人口贫困和地区贫困。无论地区还是人口，任何一个生命和结构有机体，在生态系统中都有相应的生态位。人与地区的生态位不仅仅只限于生物性的取食形式，而是生命体在食物链、环境、资源条件下找到与之相应的位置，根据生命体需求，有针对性地实施自内而外的创造活动，从而形成自主的，与社会、经济、精神、文化相适应的生态脱贫模式。也就是要有针对性地施以政策影响，构筑民族地区特色生态脱贫模式，走出与民族地区自然、人文生态相契合的造血式的扶贫之路。进行少数民族地区生态脱贫，需正确审视少数民族的生态智慧与生态张力，即要从哲学与科学视角正视少数民族的生态性归位与变迁，实现人的生存结构在和谐的生存氛围中得以优化。

都柳江流域少数民族地区无论是基础设施建设还是生态业的发展，都需要一系列高端服务。"一带一路"除了是一个大的经济战略外，也是一个大的扶贫战略，还是一个文化战略。专业人才和专业技术服务在"一带一路"上至关重要。怎样使"一带一路"带上的地区和民族能够从经济全球化的边缘逐渐地进入全球化的主流地带，从而使这些民族能够摆脱贫困、实现经济增长，是国家"一带一路"战略中不可忽视的目标。因都柳江流域少数民族聚居区是相对贫穷、落后、封闭的地区，人才缺失是导致当地贫困的最大因素。通过高校学生顶岗实习、见习建立"高校—村寨"的结对式精准智力帮扶机制，加强学生创业的实训、实践，形成对口帮扶，进行创业知识及互联网方面的应用指导。提升少数民族农民的创业意识和互联网意识。在结对式智力扶贫中，政府也应充分考量少数民族地区经济、文化与社会需求，从而创新人才培养方案，有针对性地为民族地区经济与社会发展培养人才，将少数民族长期保持，而且在较长的一段时间仍然应用的传统技术进行经济价值的提升。即治贫的前提是发展人的主导能力，治贫与治愚并举，从而实现生态脱贫。

参考文献

[史学、哲学、社会学]

（汉）班固：《汉书·地理志》，上海师范大学古籍整理研究所整理，上海古籍出版社 2008 年版。

（汉）班固：《汉书》，浙江古籍出版社 2000 年版。

［美］保罗·康纳顿：《社会如何记忆》，纳日碧力戈译，上海人民出版社 2000 年版。

《尝民册示》，明万历刻本。

陈广忠：《淮南子》，中华书局 2014 年版。

陈兴贵：《多元文化教育与少数民族文化的传承》，《云南民族大学学报》（哲学社会科学版）2005 年第 5 期。

大清帝国礼部：《清会典》（卷 33），中华书局 1991 年版。

［美］戴维·波普诺：《社会学》，中国人民大学出版社 1999 年版。

《道光五年·晃州厅志》，1985 年，贵州民族大学图书馆藏，资料号：K296.44 2。

丁钢：《历史与现实之间》，教育科学出版社 2002 年版。

侗族简史编写组：《侗族简史》，贵州民族出版社 1985 年版。

侗族通史编撰委员会：《侗族通史》，贵州人民出版社 2013 年版。

段志洪、黄家服：《中国地方志集成·贵州府县志辑（嘉靖）第 1辑·贵州志》，巴蜀书社 2015 年版。

［德］恩斯特·卡西尔：《人论》，上海译文出版社 1985 年版。

恩格斯：《自然辩证法》，人民出版社 1971 年版。

［德］费尔巴哈：《费尔马哈哲学著作选集》（下卷），生活·读书·新知三联书店 1962 年版。

冯之浚：《国家创新系统的文化背景》，科学学研究 1999 年版。

傅正华：《人文环境对科学技术发展的影响分析——兼论世界科学活

动中心转移的人文因素》，《科学学研究》1999 年第 1 期。

《古代汉语词典》编写组编：《古代汉语词典》，商务印书馆 2002
年版。

《古州厅志》（卷三）刻本。

谷应泰：《明史·官职志》，中华书局 1977 年版。

谷应泰：《明史记事本莫补编补编卷四》，中华书局 1977 年版。

卦治民国《龙氏族谱》，民国三十年刻本。

广西壮族自治区地方志编纂委员会编：《广西通志》，广西人民出版
社 1978 年版。

《贵州图经新志（弘治）》卷一，2015 年，贵州民族大学图书馆藏，
资料号：K297.3 95。

贵州省锦屏县志编纂委员会：《锦屏县志》，贵州人民出版社 1995
年版。

郭培贵：《明史·选举》，中华书局 2006 年版。

郭子章：《黔记·学校志（弘治）》，贵州人民出版社 2013 年版。

［英］赫伯特·乔治·韦尔斯：《世界史纲》，上海人民出版社 2006
年版。

洪迈：《渠阳蛮语》，中华书局 1962 年版。

《湖南通志·艺文志》，光绪十年刻本。

湖南少数民族古籍办公室：《侗款》，岳麓书社 1988 年版。

扈中平：《教育目的论》，湖北教育出版社 2004 年版。

黄惠焜：《祭坛就是文坛》，国际文化出版公司 1993 年版。

《晃州厅志》，道光五年，贵州民族大学图书馆藏，资料
号：K296.44.2。

［美］基辛：《文化·社会·个人》，辽宁人民出版社 1988 年版。

江少虞：《宋朝事实类苑》，上海古籍出版社 1981 年版。

江晓原：《科学史十五讲》，北京大学出版社 2006 年版。

蒋平阶：《水龙经》（卷四），中华书局 1985 年版。

［德］卡西尔：《论人》，广西师范大学出版社 2006 年版。

［美］科塞：《社会冲突的功能》，华夏出版社 1989 年版。

《黎平府志——食货志·蠲恤》（第三卷），1985 年，贵州民族大学
图书馆藏，资料号：K297.34 133/1（1）。

李鹏程：《理性哲学走向文化哲学的历史必然性——略论卡西尔符号
哲学的哲学历史学转折意义》，《学海》2010 年第 4 期。

李述一、李小兵：《文化的冲突与抉择》，人民出版社 1987 年版。

李宗昉：《黔记》，商务印书馆 1939 年版。

郦道元：《水经注》，上海古籍出版社 1990 年版。

廖伯琴：《朦胧的理性之光》，云南教育出版社 1992 年版。

林德宏：《科技哲学十五讲》，北京大学出版社 2004 年版。

刘放桐等：《现代西方哲学》，人民出版社 1981 年版。

刘勰：《文心雕龙》，王志彬译，中华书局 2012 年版。

刘欣：《渠阳边防考》，中华书局 1977 年版。

（宋）陆游：《老学庵笔记》，中华书局 1979 年版。

陆有铨：《现代西方教育哲学》，河南教育出版社 1993 年版。

吕不韦：《吕氏春秋》，中华书局 2011 年版。

［英］罗宾·柯林武德：《自然的观念》，华夏出版社 1999 年版。

［德］马丁·海德格尔：《存在与时间》，陈嘉映、王庆节合译，生活·读书·新知三联书社 2014 年版。

［德］马克斯·霍克海默、西奥多·阿道尔诺：《启蒙辩证法》，上海人民出版社 2006 年版。

马克思恩格斯：《马克思恩格斯选集》第一卷（上），人民出版社 1972 年版。

马令：《唐书·唐元六年》，中华书局 1985 年版。

［英］麦克·F.D. 扬：《知识与控制》，华东师范大学出版社 2002 年版。

［法］孟德斯鸠：《论法的精神》，陕西人民出版社 2001 年版。

《苗疆闻见録稿·下卷》，贵州民族出版社 1983 年版。

（宋）欧阳修：《新唐书》，中华书局 1975 年版。

欧阳修：《新唐书》，中华书局 1975 年版。

欧阳修：《新五代史·楚世家》，中华书局 1973 年版。

欧阳修、宋祈：《新唐书（二十四史）》，中华书局 1975 年版。

彭兆荣：《人类学仪式研究评述》，民族研究 2002 年版。

［比利时］普里戈金：《从混沌到有序》，曾庆宏译，上海译文出版社 1987 年版。

［英］齐格蒙特·鲍曼：《全球化》，商务印书馆 2001 年版。

黔东南苗族侗族自治州志编撰委员会：《黔东南苗族侗族自治州志·教育志》，贵州人民出版社 1994 年版。

［西班牙］乔治·桑塔亚那：《美国的民族性格与信念》，史津海、徐

琳译，中国社科出版社 2008 年版。

清水江文书《官府告示》，乾隆十二年刻本。

［美］塞缪尔·亨廷顿：《文明的冲突与世界秩序的重建》，新华出版社 2002 年版。

［德］绍伊博尔德：《海德格尔分析新时代的科技》，中国社会科学出版社 1993 年版。

（明）沈庠、赵瓒：《贵州图经新志（弘治）》，西南交通大学出版社 2018 年版。

沈约：《宋史·食货志》，中华书局 1985 年版。

沈约：《宋史·西南溪峒诸蛮上》，中华书局 1985 年版。

施铁如：《学校教育研究导引》，广东高等教育出版社 2004 年版。

（汉）司马迁：《史记》，中华书局 1959 年版。

司马迁：《史记·货殖列传》，三秦出版社 2008 年版。

［美］斯塔夫里阿诺斯：《全球通史》，北京大学出版社 2005 年版。

［美］斯通普夫：《西方哲学史》，中华书局 2005 年版。

四川尼佛学院众：《大正藏》（第八卷），四川省彭州市菩提印经院 1996 年版。

唐立、杨有赓、［日］武内房司：《清水江文书汇编》，东京外国语大学 2003 年版。

童恩正：《南方文明——童恩正学术文集》，重庆出版社 1998 年版。

脱脱：《宋史·西南溪峒蛮上》，中华书局 1977 年版。

［英］W. C. 丹皮尔：《科学史及其与哲学和宗教的关系》，广西师范大学出版社 2001 年版。

王力：《古代汉语》，中华书局 2010 年版。

王前：《我国技术发展中"以人为本"的历史反思》，《科学技术与辩证法》2001 年第 3 期。

王前、金福：《中国技术思想史论》，科学出版社 2004 年版。

王文锦注：《礼记》，中华书局 2013 年版。

王宗勋：《锦屏民间林业契约征集情况》，《贵州档案》2003 年第 3 期。

［美］威廉·A. 哈维兰：《文化人类学》，瞿铁鹏、张钰译，上海社会科学院出版社 2006 年版。

［英］维克多·特纳：《仪式过程》，黄剑波等译，中国人民大学出版社 2006 年版。

［美］魏因伯格：《科学、信仰与政治》，生活·读书·新知三联书店2008 年版。

魏征：《隋书·流求国传》，中华书局 1973 年版。

魏征：《隋书·南蛮传》，中华书局 1973 年版。

文斗村民国《姜氏族谱》，民国三十年刻本。

文斗寨《姜氏族谱》，乾隆十二年刻本。

《吴越春秋·阖闾内传》，见《汉魏丛书 96 种》，上海大通书局 1911 年版。

吴国盛：《科学与人文》，中国社会科学 2001 年版。

吴军：《侗族教育史》，民族出版社 2004 年版。

吴来苏、安云凤：《中国传统伦理思想评介》，首都师范大学出版社2002 年版。

《新五代史·楚世家》，1974 年，贵州省图书馆馆藏，资料号：MK243.1 1/1

《新晃侗族自治县概况》（征求意见稿）打印本。

（明）徐光启：《农政全书》，中华书局 1956 年版。

徐家干：《苗疆闻见录稿·下卷》，贵州民族出版社 1983 年版。

徐正英、常佩雨注译：《周礼》，中华书局 2014 年版。

（汉）许慎：《说文解字》，上海教育出版社 2003 年版。

（汉）许慎：《说文解字》段注本，上海古籍出版社 1981 年版。

《荀子天论》，2006 年，贵州民族大学图书馆馆藏，资料号：B222.6 1/3。

杨昌勇：《新教育社会学》，中国社会科学出版社 2004 年版。

杨国荣：《科学的形上之维》，上海人民出版社 1999 年版。

杨凯麟：《德勒兹思想的一般拓扑学》，《台大文史哲学报》2006 年第 5 期。

杨权：《侗族民间文学史》，中央民族学院出版社 1992 年版。

杨曾文：《敦煌新本六祖坛经》，宗教文化出版社 2001 年版。

《易·系辞》，1994 年，贵州民族大学图书馆馆藏，资料号：MB221.5/53.1

《逸周书·王会解》，见《汉魏丛书 96 种》，上海大通书局 1911 年版。

余达忠：《走向和谐》，贵州人民出版社 2001 年版。

《元史·列传》刻本。

（宋）袁申儒：《蜀道征讨比事》，巴蜀书社 2000 年版。

［英］约翰·汤姆林森：《全球化与文化认同》，载周宪《文学与认同：跨学科的反思》，中华书局 2008 年版。

臧振：《蒙昧中的智慧》，华夏出版社 1994 年版。

詹鄞鑫：《心智的误区》，上海教育出版社 2001 年版。

张从良：《从行为到意义——仪式的审美人类学阐释》，社会科学文献出版社 2015 年版。

张诗亚：《华夏民族认同的教育思考》，《北京大学教育评论》2003 年第 2 期。

张学敏、张诗亚：《论定位于西部大开发的西部特色教育》，《中国教育学刊》2003 年第 10 期。

张应强、王宗勋主编：《清水江文书》（第 3 辑第 3 册），广西师范大学出版社 2001 年版。

赵仁秀：《如何保护民族文化资源》，《中国民族》2002 年第 5 期。

郑金洲：《教育文化学》，人民教育出版社 2000 年版。

郑伟章：《清通考》（卷 70），中华书局 1999 年版。

周海林：《可持续发展原理》，商务印书馆 2004 年版。

作者不详：《黎平府志（道光）》，国学文献馆，时间不详。

作者不详：《明实录（卷十五）》，武汉出版社 1991 年版。

作者不详：《逸周书·王会解》，见《汉魏丛书 96 种》，上海大通书局 1911 年版。

Cassirer. E, *W T An Essay on man*, New York：New York Books, 1944, p. 28.

Don Ihde：*Philosophy of Technology*：*An Introduction*, New York：Paragon

Rappaport. R. A, *Ecology, Meaning and Religion*, Richmond, Calif：North Atlantic Books, 1977. p. 174。

Smith J, Z, *The Domestication of Titual*, Numen 26, no. 1. 1975：9House, 1993, 51

［技术学］

［美］白馥兰：《技术与性别》，江苏人民出版社 2006 年版。

百度百科：https：//baike. baidu. com/item/％E6％8A％80％E6％9C％AF/13014499？fr＝aladdin.

［法］贝尔纳·斯蒂格勒：《技术与时间》，译林出版社 2000 年版。

［英］查尔斯·辛格、［英］E·J. 霍姆亚德等：《技术史Ⅱ》，潜伟译，上海科技教育出版社 2004 年版。

［英］查尔斯·辛格、［英］E.J. 霍姆亚德等：《技术史Ⅰ》，王前、孙希忠译，上海科技教育出版社 2004 年版。

常立农：《技术实践与两种文化》，《自然辩证法研究》1998 年第 2 期。

陈凤仙、王琛伟、王花蕾：《文化传统对经济发展的作用及我国传统价值重建》，《商业时代》2009 年第 6 期。

陈红兵：《国外技术恐惧研究述评》，《自然辩证法通讯》2001 年第 4 期。

陈红兵、陈昌曙：《关于"技术是什么"的对话》，《自然辩证法研究》2001 年第 4 期。

陈志锋：《生活方式变迁与传统苗族纹样设计研究》，硕士论文，北京服装学院。

［苏］达夫里扬：《技术·文化·人》，河北人民出版社 1987 年版。

［美］大卫·雷·格里芬：《后现代科学》，中央编译出版社 1995 年版。

傅才武、陈庚：《技术变迁、行业概念更新与文化行业体制重建》，《艺术百家》2013 年第 5 期。

郭贵春：《科学技术哲学概论》，北京师范大学出版社 2006 年版。

郭荣茂、张绿苗：《传统技术的建构与乡村社会的变迁——以闽南永春漆篮为例》，《集美大学学报》（哲学社会科学版）2015 年第 2 期。

韩小谦、技术：《作为一个整体的文化系统》，《自然辩证法研究》1993 年第 6 期。

韩增禄：《中国建筑的文化内涵》，《自然辩证法研究》1996 年第 1 期。

和一凡：《小议纳西族聚落、建筑变迁》，《建设科技》2016 年第 5 期。

［瑞典］胡森：《教育大百科全书》，海南出版社 2006 年版。

胡敏中、贺明生：《论虚拟技术对人类认识的影响》，《自然辩证法研究》2001 年第 2 期。

简泽：《国际贸易、技术变迁与中国经济的非线性增长》，《科学学研究》2011 年第 3 期。

　　［德］拉普（F. Papp）：《技术哲学导论》，辽宁科学技术出版社 1986 年版。

　　拉普：《技术哲学导论》，刘武译，辽宁科学技术出版社 1986 年版。

　　［加］莱特：《进步简史》，海南出版社 2009 年版。

　　乐爱国：《中国传统文化与科技》，广西师范大学出版社 2006 年版。

　　李成贵：《论传统农业的资源配置及其效率水平》，《中国农史》1997 年第 1 期。

　　李宏伟：《现代技术的陷阱》，科学出版社 2008 年版。

　　李宏伟、王前：《技术价值特点分析》，《科学技术与辩证法》2001 年第 4 期。

　　李克特：《科学是一种文化过程》，生活·读书·新知三联书店 1989 年版。

　　李琳琳：《传统文化区变迁研究》，博士学位论文，浙江师范大学。

　　李萍、靳乐山：《中国传统农业生产力水平变迁的技术分析》，《中国农业大学学报》（社会科学版）2003 年第 1 期。

　　李中东、王竹芹：《面向可持续发展方向的农业技术变迁研究》，《科技进步与对策》2005 年第 3 期。

　　梁太鹤：《传统工艺研究与传统工艺博物馆》，《中国博物馆》1995 年第 4 期。

　　林毅夫、沈明高：《我国农业技术变迁的一般经验和政策含义》，《经济社会体制比较》1990 年第 2 期。

　　刘兵：《科学史与教育》，上海交通大学出版社 2008 年版。

　　刘兵：《中国回族科学技术史》，宁夏人民出版社 2008 年版。

　　卢光明：《科学的局限与人感性整体的缺席》，《科学技术与辩证法》2002 年第 2 期。

　　鲁洁：《教育社会学》，人民教育出版社 1990 年版。

　　吕乃基：《技术对文化的推动作用》，《科学技术与辩证法》1995 年第 6 期。

　　［英］罗兰：《器物之用——物质性的人类学探究》，汤芸、张力生译，《民族学刊》2015 年第 5 期

　　罗康隆、黄贻修：《发展与代价》，民族出版社 2006 年版。

　　［英］培根（FrancisBacon）：《新工具》，商务印书馆 1984 年版。

　　彭适凡：《中国南方古代印纹陶》，文物出版社 1987 年版。

　　钱兆华：《科学·技术·经验——也谈"李约瑟难题"》，《大自然探

索》1999 年第 2 期。

　　强舸：《发展嵌入传统：藏族农民的生计传统与西藏的农业技术变迁》，《开放时代》2013 年第 2 期。

　　强舸：《权力、技术变迁与知识再生产》，博士论文，复旦大学。

　　申朴：《技术变迁、要素积累与发展中国家服务贸易比较优势动态变化的研究》，博士论文，复旦大学。

　　沈小白、［英］罗宾·威廉姆斯：《技术的社会形成观及其对中国现代化的挑战》，《科学对社会的影响》2003 年第 1 版。

　　史宗：《20 世纪西方宗教人类学文选》，三联书店上海分店 1995 年版。

　　王锋：《中国回族科学技术史》，宁夏人民出版社 2008 年版。

　　王海山：《创造学与创造力开发》，大连理工大学出版社 1991 年版。

　　王海山、盛世豪：《技术论研究的文化视角——一种新的技术观和方法论》，《自然辩证法研究》1990 年第 5 期。

　　王汉林：《技术的社会型塑》，博士论文，南开大学。

　　王鸿生：《世界科学技术史》，中国人民大学出版社 1996 年版。

　　王鸿生：《中国历史中的技术与科学》，中国人民大学出版社 1991 年版。

　　王前：《博大精深的科学思想》，辽宁古籍出版社 1995 年版。

　　王前：《技术现代化的文化制约》，东北大学出版社 2002 年版。

　　王前：《略论中国传统科学思想的现代价值》，《科学技术与辩证法》1998 年第 4 期。

　　王前：《现代技术的哲学反思》，辽宁人民出版社 2003 年版。

　　王前、陈昌曙：《我国技术发展中的文化观念冲突》，《自然辩证法通讯》2001 年第 3 期。

　　王思明：《诱发性技术变迁——谈明清以来的中国农业》，《安徽农业大学学报》（社科版）1998 年第 4 期。

　　王效青：《中国古建筑术语辞典》，山西人民出版社 1996 年版。

　　［英］威廉斯：《技术史Ⅵ》，姜振寰、赵毓琴主译，上海科技教育出版社 2004 年版。

　　温天：《神与物游巧夺天工的智慧》，浙江人民出版社 1991 年版。

　　吴国盛：《科学的历程》，北京大学出版社 2002 年版。

　　吴国盛：《科学与人文》，中国社会科学 2001 年版。

　　吴军：《活水之源——侗族传统技术传承研究》，广西师范大学出版社 2013 年版。

吴之静编：《科学：中国与世界》，科学普及出版社 1992 年版。

席泽宗：《中国传统文化里的科学方法》，上海科技教育出版社 1999 年版。

夏禹龙：《科学学基础》，科学出版社 1983 年版。

夏支平、李勋华：《科学技术与中国传统农村社会的变迁》，《玉林师范学院学报》2009 年第 6 期。

肖峰：《科学精神与人文精神》，中国人民大学出版社 1994 年版。

邢媛：《试论科学技术传播的社会价值》，《自然辩证法通讯》1999 年第 3 期。

徐祥运：《论科学技术影响文化变迁的微观机制——兼论我国传统文化所面临的取舍》，《东莞理工学院学报》2009 年第 2 期。

徐艳梅、韩福荣、柳玉峰：《技术进步对产业生态扰动、变迁的影响——以数码成像对传统成像的替代为例》，《科技管理研究》2003 年第 5 期。

〔美〕许倬云：《中国文化与世界文化》，贵州人民出版社 1991 年版。

严搏非：《中国当代科学思潮》，三联书店上海分店 1993 年版。

杨凯麟：《德勒兹思想的一般拓扑学》，《台大文史哲学报》2006 年第 5 期。

余宗森：《对科学的反思和批判》，中国经济出版社 2009 年版。

（晋）张华原：《博物志全译》，贵州人民出版社 1992 年版。

张柏春、李成智：《技术的人类学、民俗学与工业考古学研究》，北京理工大学出版社 2009 年版。

张之沧：《后现代思潮中的科学技术定位》，《南京师大学报》（社会科学版）1999 年第 2 期。

周立群、张红星：《经济史上的技术变迁——以江南农业为例》，《江苏社会科学》2010 年第 5 期。

邹珊刚：《技术与技术哲学》，知识出版社 1987 年版。

左卫民、周长军：《刑事诉讼的理念》，法律出版社 1999 年版。

Autonomous technology. Winner. 1980.

De Language, Grece A: Speech. Its Founction and Development, Yale University Press, New Haven: Humphrey Milford, London. 1927. p. 49.

Eclipse of Reason. Horkhe imer. 1974.

Humanization of technologist: slogan or ethical imperative?. Byme E.

Research in philosophy & technology . 1978.

IHDE D. Bodies in technology［M］. London：University of Minnesota Press，2002：81.

Technological Change：Its Impact on Man and Society. Emmanul G Mesthene. 1970.

Technological Society. Ellul. 1964.

The practice of technology. Drengson A. 1985.

The Technology Sociery. Ellul J. 1964.

Toward a Social Philosophy of Technology. Durbin P T. Research in Phiosophy & Technology . 1978.

［民族学、人类学］

［英］埃里克·霍布鲍姆·兰特：《传统的发明》，顾杭、庞冠群译，译林出版社 2004 年版。

包婷婷：《苏州美丽乡村建设中的文化传承研究》，硕士学位论文，苏州科技学院。

蔡凌：《侗族聚居区的传统村落与建筑》，中国建筑工业出版社 2007 年版。

［美］C. 恩伯、［美］M. 恩伯：《文化的变迁》，辽宁人民出版社 1988 年版。

车博：《黔东南苗族乐器制作技术传承及影响因素探析》，硕士学位论文，西南大学 。

邓俊、吕娟、王英华：《水文化研究与水文化建设发展综述》，《中国水利》2016 年第 2 期。

邓敏文、吴浩： 《没有国王的王国》，中国社会科学出版社 1995 年版。

邓仁娥： 《马克思恩格斯选集》第一卷（上），人民出版社 1972 年版。

丁钢：《文化的传递与嬗变》，上海教育出版社 1990 年版。

《侗族文学史》编写组：《侗族文学史》，贵州民族出版社 1988 年版。

侗族古籍：《侗款》，岳麓书社 1988 年版。

冯祖贻、朱俊明：《侗族文化研究》，贵州人民出版社 1999 年版。

傅安辉、余达忠：《九寨民俗》，贵州人民出版社 1997 年版。

盖光：《生态境域中人的生存问题》，人民出版社 2013 年版。

管志鹏：《清代清水江木行制度的变迁——清水江流域文化研究》，民族出版社 2015 年版。

广西壮族自治区地方志编纂委员会：《广西通志》，广西人民出版社 2003 年版。

［德］海德格尔：《人，诗意地安居》，广西师范大学出版社 2000 年版。

湖南少数民族古籍办公室：《侗款》，岳麓书社 1988 年版。

［美］怀特：《文化科学》，浙江人民出版社 1988 年版。

［法］克洛德·列维-斯特劳斯：《种族与文化》，中国人民大学出版社 2006 年版。

［美］克利福德·吉尔兹：《地方性知识》，中央编译出版社 2000 年版。

孔小英：《移民侗寨的文化变迁研究》，硕士学位论文，湖北民族学院。

兰春标收集：《辛亥革命歌（手抄本）》，陈春园译。

［英］雷蒙德·弗思：《人文类型》，华夏出版社 2002 年版。

廖伯琴：《西南少数民族地区的可持续发展与传统科技及其传承》，《西北师大学报》（社会科学版）2007 年第 1 期。

廖君湘：《侗族传统社会过程与社会生活》，民族出版社 2005 年版。

林良斌、吴炳升：《服饰大观》，中国国际文艺出版社 2008 年版。

林耀华：《民族学通论》，中央民族大学出版社 1997 年版。

刘洪波：《清中晚期广西三江地区侗族风雨桥建筑造型演变探析》，《西安建筑科技大学学报》（社会科学版）2016 年第 4 期。

刘芝凤：《中国侗族民俗与稻作文化》，人民出版社 1999 年版。

陆中午、吴炳升：《侗寨大观》，民族出版社 2004 年版。

吕大吉：《宗教学通论》，中国社会科学出版社 1989 年版。

吕虹：《关于建立贵州多元民族民间文化传承发展机制的思考》，《贵州民族研究》2006 年第 1 期。

［英］罗兰：《器物之用——物质性的人类学探究》，汤芸、张力生译，《民族学刊》2015 年第 5 期。

罗康智、罗康隆：《传统文化中的生计策略》，民族出版社 2009 年版。

［英］马凌诺斯基：《文化论》，华夏出版社 2002 年版。

马广海：《文化人类学年版》，山东大学出版社 2003 年版。

［美］梅萨罗维克、［德］佩斯特尔：《人类处于转折点》，生活·读书·新知三联书店 1987 年版。

［美］诺曼·K. 邓津：《定性研究》，重庆大学出版社 2007 年版。

黔东南苗族侗族自治州文艺研究室、贵州民间文艺研究会编：《侗族祖先哪里来》，贵州人民出版社 1981 年版。

石干成：《和谐的密码——侗族大歌的文化人类学诠释》，华夏文化艺术出版社 2003 年版。

［美］斯蒂尔特：《科学与宗教的对话》，北京大学出版社 2007 年版。

［英］泰勒：《人类学》，广西师范大学出版社 2004 年版。

田泽森：《黔东南侗族鼓楼建筑技术传承方式及其影响因素研究》，博士学位论文，西南大学。

童恩正：《南方文明——童恩正学术文集》，重庆出版社 1998 年版。

王光文、李晓斌：《百越民族发展演变史》，民族出版社 2007 年版。

王胜先：《侗族文化与习俗》，贵州民族出版社 1989 年版。

［美］威廉·A. 哈维兰：《文化人类学》，瞿铁鹏、张钰译，上海社会科学院出版社 2006 年版。

吴军：《上善惹水——侗族传统道德教育启示》，新华出版社 2005 年版。

《辛亥革命歌》（手抄本），《兰春标收集》，陈春园译。

《新晃侗族自治县概况》（征求意见稿）打印本。

杨铭：《西南民族史研究》，重庆出版社 2000 年版。

杨权：《侗族民间文学史》，中央民族学院出版社 1992 年版。

杨锡光、杨锡、吴治德整理译释：《侗款》，岳麓书院 1988 年版。

杨志一、郑国乔、龙玉成、杨通山：《侗歌三百首》，民族出版社 2002 年版。

姚蜀平：《现代化与文化的变迁》，陕西科学技术出版社 1988 年版。

尤中：《中国西南民族志》，云南人民出版社 1995 年版。

余达忠：《农耕社会与原生态文化的特征》，《农业考古》2010 年第 4 期。

袁瑛：《论传承和保护西南少数民族非物质文化遗产的现代价值——以非物质文化遗产中的生态保护观念为例》，《中国市场》2006 年第 6 期。

［英］詹姆斯·乔治·弗雷泽：《金枝》，大众文艺出版社 1998 年版。

张柏春、李成智：《技术的人类学、民俗学与工业考古学研究》，北京理工大学出版社 2009 年版。

张力军：《小黄侗族民俗》，中国农业出版社 2008 年版。

张丽萍、吕乃基：《生态学视野下的技术》，《科学技术与辩证法》2002 年第 1 期。

张胜冰：《从远古文明中走来——西南羌氐民族审美观念》，中华书局 2007 年版。

张诗亚：《强化民族认同》，现代教育出版社 2005 年版。

《中国大百科全书》，中国大百科全书出版社 1992 年版。

De Language, Grece A: *Speech. Its Founction and Development*, Yale University Press, New Haven: Humphrey Milford, London. 1927. p. 49.

IHDE　D. *Bodies in technology*, London: University of Minnesota Press, 2002. 81

Lothar von Falkenhausen: *Chinese Society in the Age of Confucius*, The Cotsen Institute of Archaeology Press: 2006. 1. 2

[教育学]

蔡元培：《对新教育方针之意见》，河南人民出版社 1958 年版。

冯增俊：《教育人类学教程》，人民教育出版社 2005 年版。

哈经雄、腾星主编：《民族教育学通论》，教育科学出版社 2001 年版。

韩达主编：《中国少数民族教育史》，广西教育出版社 1998 年版。

雷学华：《民族教育的历史传统》，湖北教育出版社 1998 年版。

倪胜利：《嬗变与抉择——黔东南教育人类学考察启示》，《民族教育研究》2009 年第 1 期。

倪胜利、张诗亚：《回归教育之道》，《中国教育学刊》2006 年第 9 期。

倪胜利、张诗亚：《民族基础教育为什么打基础》，《民族教育研究》2007 年第 1 期。

钱穆：《文化与教育》，广西师范大学出版社 2004 年版。

黔东南史志办：《黔东南苗族侗族自治州志．教育志》，贵州人民出版社 1994 年版。

石玉昌、张诗亚：《"互联网+"创业模式对西南民族地区创新创业教育的启示——以"有牛米"合作社为例》，《中国民族教育》2017 年第 5 期。

石玉昌、张诗亚：《互联网经济下清水江流域生态脱贫的教育突围》，《民族教育研究》2015 年第 12 期。

石中英：《知识转型与教育改革》，教育科学出版社 2001 年版。

孙若穷：《中国少数民族教育学概论》，中国劳动出版社 1990 年版。

孙文书、妻宋庆龄谨跋/蒋委员长讲：《政治建设》，青年书店印行 1939 年版。

滕星：《族群、文化与教育》，民族出版社 2002 年版。

滕星、王军主编：《20 世纪中国少数民族与教育》，民族出版社 2002 年版。

王军：《民族文化传承的教育人类学研究》，《民族教育研究》2006 年第 3 期。

王军：《民族文化传承与教育》，中央民族大学出版社 2007 年版。

吴军：《上善若水——侗族传统道德教育启示》，新华出版社 2005 年版。

吴军：《水文化与教育视角下的侗族传统技术传承研究》，博士论文，西南大学。

项贤明：《泛教育论》，山西教育出版社 2000 年版。

邢永富：《论教育在人类改造自然中的作用》，《北京师范大学学报》（社会科学版）1996 年第 2 期。

杨昌勇、郑淮：《教育社会学》，广东人民出版社 2005 年版。

杨权、石宗庆、张士良：《侗语课本》（第二册），贵州民政研究所 1982 年版。

张诗亚：《多元文化与民族教育价值取向问题》，《西北师大学报》（社会科学版）2005 年第 6 期。

张诗亚：《和谐之道与西南民族教育》，《西南大学学报》（人文社会科学版）2007 年第 1 期。

张诗亚：《回归位育——教育行思录》，西南师范大学出版社 2009 年版。

张诗亚：《西南民族教育文化溯源》，上海教育出版社 1994 年版。

庄孔韶：《教育人类学》，黑龙江教育出版社 1989 年版。

后　　记

　　这个项目从开始至付梓，一共经历了七年时间。从最初构思、立意，到接下来三年多的田野调查和考古。研究进行到一半的时候，我开始读博，研究重心便从这个项目中抽离出来，这个项目于是就搁置了下来。虽然我的田野调查和考古还在继续，但是付诸文字却迟迟没有行动。在我完成了我的博士论文后，在爱人的鼓励和要求下，我才又继续这个项目，再次进行新一轮的田野调查和考古，将新旧资料重新进行整理分类，并重新布局了整个研究框架，于是才有了今天您手中的这本书。

　　在真正进入这个项目的时候，我才切身体会其难之巨。侗族传统技术变迁的前提是要有一个历史节点的划分标准，侗族没有文字，历史上留下来的史料极少，而且很多都是一些口述史，缺乏强有力的历史佐证材料。限于学术规范，一些口传史和野史也不能作为史类研究的主要文献，要想真正了解侗族的历史，只能从一些器物和遗存中和民间流传的一些古歌和侗族大歌以及一些口头文学中捕捉些许有价值的信息；另外，在历史时期的划分上，如果采用中国断代史来对应研究侗族历史，这根本行不通，因为侗族社会直接从原始社会过渡到封建社会，其中没有奴隶制社会，故与中国社会形态并不是紧密契合的。此外，从技术层面看，中国断代史的划分办法并不能看出技术的变迁过程，因为某项技术可能跨越两个或多个历史时期，甚至至今一些传统技术仍保留原始社会的技术形态，故研究侗族传统技术变迁最好的办法就是从侗族史进入侗族技术变迁研究。但是在史学界从未有过对侗族历史的划分办法，学界也没有统一的侗族历史阶段的描述，如若强行从侗族史研究侗族，免不了有冒进之嫌，所以在多方咨询和论证后，我最后决定从社会和材料变迁谈侗族传统技术变迁，因为除了自然发现外，外来的工具进入都柳江腹地是有着较为明显的历史时期和社会形态，当然这种划分办法依然存在问题，但是综合分析下来是相对较好的分类办法。

　　这个项目能顺利完成，需要感谢的人太多。首先要感谢的是我的爱人，是他的点拨让我有了灵感，也是他在我迷茫时为我解惑，是他给了我坚持下来的动力和勇气。

感谢我的博导张诗亚教授，在田野调查期间有幸邀请到先生一同调查，现场给了诸多建设性的意见，尤其是考古这一块得到了先生很多指导。

感谢我所在的单位贵州民族大学给了我优质的科研平台和宽松的科研环境。感谢龙耀宏教授、石开忠教授、余达忠教授、民俗摄影家兰江平、程良勇等众多侗族学者的耐心指导，

感谢都柳江流域黎平、从江、榕江等县的各界朋友，没有他们提供的大量帮助，这个项目无法进行得如此顺利。

最后感谢国家社科基金对该项目立项并提供资助。

石玉昌

2017. 12. 12